变电站综合自动化系统运行技术

主　编　王显平

副主编　赵蔚娟　周永忠

编　写　王微波　刘永超

　　　　田娟娟　唐顺志

中国电力出版社

CHINA ELECTRIC POWER PRESS

内 容 提 要

本书紧密联系变电站综合自动化系统工程实际,阐述变电站综合自动化系统的运行要求、构成原理、工程设计、安装调试、运行维护与故障处理,并介绍智能变电站新技术。

全书共分六章,分别为变电站综合自动化系统概述、变电站综合自动化系统构成原理、变电站综合自动化系统工程设计案例、变电站综合自动化系统工程调试、变电站综合自动化系统的运行管理与故障处理、智能变电站等。

本书可作为大专院校电力工程类电力系统及其自动化和电力系统继电保护、供用电专业的专业课教材,还可作为变电站综合自动化系统技术人员的培训教材和电力行业工程技术人员的参考用书。

图书在版编目 (CIP) 数据

变电站综合自动化系统运行技术/王显平主编. —北京:中国电力出版社,2012.10 (2024.8重印)

ISBN 978-7-5123-3316-1

Ⅰ. ①变… Ⅱ. ①王… Ⅲ. ①变电所—自动化系统 Ⅳ. ①TM63

中国版本图书馆 CIP 数据核字 (2012) 第 162686 号

中国电力出版社出版、发行

(北京市东城区北京站西街 19 号   100005   http://www.cepp.sgcc.com.cn)

北京天泽润科贸有限公司印刷

各地新华书店经售

*

2012 年 10 月第一版   2024 年 8 月北京第九次印刷

787 毫米×1092 毫米   16 开本   13 印张   320 千字

定价 30.00 元

　　变电站综合自动化系统是集成计算机应用技术、现代通信技术、电子技术和继电保护自动化技术等多门学科的综合应用，为了配合专业课程设置和便于教学安排，本书弱化了继电保护及安全自动装置的工作原理介绍，强化了变电站计算机监控系统，而在实际案例中注重继电保护及安全自动装置的配置应用。全书理论联系电力生产实际，以变电站综合自动化系统的运行要求、构成原理、工程设计、安装调试、运行维护、故障处理以及智能变电站新技术工作过程为主线，在教学过程中提倡项目导向、任务驱动、工学结合，尽量避免复杂的专业理论，注重工程应用，提升专业技能。在内容编排上采用模块化结构，便于教学安排。

　　全书共分六章，依次为变电站综合自动化系统概述、变电站综合自动化系统构成原理、变电站综合自动化系统工程设计案例、变电站综合自动化系统工程调试、变电站综合自动化系统的运行管理与故障处理和智能变电站。

　　本书第1章由重庆电力高等专科学校王显平编写，第2章由重庆市电力公司市区供电局王微波编写，第3章由重庆市电力公司重庆电力设计院刘永超及重庆市电力公司电科院田娟娟编写，第4章、第5章由重庆市电力公司调控中心赵蔚娟编写，第6章由重庆市电力公司重庆电力设计院周永忠编写，思考与练习题由重庆电力高等专科学校唐顺志编写。王显平担任主编并负责全书统稿，赵蔚娟、周永忠担任副主编。本书在编写过程中得到了重庆市电力公司、四川省电力公司、重庆电力设计院和西南电力设计院相关工程技术人员的支持和帮助，并对本书的编写内容提出了宝贵意见，在此一一表示感谢。

　　由于水平有限，书中难免存在不妥之处，恳切希望广大师生和读者批评指正。

编　者

目　录

第 1 章

变电站综合自动化系统概述

 本章学习任务

对变电站综合自动化系统有较全面的了解，了解变电站的作用、运行要求；掌握变电站综合自动化系统的功能、结构形式及其特点。

知 识 点

1. 变电站的种类、运行特点、基本要求
2. 对变电站的运行要求及其控制
3. 变电站综合自动化系统的功能
4. 变电站综合自动化系统的结构形式及其特点
5. 变电站综合自动化系统的发展现状与前景

重点、难点

1. 变电站综合自动化系统的功能
2. 变电站综合自动化系统的结构形式及其特点

模块1 变电站在电力系统中的地位与作用

模块描述

本模块包含了变电站分类、变电站主要一次电气设备及变电站在电力系统中的地位与作用。通过要点归纳、原理介绍，了解变电站在电力系统中的地位与作用。

【正文】

一、变电站分类

变电站的类型按不同的分类方法有以下几种：

（1）按变电站在电力系统中的地位和作用分类。

1）枢纽变电站。枢纽变电站位于电力系统的枢纽点，其电压是系统最高输电电压。目前枢纽变电站的电压等级有 220、330、500、750kV 和 1000kV，1000kV 晋东南－南阳－荆门特高压交流试验示范工程于 2009 年 1 月正式投运。通常，电力网通过枢纽变电站连成环网，枢纽变电站的特点是主变压器容量大，供电范围广，全站停电后，将引起系统解列，甚至整个系统瘫痪，因此对枢纽变电站的可靠性要求较高。

1

2）地区一次变电站。地区一次变电站位于地区网络的枢纽点，是与输电主网相连地区的受电端变电站，其任务是直接从输电主网受电，向本供电区域供电。全站停电后，可引起地区电网瓦解，影响整个区域供电。地区一次变电站的电压等级一般采用220kV或330kV。地区一次变电站的主变压器容量较大，出线回路数较多，对其供电的可靠性要求也比较高。

3）地区二次变电站。地区二次变电站受电于地区一次变电站，直接向本地区负荷供电，供电范围小，其主变压器容量与台数根据电力负荷而定。全站停电后，只有本地区中断供电。

4）终端变电站。终端变电站在输电线路终端，接近负荷点，经降压后直接向用户供电，全站停电后，只是终端用户停电。

（2）按变电站的使用功能分类。

1）升压变电站。升压变电站是把低电压变为高电压的变电站，例如发电厂需要将发电机出口电压升高至系统电压，就是升压变电站。

2）降压变电站。降压变电站与升压变电站相反，是把高电压变为低电压的变电站，在电力系统中，大多数的变电站是降压变电站。

按变电站安装位置可分为室外变电站、室内变电站、地下变电站、箱式变电站、移动变电站，按照值班方式分为有人值班变电站和无人值班变电站。

二、变电站主要一次电气设备

变电站主要一次电气设备有：起变换电压作用的变压器，开闭电路的开关设备，汇集电流的母线，计量、控制用互感器和防雷保护装置，无功补偿设备。变电站的主要一次电气设备和连接方式，按其功能不同而有所差异。变电站的基本接线方式有单母线及单母线分段接线、双母线及双母线分段接线、单母线或双母线带旁路接线、一个半断路器接线、多角形接线、桥形接线等。

变压器是变电站的主要设备，分为双绕组变压器、三绕组变压器和自耦变压器。变压器按其作用可分为升压变压器和降压变压器，前者用于电力系统送端变电站，后者用于受端变电站。变压器的电压需与电力系统的电压相适应。为了在不同负荷情况下保持合格的电压，有时需要切换变压器的分接头。按分接头切换方式变压器分为有载调压变压器和无载调压变压器，有载调压变压器主要用于受端变电站。

电压互感器和电流互感器的工作原理与变压器相似。它们把高电压设备和母线的高电压、大电流按规定比例变成测量仪表、继电保护装置及控制设备的低电压和小电流。在额定运行情况下，电压互感器的二次线电压为100V，电流互感器的二次电流为5A或1A。

开关设备包括断路器、隔离开关、负荷开关、高压熔断器等设备。断路器在电力系统正常运行情况下用来合上和断开电路，故障时在继电保护装置的控制下自动把故障设备和线路断开，还可以有自动重合闸功能。在我国，220kV以上断路器使用较多的是空气断路器和六氟化硫断路器。隔离开关的主要作用是在设备或线路检修时隔离电压，以保证安全。它不能断开负荷电流和短路电流，应与断路器配合使用。在停电时应先拉断路器后拉隔离开关，送电时应先合隔离开关后合断路器。如果误操作将造成设备损坏和人身伤亡。负荷开关能在正常运行时断开负荷电流，但没有断开故障电流的能力，一般与高压熔断器配合用于10kV及以上电压且不经常操作的变压器或出线上。

为了减少变电站的占地面积，近年来积极发展六氟化硫全封闭组合电器（GIS）。它把断路器、隔离开关、母线、接地开关、互感器、出线套管或电缆终端头等分别装在各自的密封间隔中，集中组成一个整体外壳，并充以六氟化硫气体作为绝缘介质。这种组合电器具有结构紧凑、体积小、质量轻、不受大气条件影响、检修间隔长、无触电事故和电噪声干扰等优点。

变电站的防雷保护装置主要有避雷针和避雷器。避雷针的作用是使雷电对其自身放电，将雷电流引入大地，防止变电站遭受直接雷击。在变电站附近的线路上落雷时，雷电波会沿导线进入变电站，产生过电压。另外，断路器操作等也会引起过电压。避雷器的作用是当过电压超过一定限值时，自动对地放电，降低电压，保护设备，放电后又迅速自动灭弧，保证系统正常运行。目前，使用最多的是氧化锌避雷器。

三、变电站在电力系统中的地位与作用

电力系统是由生产、输送、分配和消费电能的各种电气设备连接在一起而组成的整体。在电力系统中，变电站是联系发电厂和用户的中间环节，起着变换和分配电能的作用，是控制电力流向和调整电压的电力设施，通过其变压器将各级电压的电网联系起来形成联合电力网。变电站在电力系统中具有十分重要的地位，其安全运行对电力系统具有十分重要的意义。

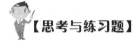

【思考与练习题】

1. 变电站是如何分类的？它们在电力系统中的作用是什么？
2. 变电站中的一次电气设备有哪些？它们的作用是什么？

模块 2 变电站运行要求

模块描述

本模块包含了变电站运行监视的范围，变电站操作，变电站的电气保护、远方监视与控制及信号系统。通过要点归纳、原理介绍，掌握变电站运行要求。

【正文】

为确保变电站安全、经济运行，保证电能质量，必须对变电站设备的运行工况进行监视、控制、调节和保护。

一、变电站运行监视的范围

1. 变电站运行监视的模拟量

变电站的电气设备，应运行在它们允许的额定参数范围内，长期偏离它们允许的额定参数范围将缩短其使用寿命，甚至引发事故。

变电站运行监视的模拟量主要有：6～10kV 线路的单相电流，35kV 及以上电压等级线路的三相电流、三相电压、有功功率、无功功率，与电气设备或线路非直接连接的断路器的三相电流，各级交流系统的母线电压和频率，主变压器的油温、绕组温度，主变压器各侧的三相电流、三相电压、三相有功功率、三相无功功率，站用变压器高压侧及低压侧的三相电流、三相电压，35kV/10kV 电抗器的三相电流、无功功率，补偿电容器的三相电流、无功功率，直流系统的母线电压，充电装置进线电流、电压，蓄电池进线电流和电压，浮充电进线电流、电压，直流绝缘监视的正对地电压、负对地电压，UPS 系统的输出电压、电流及频率，室外温度，一次配电室和二次设备间的温度。

2. 变电站运行监视的开关量

变电站运行监视的开关量主要有：各级电压系统的断路器、隔离开关和接地开关的位置信号，主变压器分接头的位置信号，站用变压器高压侧及低压侧断路器的状态信号，380V 母线分段断路器的状态信号，380V 馈出回路的状态信号，变电站各电气间隔的继电保护装置、自动装置的动作及报警信号，直流系统的状态异常信号，UPS 系统的状态异常信号，就地/远方（含主控室和调度端）切换开关的位置信号，通信系统（包括载波机、光端机及 PCM（如果需要））的报警信号。

二、变电站操作

变电站操作包括自动调节控制和人工操作控制。

1. 自动调节控制

自动调节控制可由站内操作员站或远方控制中心设定其是否采用。它可以由运行人员投入/退出，而不影响手动控制功能的正常运行。

（1）电压—无功功率自动调节控制（AVQC）。原电力工业部安全生产司于 1997 年颁布的关于《电力行业一流供电企业考核标准》（试行）的通知中，明确提出一流供电企业必备条件之一是供电电压合格率大于或等于 98%，其中 A 类电压的电压合格率大于或等于 99%。根据 SD 325—1989《电力系统电压和无功电力技术导则》的规定，各级供电母线电压的允许波动范围（以额定电压为基准）如下：500（330）kV 变电站的 220kV 母线，正常时 0%～+10%，事故时−5%～+10%；220kV 变电站的 35～110kV 母线，正常时−3%～+7%，事故时−10%～+10%。配电网的 10kV 母线：10.0～10.7kV。

电力系统长期运行的经验和研究、计算的结果表明，造成系统电压下降的主要原因是系统的无功功率不足或无功功率分布不合理。对电压和无功功率进行合理的调节，可以提高电能质量、提高电压合格率、降低网损。因此，要对电压和无功功率进行综合调控，保证实现包括电力部门和用户在内的最佳总体运行技术指标和经济指标。

通过实时采集母线电压、变压器无功功率和变电站运行方式，结合设定的各种参数进行判断计算后，根据调度下达的电压曲线或 AVQC 控制策略自动对电容器或电抗器断路器发出投入或切除的指令，从而控制电容器、电抗器等无功设备的投运或停运，调节主变压器分接头，实现对控制目标值（电网电压和无功功率）的自动调节和闭环控制，使其在允许的范围内变化。AVQC 功能可在站级监控系统中用软件实现或采用电压—无功功率自动调节装置实现。

（2）自动按频率减负荷控制。电力系统的频率是衡量电能质量的重要指标之一。电力系统正常运行时，频率必须维持在 50Hz±（0.1～0.2）Hz 的范围内。系统频率偏移过大时，轻则影响工农业产品的质量和产量，重则损坏汽轮机、水轮机等重要设备，甚至引起系统的频率崩溃，致使大面积停电，造成巨大的经济损失。

当系统出现有功功率缺额时，系统频率将下降，为抑制系统频率下降，应自动按频率减负荷。

（3）备用电源自动投入。对于有备用变压器或互为备用的母线段的终端变电站，为提高其供电可靠性，应装设备用电源和备用设备的自动投入装置。

2. 人工操作控制

操作员可对需要控制的断路器、隔离开关进行控制操作。监控系统应具有操作及监护功能，允许监护人员在不同的操作员站上实施监护，避免误操作；当一台工作站发生故障时，操作人员和监护人员可在另一台工作站上进行操作和监护。

人工操作控制分为四级：第一级控制，设备层就地检修控制。该级控制具有最高优先级的控制权。当操作人员将就地设备的远方/就地切换开关放在就地位置时，将闭锁所有其他控制功能，只能进行现场操作。第二级控制，间隔层后备控制。其与第三级控制的切换在间隔层完成。第三级控制，站控层控制。该级控制在操作员站上完成，具有调度中心与站内主控层的切换功能。第四级控制，远方控制，优先级最低。

原则上间隔层和设备层只作为后备操作或检修操作手段。为防止误操作，在任何控制方式下都需采用分步操作，即选择、返校、执行，并在站级层设置操作员、监护员口令及线路代码，以确保操作的安全性和正确性。对任何操作方式，应保证只有在上一操作步骤完成后，才能进行下一步操作。同一时间只允许一种控制方式有效。人工操作控制应具备全站防误闭锁功能。

对于同期检测点的断路器，应能实现同期检测及操作。合闸检测分为检无压合闸和检同期合闸。同期检测部件的检测信息来自断路器两侧的母线 TV 及线路 TV 的输入电压的幅度、相角及频率的瞬时值，同期检测实行自动同期捕捉合闸。

3. 变电站的电气保护

变电站的电气设备在运行中可能出现故障和不正常工作状态，应根据继电保护和安全自动装置技术规程配置相应的电气保护系统。

4. 变电站的远方监视与控制

变电站的远方监视与控制包括遥测、遥信、遥控、遥调和遥视。它是电力系统调度自动化的重要组成部分，也是无人值班变电站运行管理的重要手段。

5. 变电站的信号系统

变电站的信号系统应包括事故报警和预告报警信号系统。当发生因非正常操作而引起的断路器跳闸和保护装置动作时，应发出事故报警信号；当发生一般设备变位、状态信息异常、模拟量或温度量越限时，应发出预告报警信号，以便运行人员及时处理。

【思考与练习题】

1. 变电站运行监视的内容是什么？
2. 变电站自动调节控制和人工操作控制的内容是什么？

模块 3 变电站综合自动化系统功能与结构

模块描述

本模块包含了变电站综合自动化系统的基本功能和要求、结构形式、发展方向。通过要点归纳、原理讲解、图解示意，掌握变电站综合自动化系统的基本功能、结构形式，熟悉变电站综合自动化系统的要求和发展方向。

【正文】

变电站综合自动化系统利用先进的计算机技术、现代电子技术、通信技术和数字信号处理等技术，实现对变电站主要设备和输、配电线路的自动监视、测量、控制、以及保护。变电站综合自动化系统是高度协调、统一、全数字化、智能的变电站自动化系统，它包括了除变电站一次系统、操作电源和站用交流电源之外的电气二次系统。

一、变电站综合自动化系统的基本功能和要求

变电站综合自动化系统的基本功能和要求，从不同的角度有不同的描述，例如：国际大电网会议 WG34.03 工作组在研究变电站的数据流时，分析了变电站自动化需完成的功能大概有 63 种，但从变电站运行要求的角度可归纳为以下几种子系统功能：①监控子系统功能；②微机继电保护及安全自动装置子系统功能；③通信管理子系统功能。

1. 监控子系统功能

监控子系统完成对变电站一次系统的运行监视与控制，应具有如下功能：

（1）数据采集和处理功能。变电站综合自动化系统通过 I/O 测控单元实时采集变电站运行监视所需要的模拟量、开关量等信息量，并对所采集的实时信息进行数字滤波、有效性检查、工程值转换、信号接点抖动消除、刻度计算等加工，从而提供可应用的电流、电压、有功功率、无功功率、功率因数等各种实时数据，并将这些实时数据带品质描述传送至站控层和各级调度中心。

（2）操作控制功能。无论是无人还是少人值班的变电站，运行人员都可通过计算机 CRT 屏幕对断路器、允许远方电动操作的隔离开关和接地开关进行分、合闸操作；对变压器分接头位置进行调节控制；对电容器、电抗器补偿装置进行投、切控制，同时要能接受遥控操作命令，进行远方操作，满足变电站操作控制的运行要求。

（3）报警处理功能。监控系统应具有事故报警和预告报警功能。事故报警包括非正常操作引起的断路器跳闸和保护装置动作信号；预告报警包括一般设备变位、状态异常信息、模拟量或温度量越限等。

当发生事故时，事故报警立即发出音响报警（报警音量可调），运行监控主机的显示画面上改变颜色并闪烁表示设备变位，同时显示红色报警条文，报警条文可以选择随机打印或召唤打印。

事故报警通过手动或自动方式确认，每次确认一次报警，自动确认时间可调。报警一旦确认，声音、闪光即停止。

第一次事故报警发生阶段，允许下一个报警信号进入，即第二次报警不应覆盖上一次的报警内容。报警装置可在任何时间进行手动试验，试验信息不予传送、记录。报警处理可以在主计算机上予以定义或退出。事故报警应有自动推画面功能。

预告报警发生时，除不向远方发送信息外，其处理方式与上述事故报警处理相同（音响和提示信息颜色应区别于事故报警）。部分预告信号应具有延时触发功能。

对每一测量值（包括计算量值），可由用户设置四种规定的运行限值（低低限、低限、高限、高高限），分别可以定义作为预告报警和事故报警的限值。四个限值均设有越/复限死区，以避免实测值处于限值附近频繁报警。

开关事故跳闸到指定次数或开关拉闸到指定次数，应推出报警信息，提示用户检修。

（4）事件顺序记录（SOE）及事故追忆功能。当变电站一次设备出现故障时，将引起继电保护动作、开关跳闸，事件顺序记录 SOE（Sequence Of Events）功能将事件过程中各设备动作顺序，带时标记录、存储、显示、打印，生成事件记录报告，供查询。系统保存 1 年的事件顺序记录条文。事件分辨率：测控单元不大于 1ms，站控层不大于 2ms。事件顺序记录应带时标及时送往调度主站。

事故追忆范围为事故前 1min 到事故后 2min 的所有相关运行数据，采样周期与实时系统采样周期一致。系统可生成事故追忆表，可以实现重演及显示、打印方式输出。

（5）画面生成及显示功能。监控系统应具有电网拓扑识别功能，实现带电设备的颜色标识。所有静态和动态画面应能存储，并能以 jpeg、bmp、gif 等图形格式输出。应具有图元编辑图形制作功能，使用户能够在任一台主计算机或人机工作站上方便直观地完成实时画面的在线编辑、修改、定义、生成、删除、调用和实时数据库连接等功能，并且对画面的生成和修改应能够通过网络广播方式提供给其他工作站。在主控室运行工作站 CRT 上显示的各种信息应以报告、图形等形式提供给运行人员。

画面显示内容应有全站电气主接线图（若幅面太大时可用漫游和缩放方式），分区及单元接线图，实时及历史曲线显示，棒图（电压和负荷监视），间隔单元及全站报警显示图，监控系统配置及运行工况图，保护配置图，直流系统图，站用电系统图，报告显示（包括报警、事故和常规运行数据），表格显示（如设备运行参数表、各种报表等），操作票显示，日历、时间和安全运行天数显示。

输出方式及要求：电气主接线图中应包括电气量实时值，设备运行状态、潮流方向，断路器、隔离开关、地刀位置，"就地/远方"转换开关位置等；图形和曲线可储存及硬拷贝；用户可生成、制作、修改图形；在一个工作站上制作的图形可送往其他工作站；电压棒图及曲线的时标刻度、采样周期可由用户选择；每幅图形均标注有日历时间；图形中所缺数据可人工置入。

（6）在线实时计算及制表功能。在线计算应具有加、减、乘、除、积分、求平均值、求最大最小值和逻辑判断，以及进行功率总加、电量分时累计等计算功能。供计算的数据可以是采集量、人工输入量或前次计算量，这些计算从数据库取变量数据，并把计算结果返送数据库。计算结果可以处理和显示，并可以对计算结果进行合理性检查。可以由用户用人机交互方式或编程方式定义一些特殊公式，并按用户要求的周期进行计算。

监控系统应能生成不同格式的生产运行报表，提供的报表包括：实时值表、正点值表、开关站负荷运行日志表（值班表）、电能量表、交接班记录、事件顺序记录一览表、报警记录一览表、微机保护配置定值一览表、主要设备参数表、自诊断报告、其他运行需要的报表。

输出方式及要求：实时及定时显示；召唤及定时打印；生产运行报表应能由用户编辑、修改、定义、增加和减少；报表应按时间顺序存储，报表的保存量应满足运行要求。

（7）时钟同步功能。监控系统设备应从站内时间同步系统获得授时（对时）信号，保证 I/O 数据采集单元的时间同步达到 1ms 精度要求。当时钟失去同步时，应自动告警并记录事件。监控系统站控层设备优先采用 NTP（Network Time Protocol 是用来使计算机时间同步化的一种网络时间协议）对时方式，间隔层设备的对时接口优先选用 IRIG－B 对时方式。

（8）人-机联系功能。人-机联系是值班员与计算机对话的窗口，值班员可借助鼠标或键盘在屏幕上与计算机对话。人-机联系包括：调用、显示和拷贝各种图形、曲线、报表；发出操作控制命令；数据库定义和修改；各种应用程序的参数定义和修改；查看历史数值以及各项定值；图形及报表的生成、修改、打印；报警确认，报警点的退出/恢复；操作票的显示、在线编辑和打印；日期和时钟的设置；运行文件的编辑、制作；主接线图人工置数功能；主接线图人工置位功能；监控系统主机上应有系统硬件设备配置图，该配置图能反映所有连接进系统的硬件设备的运行状态。

（9）系统自诊断和自恢复功能。远方或变电站负责管理系统的工程师可通过工程师工作站对整个监控系统的所有设备进行诊断、管理、维护、扩充等工作。系统具有可维护性，容错能力及远方登录服务功能。

系统具有自监测的功能，提供相应的软件给操作人员，使其能对计算机系统的安全与稳定进行在线监测。系统具有自诊断和自恢复的功能，能够在线诊断系统硬件、软件及网络的运行情况，一旦发生异常或故障应立即发出告警信号并提供相关信息。应具有看门狗和电源监测硬件，系统在软件死锁、硬件出错或电源掉电时，能够自动保护实时数据库。在故障排除后，能够重新启动并自动恢复正常的运行。某个设备的换修和故障，应不会影响其他设备的正常运行。

（10）与其他设备的通信接口功能。

1）监控系统与继电保护的通信接口。监控系统以串口或网口的方式与保护装置信息采集器或保护信息管理子站连接获取保护信息。监控系统与保护装置、保护及故障信息管理子站的联网方案如下：①如果不考虑在监控系统后台实现继电保护装置软压板投退、远方复归的功能，则监控系统仅采集与运行密切相关的保护硬接点信号，站内所有保护装置与故障录波装置仅与保护及故障信息管理子站连接；保护及故障信息管理子站向监控系统转发各保护装置详细软报文信息。②如果考虑在监控系统后台实现继电保护装置软压板投退、远方复归的功能，则保护及故障信息管理子站系统与监控系统分网采集保护信息。保护装置可按照子站系统和监控系统对保护信息量的要求，将保护信息分别传输至子站系统和监控系统。

2）监控系统与保护测控一体化装置（35kV/10kV）的通信接口。监控系统以串口或网口的方式与保护测控一体化装置（35kV/10kV）通信，采集测控信息。

3）监控系统与其他智能设备的通信接口。其他智能设备主要包括直流电源系统、交流不停电系统、火灾报警装置、电能计量装置及主要设备在线监测系统等。监控系统智能接口设备采用数据通信方式（RS-485通信口）收集各类信息，经过规约转换后通过以太网传送至监控系统主机。

（11）运行管理功能。监控系统根据运行要求，应实现如下管理功能：

1）事故分析检索：对突发事件所产生的大量报警信号进行分类检索。

2）操作票：根据运行要求开列操作票、进行预演，并能进行纠错与提示。

3）模拟操作：提供电气一次系统及二次系统有关布置、接线、运行、维护及电气操作前的实际预演，通过相应的操作画面对运行人员进行操作培训。

4）变电站其他日常管理，如操作票、工作票管理，运行记录及交接班记录管理，设备运行状态、缺陷、维修记录管理，规章制度等。

5）管理功能应满足用户要求，适用、方便、资源共享。各种文档能存储、检索、编辑、显示、打印。

6）测控单元应具有当地维护、校验接口，满足交流采样运行检验管理的要求。

2. 微机继电保护及安全自动装置子系统功能

微机继电保护及安全自动装置子系统功能是变电站综合自动化系统的最基本、最重要的功能，它包括变电站的主设备和输电线路的全套保护：高压输电线路保护和后备保护，变压器的主保护、后备保护以及非电量保护，母线保护，低压配电线路保护，无功补偿装置保护，站用变压器保护。为了保障电网的安全可靠经济运行，提高电能质量，变电站综合自动化系统中根据不同情况设置有相应的安全自动控制子系统，主要包括以下功能：①电压、无功自动综合控制；②低周减载；③备用电源自投；④小电流接地选线；⑤故障录波和测距；⑥同期操作；⑦五防操作和闭锁；⑧声音、图像远程监控。

各保护及安全自动装置单元，除应具备独立、完整的保护及安全自动装置功能外，还应具有以下附加功能：

（1）具有事件记录功能。事件记录包括发生故障、保护动作出口、保护设备状态等重要事项的记录。

（2）具有与系统对时功能。以便准确记录发生事故和保护动作的时间。

（3）具有存储多种保护定值功能。

（4）具有当地人机接口功能。不仅可显示保护单元各种信息，还可通过它修改保护定值。

（5）具有通信功能。提供必要的通信接口，支持保护单元与计算机监控子系统通信协议。

（6）具有故障自诊断功能。通过自诊断，及时发现保护单元内部故障并报警。对于严重故障，在报警的同时，应可靠闭锁保护出口。

各保护单元满足上述功能要求的同时，还应满足保护装置的快速性、选择性和灵敏性要求。

3. 通信管理子系统功能

综合自动化系统的通信管理子系统功能包括三方面内容：①各子系统内部的信息管理；②通信控制器（管理机）对其他公司产品的信息管理；③综合自动化系统与上级调度的远动通信。

远动通信装置应直接从间隔层测控单元获取调度所需的数据，实现远动信息的直采直送。远动通信装置具有远动数据处理、规约转换及通信功能，满足调度自动化的要求，并具有串口输出和网络口输出能力，能同时适应通过专线通道和调度数据网通道与各级调度端主站系统通信的要求。

通信管理子系统应能够同时和各个调度中心 EMS/SCADA 及站内 SCADA 系统通信，且能对通道状态进行监视。为保证远程通信的可靠，通信口之间应具有手动/自动切换功能，且 MODEM 也应有手动/自动切换功能。

通信管理子系统应能正确接收、处理、执行变电站 SCADA 系统或各个调度中心的遥控命令，但同一时刻只能执行一个主站的控制命令。

通信管理子系统在综合自动化系统内占有重要位置，应具有快速的实时响应能力、高度的可靠性和优良的磁兼容性能。

二、变电站综合自动化系统的结构形式

变电站综合自动化系统是随着调度自动化技术的发展而发展起来的，为了实现对变电站的遥测、遥信、遥控和遥调远动功能，在变电站设置远程终端单元 RTU（Remote Terminal Units），作为数据采集与监控系统 SCADA（Supervisory Control And Data Acquisition）的子站，并与调度主站通信。1954 年，我国从前苏联引进了远方终端装置 RTU，到 1959 年全国已经有 29 个变电站实现遥控和无人值班。20 世纪 60 年代中期，随着电子技术的迅速发展，许多国家都开始了基于计算机的数据采集和监控系统 SCADA 的研制，20 世纪 70 年代基于微处理器技术的微机型远动装置问世。20 世纪 80 年代中期开始的四大网引进工程极大地推

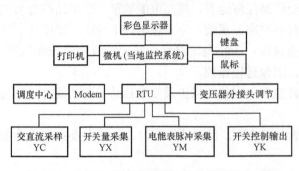

图 1.1　以 RTU 为基础的变电站计算机监控系统

动了我国微机型 RTU 技术的发展，从而也大幅度地提高了我国变电站自动化技术的水平。随着微机技术在变电站中的应用，实现了以 RTU 为基础的变电站计算机监控系统，如图 1.1 所示。该系统在 RTU 的基础上加一台微机作为中心的当地监控系统，不但未涉及继电保护，而且保留了原有的传统控制屏台，因此这只能称为变电站计算机监控系统，而不是变电站综合自动化系统。

20 世纪 80 年代中期，我国开始了微机型继电保护装置的研究工作，最早通过鉴定的微机型继电保护装置是 WXB-01 型，随后研制的 WXB-11 型线路保护性能得到了很大的提高，产品的实用化水平也不断提高。在微机型线路保护广泛使用的同时，微机型的元件保护、微机型监控系统、微机型的故障录波器等设备也逐渐在电力系统中投入使用。这些微机型智能设备的广泛使用，为变电站综合自动化系统的提出提供了一个基本的技术基础。与此同时，国外变电站综合自动化技术开始走上系统协同设计的道路，再一次拉开与国内技术水平的领先差距。国内变电站综合自动化系统最初是在 1993 年提出来的，当时国内微机型远动装置逐渐走向成熟，变电站内微机化保护和控制设备的使用量大幅度增加。这个系统提出的另外一个背景是国外技术发展的影响，国外变电站综合自动化系统设计思路对国内变电站综合自动化技术发展的影响巨大。

变电站综合自动化系统的结构形式，从应用和发展的历程来看，大体经历了集中式和分布式两个主要阶段。因此，变电站综合自动化系统的结构形式可分为集中式和分层分布式两种。

1. 集中式变电站综合自动化系统

集中式变电站综合自动化系统通过集中组屏布置的方式采集变电站的模拟量和开关量等信息，并同时完成微机保护、自动控制以及调度通信等功能。

90 年代初研制出的变电站综合自动化系统是在变电站控制室内设置计算机系统作为变电站综合自动化系统的控制中心，另设置数据采集和控制部件用以采集数据和发出控制命令。微机保护柜除保护元件外，每柜有一管理单元，其串行口和变电站综合自动化系统的数据采集和控制部件相连接，传送保护装置的各种信息和参数，整定和显示保护定值，投退保护装置。集中式变电站综合自动化系统结构框图如图 1.2 所示。

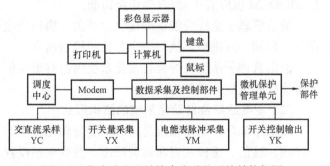

图 1.2　集中式变电站综合自动化系统结构框图

由于早期综合自动化设备的技术不够成熟，设备抗电磁干扰和高温潮湿的性能有限，使得设备只能安装在能够提供良好环境的主控室运行。这种结构形式的综合自动化系统国内早期的产品较多，通常组屏按功能分为主机屏、遥测屏、遥信屏、遥控屏。集中式变电站综合自动化系统的缺点：①所有待监控的设备都需要通过电缆接入主控室或继电保护室，特别是大量 10kV 设备二次电缆的安装敷设，造成变电站安装成本高、周期长、不经济，同时增加了 TA 二次负载。②前置管理机任务繁重、引线多，形成了信息的"瓶颈"，降低了整个系统的可靠性。在前置管理机故障的情况下，将失去当地及远方的所有信息及功能；此外，扩展一些自动化需求的功能较难。变电站二次产品早期的开发过程是按保护、测量、控制和通信部分分类、独立开发的，没有按整个系统设计的指导思想进行，工程设计时大多采用按功能"拼凑"的方式开展，从而导致系统工程化实施后的性能指标不尽人意。

2. 分层分布式变电站综合自动化系统

20 世纪 90 年代中期，随着计算机技术、网络通信技术的飞速发展，出现了分层分布式变电站综合自动化系统。所谓分层是指系统按变电站的控制层次和对象设置全站控制（站控层，又称变电站层）和就地单元控制（间隔层）的二层式分布控制系统结构。所谓分布式是指在逻辑功能上站控层 CPU 与间隔层 CPU 按主从方式工作。

（1）站控层设备配置及基本功能。站控层设备大致包括监控主机、操作员站、五防主机、远动主机、工程师站、GPS 时钟同步装置、网络设备等。

监控主机具有快速的信息响应能力及相应的信息处理分析功能，完成站控层数据收集、处理、存储及网络管理、运行管理和控制监察。

操作员站是站内监控系统的主要人机界面，用于图形及报表显示、事件记录、报警状态显示和查询、设备状态和参数的查询、操作指导、操作控制命令的解释和下达等。运行人员可通过运行工作站对变电站各一次及二次设备进行运行监测和操作控制，例如：变电站内一次设备电气量监视、断路器/隔离开关运行状态监视、事件记录管理、断路器/隔离开关控制等。

值得注意的是，对于 110kV 及以下的规模较小的变电站，通常采用主机兼操作员站模式。

五防主机与监控主机通信获取信息，在五防工作站上可进行操作预演，可检验、打印和传输操作票，并对一次设备实施五防强制闭锁。为优化系统功能，微机五防功能应整合到监控主机中。

远动主机（或称总控单元、远动管理机）的作用：①采集间隔层测控保护装置数据，经过归并、筛选处理按远动规约传给远方调度中心，并接收调度中心遥控、遥调命令，交给间隔层测控保护装置执行，同时也将数据传给监控主机。②实现就地通信规约和远动通信规约的转换。③适配各种通信接口。在以太网构建的变电站综合自动化系统中，远动主机通常直采直送，通过专用通道点对点方式将站内的数据网接入设备向各级调度传送远动信息。

工程师站用于整个监控系统的维护、管理，可完成数据库的定义、修改，系统参数的定义、修改，报表的制作、修改，以及网络维护、系统诊断等工作。对监控系统的维护仅允许在工程师站上进行，并需有可靠的登录保护。

GPS 时钟同步装置以 GPS 卫星信号或外部输入 IRIG－B 码为时间基准，通过各种扩展接口输出秒脉冲、分脉冲、IRIG－B 码、串口对时报文以及网络对时报文等对时信号，为站控层和间隔层设备进行时间同步。

网络设备包括规约转换装置、网络交换机、光/电转换器、接口设备（如光纤接线盒）、网络连接线、电缆、光缆等。规约转换装置用于多种继电保护装置及其他智能电子设备与当地站控层通信。在间隔层通过多种类型的标准通信接口与继电保护、故障录波器、电能表、直流屏等装置进行通信，采集各类信息，通过网络或串口，经规约转换后上送当地站控层。

网络交换机以高网络传输速率（≥100Mbit/s）进行数据传输，构成分布式高速工业级以太网，实现站级单元的信息共享，站内设备的在线监测、数据处理以及站级联锁控制。

（2）间隔层设备配置及基本功能。间隔层设备按站内一次设备（变压器或线路等）面向对象的分布式配置，在功能分配上本着尽量下放的原则，即凡是可以在本间隔就地完成的功能决不依赖通信网和主站，特殊功能例外，如分散式录波及小电流接地选线等功能。这种结构相比集中式处理的系统具有以下明显的优点：可靠性提高，任一部分设备故障只影响局部；风险分散，当站控层系统或网络故障，只影响到监控部分，而最重要的保护、控制功能在间隔层仍可继续运行，间隔层任一智能单元损坏不会导致全站的通信中断；可扩展性和开放性较高，利于工程的设计及应用。

变电站综合自动化系统采用分布式结构可以大大减少电缆，降低造价，但分布的方式和程度，应保证变电站的安全可靠运行，变电站综合自动化系统的分布式结构与间隔的划分有密切关系。变电站间隔层的划分与变电站的类型、一次设备的配置和布局、变电站内设备的数据流及通信总线的结构有关。根据变电站的具体情况，一个电力系统元件、两种电压等级之间带断路器的变压器、带断路器和相关隔离开关及接地开关的母联断路器、在进线或出线及母线之间的断路器等都可定义为间隔。因此，变电站综合自动化系统的分布结构应按具体变电站所划分的过程层、间隔层和变电站层及通信总线要求决定。

通信集中配置的分层分布式变电站综合自动化系统典型结构框图如图1.3所示，在20世纪90年代属于主流，由于间隔层设备通信接口种类不唯一，或用RS-485组网，或用现场总线组网，为了能与站控层通信，间隔层设备必须通过通信总控制器（或通信管理机）进行通信接口适配。在这种结构下，间隔层设备与站控层设备的通信流将不可避免的通过通信总控制器（或通信管理机）。因此，通信总控制器成为整个系统通信的瓶颈，特别是在设备较多的事故情况下，其通信效果不是那么满意。

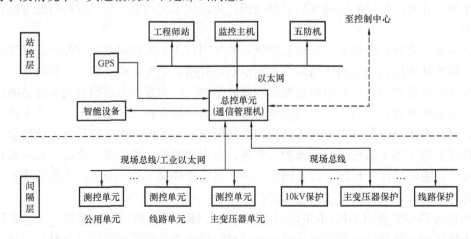

图1.3　通信集中配置的分层分布式变电站综合自动化系统典型结构框图

随着计算机技术和网络技术的发展，变电站综合自动化系统开始采用以太网来进行组网。间隔层的测控单元通过工业以太网直接接入监控网络，实现间隔层的测控单元直接上站控层网络，测控装置直接与站控层通信。在站控层及网络失效的情况下，间隔层能独立完成就地数据采集和控制功能。远动主机信息直采直送，直接与调度端通信实现远动功能，通信分散配置的分层分布式变电站综合自动化系统典型结构框图如图 1.4 所示。这种结构通信功能分散，减轻了通信总控制器（或通信管理机）的负担，消除了系统通信的瓶颈。但是，对变电站内的电能表、故障录波、站用系统等其他智能设备，由于没有以太网接口，也只能通过通信控制器或规约转换器接入站控层监控网。

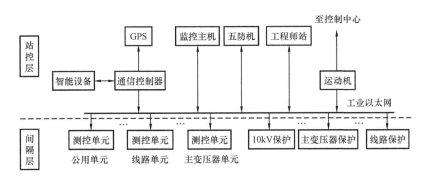

图 1.4 通信分散配置的分层分布式变电站综合自动化系统典型结构框图

随着微机保护测控装置技术性能的提高，使得间隔层的测控保护装置分散安装于高压开关柜或场地机构箱成为可能。分层分布分散式综合自动化系统就是将高压等级的保护和测控设备集中安装于主控室，而将低压等级的保护综合自动化设备分散安装于高压开关柜上，各设备之间通过现场总线或网络进行连接。分层分布分散式综合自动化系统实现了二次回路不出开关柜，极大地减少了电缆敷设劳动量、缩短了安装工期、提高了经济性。目前国内主要保护及综合自动化系统厂家的设备都能满足低压等级的分散分布式要求，而要达到 110kV 以上电压等级的测控保护设备分散分布的目标，还需要长期努力。

3. 集控站模式的变电站综合自动化系统

有的电力用户采用集控站模式完成变电站无人值班，该种方式利用一个 220kV 或 110kV 枢纽变电站作为集控站，其综合自动化系统不仅完成本站的测控功能，同时还能监控其他的多个无人值班变电站。在集控站采用的多为两层式综合自动化系统，其典型网络结构如图 1.5 所示。

三、变电站综合自动化系统的发展方向

变电站综合自动化技术经过十多年的发展已经达到较高的自动化水平，在电网改造与建设中不仅中低压变电站实现了无人值班，而且在 220kV 及以上的超高压变电站建设中也大量采用自动化新技术，从而大大提高了电网建设的现代化水平，降低了变电站建设的总造价。然而，现有的变电站综合自动化系统还主要存在下列问题：

（1）油浸式电流互感器的爆炸将使变电站一次设备受到较大损坏。

（2）TA 物理结构上的限制使得其无法精确提供保护和测量需要的大范围量程。

（3）剩磁问题的存在给 TA 和继电保护的设计带来很大困难。

（4）电容式电压互感器的暂态特性可能造成快速保护的误动作。

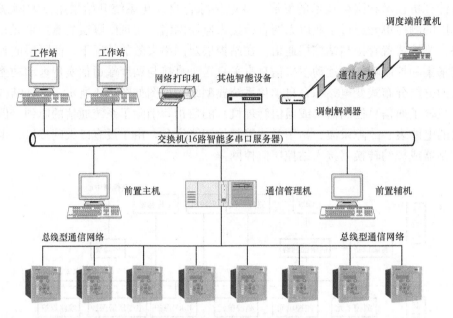

图 1.5 集控站模式的变电站综合自动化系统典型网络结构

（5）超高压系统对互感器的体积、绝缘性能和价格等都是极大的挑战。

（6）传统一次设备体积大，质量重，安装运输成本高。

（7）大量复杂的二次电缆容易导致：直流接地引起的误动，零序电压引起的不正确动作，母线、失灵保护复杂的二次接线，信息的重复采集。

（8）通信协议无统一的标准，不同厂家设备不能互换、互操作，信息不能共享，造成重复投资。

（9）设备状态无法在线监测，无法实现设备的在线检修。

上述问题在一定程度上影响了变电站的安全运行和设备维护管理，降低了信息的利用效率。

随着数字技术的应用，其在电力系统中为企业带来了革命性的技术更新。在变电站建设领域，自动化技术随着应用网络技术、开放协议、智能一次设备、电力信息接口标准化等有了比较理想的技术解决方案。变电站自动化技术的发展进入了数字化时代。

数字化变电站就是使变电站的所有信息采集、传输、处理、输出过程由过去的模拟信息全部转换为数字信息，并建立与之相适应的通信网络和系统。其中基于 IEC 61850 系列标准《变电站通信网络与系统》支撑的全数字化变电站方案不但得到了电力企业用户的高度关注，同时也被广大电力装备生产制造厂家认可。

实现数字化变电站的基本要求是设备之间的通信以数字方式传递及共享信息。随着一次开关设备等逐渐向智能化单元方向发展，电子式电压、电流互感器技术日趋成熟，网络技术在自动化系统中的广泛应用，数字化变电站的应用推广已经具备了相应的条件。

智能电网作为未来电网的发展方向、电能供应和服务的"高速公路"，将在优化升级能源产业、助推清洁能源发展、促进基础产业升级、补强基础薄弱产业、完善社会民生产业、提升社会综合效益等方面发挥重要作用，并为世界多个国家所认可。2009 年国家电网公司刘振亚总经理在特高压输电技术国际会议上提出建设有中国特色"坚强智能电网"的构想，这是继"西电东送"之后，我国电力行业发展的又一标志性事件。考虑到我国的国情，国家电网公司以统一规划、统一标准、统一建设为原则，立足自主创新，提出了构建以特高压电网为骨干网架、各级电网协调发展，具有坚强可靠、经济高效、清洁环保、透明开放、友好互动内涵的坚强智能电网。而智能变电站是智能电网的重要组成部分和关键节点。

目前国内变电环节存在常规变电站和数字化变电站两大模式。常规变电站存在采集资源重复、多套系统、厂站设计和调试复杂、互操作性差、标准化规范化不足等问题；数字化变电站存在缺乏相关标准规范、过程层设备的稳定性和可靠性有待验证、缺乏相关评估体系和手段等问题。这些都影响了变电站生产运行的效率，不利于电网安全运行水平的进一步提高。智能变电站充分体现了信息化、自动化和互动化的特点和需求，以数字化变电站为依托，通过采用最先进的传感器、电子、信息、通信、控制、智能分析软件等技术，建立全站所有信息采集、传输、分析、处理的数字化统一应用平台，实现变电站的自动运行控制、设备状态检修、运行状态自适应、分布协同控制、智能分析决策等高级应用功能，提高了管理和运行维护水平。

【思考与练习题】

1. 什么是变电站综合自动化系统？

2. 监控子系统有哪些功能？

3. 微机继电保护及安全自动装置子系统的功能是什么？

4. 通信管理子系统有哪些功能？

5. 变电站综合自动化系统的结构形式分哪几种？各自有什么特点？

6. 变电站综合自动化系统发展方向是什么？

第 2 章

变电站综合自动化系统构成原理

 本章学习任务

掌握变电站综合自动化系统的构成原理。

知 识 点

1. 间隔层微机自动化装置
2. GPS 同步时钟
3. 变电站综合自动化通信的基本概念
4. 站控层网络通信设备
5. 变电站综合自动化系统的通信网络
6. 站控层硬件及软件配置
7. 远距离数据通信及电网调度自动化系统
8. 提高变电站综合自动化系统可靠性措施

重点、难点

1. 变电站综合自动化通信的基本概念
2. 站控层硬件及软件配置
3. 远距离数据通信及电网调度自动化系统

模块 1　间隔层微机自动化装置

模块描述

本模块包含了间隔层微机测控保护装置硬件原理及测量算法、间隔层继电保护自动装置及测控装置配置案例。通过要点归纳、原理讲解、图解示意，掌握间隔层微机测控保护装置硬件构成、原理，间隔层继电保护自动装置及测控装置的配置，熟悉间隔层微机测控保护装置测量算法。

【正文】

间隔层自动化装置主要是微机保护和微机测控装置，用它们实现变电站的保护和四遥（遥测、遥控、遥信、遥调），它们的硬件结构大同小异，只是各自的功能和算法不同。

一、间隔层微机测控保护装置硬件原理及测量算法

间隔层微机测控保护装置的硬件主要包括模拟量输入/输出系统、微型机主系统、开关量（或数字量）输入/输出系统三大部分，另外还有人机对话、通信接口和电源模块等，微机测控保护装置硬件结构原理图如图 2.1 所示。

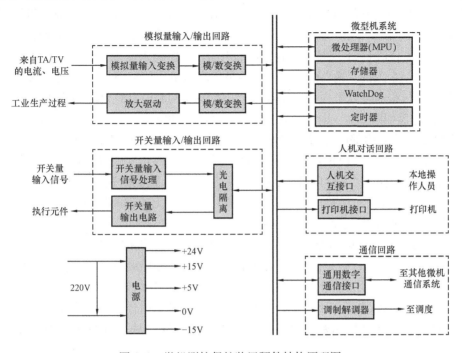

图 2.1 微机测控保护装置硬件结构原理图

（一）模拟量输入/输出系统及测量算法

1. 模拟量输入/输出系统

模拟量输入/输出系统包括电压形成、模拟滤波、采样保持（S/H）、多路转换（MPX）以及模数转换（A/D）等功能块，将模拟输入量准确地转换为微型机能够识别的数字量。其中采样保持电路，又称 S/H（Sample/Hold）电路，其作用是在一个极短的时间内测量模拟输入量在该时刻的瞬时值，并在模拟—数字转换器进行转换的期间内保持其输出不变。利用采样保持电路，可以方便地对多个模拟量实现同时采样。采样保持电路工作原理如图 2.2（a）所示，它由一个电子模拟开关 S、一个保持电容器 C_h 以及两个阻抗变换器组成。模拟开关 S 受逻辑输入端的电平控制，该逻辑输入就是采样脉冲信号。

在逻辑输入为高电平时 S 闭

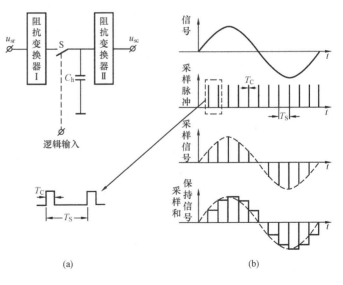

图 2.2 采样保持电路工作原理及其采样保持过程示意图
（a）采样保持电路工作原理；（b）采样保持过程

合，此时电路处于采样状态。C_h 迅速充电或放电到在采样时刻的电压值 u_{sr}，S 的闭合时间应满足使 C_h 有足够的充电或放电时间，即采样时间，显然希望采样时间越短越好。应用阻抗变换器 I 的目的是它在输入端呈现高阻抗，对输入回路的影响很小，而输出阻抗很低，使充放电回路的时间常数很小，保证 C_h 上的电压能迅速跟踪到在采样时刻的瞬时值 u_{sr}。

S 打开时，电容器 C_h 上保持 S 闭合时刻的电压，电路处于保持状态。为了提高保持能力，电路中应用了另一个阻抗变换器 II，它在 C_h 侧呈现高阻抗，使 C_h 对应充放电回路的时间常数很大，而输出阻抗很低，以增强带负载能力。阻抗变换器 I 和 II 可由运算放大器构成。

采样保持过程如图 2.2（b）所示，T_c 称为采样脉冲宽度，T_s 称为采样间隔（或称采样周期）。由微型机控制内部的定时器产生一个等间隔的采样脉冲，如图 2.2（b）中的"采样脉冲"，用于对"信号"（模拟量）进行定时采样，从而得到反映输入信号在采样时刻的信息，如图 2.2（b）中的"采样信号"，随后在一定时间内保持采样信号处于不变的状态，如图 2.2（b）中的"采样和保持信号"，这样在保持阶段，无论何时进行模数转换，其转换的结果都反映了采样时刻的信息。

模数转换器的基本原理图如图 2.3 所示，该图是在微型机控制下由软件来实现逐次逼近的。实际上，逐次逼近式 A/D 转换过程的控制、比较都是由硬件控制电路自动实现的，并且整个电路都集成在一块芯片上。从图 2.3 可以很清楚地理解逐次逼近式 A/D 转换的基本原理，模数转换器工作原理如下：并行接口的 PB15～PB0 用作输出，由微型机通过该口往 16 位 D/A 转换器试探性地送数。每送一个数，微型机通过读取并行接口的 PA0（用作输

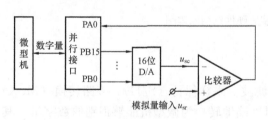

图 2.3　模数转换器的基本原理图

入）的状态（"1"或"0"）来观察试送的 16 位数相对于模拟输入量是偏大还是偏小。如果偏大，即 D/A 转换器的输出 u_{sc} 大于待转换的模拟输入电压，则比较器输出"0"，否则为"1"。通过软件，如此不断地修正送往 D/A 转换器的 16 位二进制数，直到找到最相近的二进制数，这个二进制数就是 A/D 转换器的转换结果。

逼近的步骤通常采用二分搜索法，对于 16 位的转换器来说，最大可能的转换结果为二进制数 1111111111111111，用 16 进制表示为 FFFFH（H 为 16 进制符号），为了简便起见，下面的转换过程均用 16 进制数表示。

第一步试探，先试最大可能值的 1/2，即试送 8000H，如果比较器输出为"1"，即说明 D/A 转换器输出偏小，则可以肯定模拟量大于最大量值的一半，最高位的最终结果必定为 1；反之，最高位为 0。第二步应当试送次高位为 1，如果第一次试送已确定最高位为 1 后，则第二步应试送 C000H（即 1100000000000000）；如果第一次试送已确定最高位为 0 后，则第二步应试送 4000H。如此逐位确定，直至最低位，完成全部比较。

三位转换器的二分搜索法示意图如图 2.4 所示，其中大于、小于符号的判别是指输入模

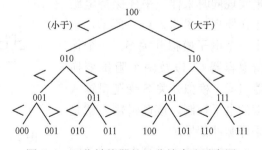

图 2.4　三位转换器的二分搜索法示意图

拟量与 D/A 输出的值进行比较。

二分搜索法是一种最快的逼近方法，n 位转换器只要比较 n 次即可，比较次数与输入模拟量的大小无关。

2. 模拟量测量算法

在保护测控装置中，通常需要测量电流、电压、三相有功功率 P、三相无功功率 Q、功率因数 $\cos\varphi$、有功电能、无功电能，这些电气量都是通过微机测控装置将采集到的模拟量转换成数字量，通过以下算法计算得到的，然后通过通信网络送到变电站后台系统（或调度端）的监控主机上显示。

（1）电流、电压的测量算法。测量的电流、电压指的是有效测量值，有效值表达式为

$$I = \sqrt{\frac{1}{T}\int_0^T i^2 \mathrm{d}t}$$

$$U = \sqrt{\frac{1}{T}\int_0^T u^2 \mathrm{d}t}$$

其中 T 是工频周期，当每工频周期采样 N 点时，上两式的算式为

$$I = \sqrt{\frac{1}{N}\sum_{k=1}^{N}\left[i(k)\right]^2}$$

式中：$i(k)$ 为 k 时刻的采样值；I 为电流有效值。

$$U = \sqrt{\frac{1}{N}\sum_{k=1}^{N}\left[u(k)\right]^2}$$

式中：$u(k)$ 为 k 时刻的采样值；U 为电压有效值。

为保证算法有一定的正确度，采样频率应不低于 1200Hz，A/D 变换器也应在 12 位以上。

（2）P、Q、$\cos\varphi$ 的测量算法。功率的测量分两表法和三表法，测量方法如图 2.5 所示。

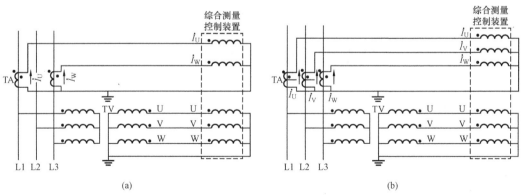

图 2.5　功率测量方法
（a）两表法；（b）三表法

1）两表法。两表法测三相有功功率 P 和三相无功功率 Q，通常取用 A 相电流和 C 相电流，相应的接入电压是 AB 相和 CB 相电压。

有功功率 P 的测量算法。两表法测 P、Q 的相量关系如图 2.6 所示，根据该相量关系，

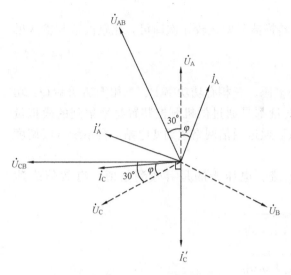

图 2.6 两表法测 P、Q 的相量关系

三相有功功率 P 表示为

$$P = I_A U_{AB}\cos(\varphi + 30°) + I_C U_{CB}\cos(\varphi - 30°)$$
$$= \sqrt{3}U_1 I_1\cos\varphi \qquad (2-1)$$

式中：U_1 为测量处的三相对称线电压；I_1 为被测三相线电流；$\cos\varphi$ 为被测负荷功率因数。

另一方面，当 i、u 为正弦波时，有

$$\frac{1}{T}\int_0^T (i_A u_{AB} + i_C u_{CB})\mathrm{d}t = \sqrt{3}U_1 I_1\cos\varphi$$
$$(2-2)$$

由式（2-1）和式（2-2）得到

$$P = \frac{1}{T}\int_0^T (i_A u_{AB} + i_C u_{CB})\mathrm{d}t \qquad (2-3)$$

则 P 的算式可写为

$$P = \frac{1}{N}\sum_{k=1}^N \left[i_A(k)u_{AB}(k) + i_C(k)U_{CB}(k) \right] \qquad (2-4)$$

无功功率 Q 的测量算法。若将图 2.6 中的 $\dot{I}_A$、$\dot{I}_C$ 向超前方向移 90°（即向滞后方向移 270°），得到 $\dot{I}'_A$、$\dot{I}'_C$，于是两表法测得的有功功率为

$$P = I'_A U_{AB}\cos(90° - \varphi - 30°) + I'_C U_{CB}\cos(90° + 30° - \varphi) = \sqrt{3}U_{ll} I_1\cos\varphi \qquad (2-5)$$

可见，只要将电流 $\dot{I}_A$、$\dot{I}_C$ 向滞后方向移 3/4 周期工频电角度，两表法测得的 P 值就是 Q 值，于是由式（2-4）得到 Q 值的算式为

$$Q = \frac{1}{N}\sum_{k=1}^N \left[i_A\left(k - \frac{3}{4}N\right)u_{AB}(k) + i_C\left(k - \frac{3}{4}N\right)u_{CB}(k) \right] \qquad (2-6)$$

$\cos\varphi$ 的测量算法。P、Q 算出后，$\cos\varphi$ 的算式为

$$\cos\varphi = \frac{P}{\sqrt{P^2 + Q^2}} \qquad (2-7)$$

2）三表法。三表法测三相有功功率 P 和三相无功功率 Q，取用的是三相电流，相应的接入电压是相电压。P、Q 的算式分别为

$$Q = \frac{1}{N}\sum_{k=1}^N \left[i_A\left(k - \frac{3N}{4}\right)u_A(k) + i_B\left(k - \frac{3N}{4}\right)u_B(k) + i_C\left(k - \frac{3N}{4}\right)u_C(k) \right] \qquad (2-8)$$

$$P = \frac{1}{N}\sum_{k=1}^N \left[i_A(k)u_A(k) + i_B(k)u_B(k) + i_C(k)u_C(k) \right] \qquad (2-9)$$

P、Q 算出后，$\cos\varphi$ 由式（2-7）算出。同样，为保证算法有一定的正确度，采样频率应不低于 1200Hz，A/D 变换器应在 12 位以上；此外，为提高频率变化时的测量精度，采样频率应进行自动跟踪系统频率。P、Q 对时间的积分，就是有功电能和无功电能。

需要指出的是，在工程实际应用中，应根据现场实际情况正确设置测控装置的电表接法。有的测控装置提供了在就地液晶面板上显示遥测一次值的功能，如需要显示一次值，则在测控装置内部参数中还应正确设置 TA 变比和 TV 变比。

为确保装置带负荷投入运行后正确显示遥测值，在现场应用中应保证测控装置输入电

流、电压回路的极性和相序正确。对大量的 10kV 线路采用两相式 TA 时，为保证功率计算正确，一定要选择正确的功率计算方法。

还有标度系数的问题，电力系统中的各种参数有不同的量纲和数值变换范围，如电压测量值单位为 V 或 kV，电流测量值单位为 A 或 kA，功率测量值单位为 MW/Mvar 或 kW/kvar 等。一次检测仪表的变化范围也不同，如电压互感器二次输出为 0~100V，电流互感器输出为 0~5A（或 1A）。所有这些信号又都经过各种形式的变换器转化为 A/D 转换器所能接收的信号范围，如 0~5V。经过 A/D 转换器转换成数字量，然后再由计算机进行数据处理和运算，变换成运行人员便于监视和管理的数值量，这就是标度变换。

在通信报文数据传送中，一个遥测量通常用两个字节来表示。如果其中有效位为 11bit，则其最大值（又称为满度值）为 2047。一般将各种电气量额定值的 1.2 倍设定为满度值，如二次电流额定值为 5A，则测控装置采样为 $1.2 \times 5 = 6A$ 时输出码值为 2047，由此得到电流的标度系数为 $K = 6/2047$。后台监控系统将通道码与标度系数相乘并加上偏移量（除频率等个别遥测量外，通常为 0）后，即可显示出电流值 6.0A。如果再乘上变比系数（如 TA 变比设为 300/5），则将显示电流值为 360A。

对于遥测数据通常将电流 I、电压 U、频率 f 等作为无符号数，而将有功功率 P、无功功率 Q、功率因数 $\cos\varphi$ 等作为有符号数（正负表示吸收/送出功率）；对于直流量，则有的量作为无符号数（如直流、包压），有的量作为有符号数（如直流电流，正负表示充放电的方向）。不同的厂家的测控装置和遥测类型，有着不同的标度变换系数。

为了监视模拟量，可以通过设置遥测越上限/下限监视来对一些重要的遥测数据进行重点监测。当运行中监控系统后台上遥测数据超过越限设定值后，经整定延时后计算机报越限告警。为防止遥测值在越限点附近上下波动时监控机频发告警信号，监控系统越限库中通过设置越限死区值来避免。在遥测值达到越限条件后，只有恢复到越限值减去死区值以下监控机方报遥测越限回归，在死区值范围内数据波动时将不再报越限动作和恢复。

通常变电站的中低压侧母线电压、直流电压、主变压器温度、主变压器功率、重要线路功率等应设置遥测越限监视。其中 10kV 电压等级越限值为 10.0~10.7kV，35kV 电压等级越限值为 35.0~38.0kV，110kV 电压等级越限值为 107.0~117.0kV。

（二）微型机主系统

微型机主系统包括微处理器（MPU）、只读存储器（用于存放保护整定值的 ROM）或闪存单元（FLASH）、随机存取存储器（RAM）、定时器、并行接口以及串行接口等。微型机执行编制好的程序，对由数据采集系统输入至 RAM 区的原始数据进行分析、处理，完成各种继电保护和测控的测量、逻辑和控制功能。

目前，随着集成电路技术的不断发展，已有许多单一芯片将微处理器（MPU）、只读存储器（ROM）、随机存取存储器（RAM）、定时器、模数（A/D）转换器、并行接口（PIO）、闪存单元（FLASH）、数字信号处理单元（Digital Signal Processor，DSP）、通信接口等多种功能集成于一个芯片内，构成了功能齐全的单片微型机系统，为微机保护及测控装置的硬件设计提供了更多的选择。其中，还出现了芯片对外连线没有了任何数据总线、地址总线和控制总线的微型机，这种总线不出芯片的设计，极大地提高了可靠性和抗干扰性能。

（三）开关量（或数字量）输入/输出系统

开关量输入/输出系统由微型机的并行接口、光电隔离器件及有触点的中间继电器等组成，以完成各种保护的出口跳闸、信号、外部触点输入、人机对话及通信等功能。

微机保护中开关量输入 DI（Digital Input，简称开入）主要用于识别运行方式、运行条件等，以便控制程序的流程，如重合闸方式、同期方式、收讯状态和定值区号等；而测控装置中的开关量输入则用于遥信采集。

对于开关量输入，即触点状态（接通或断开）的输入可以分成以下两大类：

第一类是装在装置面板上的触点。这类触点主要是指用于人机对话的键盘，以及部分切换装置工作用的转换开关等。

对于装在装置面板上的触点，可直接接至微机的并行接口，如图 2.7（a）所示。只要在初始化时规定图中可编程并行接口的 PA0 为输入方式，则微型机就可以通过软件查询，随时知道图 2.7（a）中外部触点 S1 的状态。当 S1 闭合时，PA0＝0；当 S1 断开时，PA0＝1。其中，4.7k 电阻称为上拉电阻，保证 S1 断开时，PA0 被拉到"1"电平状态。

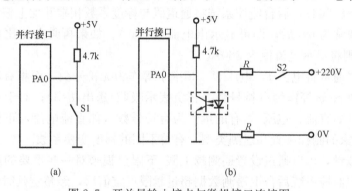

图 2.7 开关量输入接点与微机接口连接图
(a) 装在装置面板上的接点；(b) 从装置外部经过端子排引入装置的接点

第二类是从装置外部经过端子排引入装置的触点。例如需要由运行人员不打开装置外盖而在运行中切换的各种连接片、转换开关和断路器、隔离开关辅助触点等。

对于从装置外部引入的触点，如果也按图 2.7（a）接线，将给微机引入干扰，故应经光电隔离，如图 2.7（b）所示。S2 断开时，光敏三极管截止；S2 闭合时，光敏三极管饱和导通。因此，三极管的导通和截止完全反映了外部触点的状态，如同将 S2 接成图 2.7（a）方式一样。不同点是，图 2.7（b）中将可能带有电磁干扰的外部接线回路限制在微机电路以外。利用光电耦合器的性能特点，既传递开关 S2 的状态信息，又实现了两侧电气的隔离，大大削弱了干扰的影响，电阻 R 为限流电阻。

在工程中应注意以下问题：

（1）为防止信号干扰抖动而导致误报。通常信号量的采集带有滤波回路，或在测控装置上进行遥信防抖确认时限的整定设置。遥信输入是带时限的，即某一位状态变位后，在一定的时限内该状态不应变位，如果变位，则该变化将不被确认，这是防止遥信抖动的有效措施，遥信软件时序如图 2.8 所示。在工程应用中应正确利用此项功能，如防抖时限设得过小，则遥信经

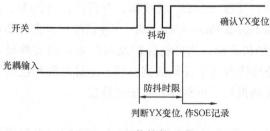

图 2.8 遥信软件时序

常可能误报；如果防抖时限设得太长，则可能导致遥信响应时间过长甚至丢失。该时限通常设为 20～40ms 左右，此防抖时限通常是可以在测控装置中进行整定的。

通常要求遥信（或 SOE）的分辨率小于 2ms，这仅与遥信的采集频率有关。当遥信的采集频率每周波大于 12 点（采样间隔为 1.667ms）时，就可以满足要求。

当遥信状态改变后，测控装置即以最快的速度向监控后台插入发送变化遥信信息，后台收到变化遥信报文后，经解码发现遥信历史库状态与当前状态不一致，于是提示该遥信状态发生改变，这就是遥信变位的过程。若遥信状态没有发生改变，测控装置每隔一定周期，定时向监控后台发送本站所有遥信状态信息，这就是全遥信报文发送过程。

（2）双位置遥信问题。在常规变电站中，对于断路器的位置监视，需要由跳合闸回路中的红、绿两个指示灯来共同完成。即正常运行中，红灯亮表示断路器处于合闸位置；绿灯亮表示断路器处于分闸位置；红、绿灯均不亮表示控制回路断线或断路器位置异常；红、绿灯均点亮也表示开关位置异常。在综合自动化变电站中，断路器的位置监视通过遥信采集方式上送到综合自动化系统的后台监控机。无论位置信号取自断路器辅助触点还是操作回路中的 KC/KCF，如果仅用一个遥信量来反映断路器的状态，显然不够严谨。为此，综合自动化后台监控系统通常采用双位置遥信的方式来反映断路器位置，即将断路器的合闸位置信号表示为主遥信，将其跳闸位置信号表示为副遥信。通过这两个遥信状态的组合来表示断路器的至少三种状态，即当主遥信为逻辑"1"且副遥信为逻辑"0"时，表示断路器在合位；当主遥信为逻辑"0"且副遥信为逻辑"1"时，表示断路器在分位；当主遥信和副遥信均为逻辑"0"或逻辑"1"时，表示断路器处于异常状态。

开关量输出 DO（Digital Output，简称开出）主要包括保护及测控的跳合闸出口、本地和中央信号以及通信接口、打印机接口等。

对于保护及测控的跳合闸出口、本地和中央信号等，一般都采用并行接口的输出口控制有触点继电器的方法。为了进一步提高抗干扰能力，最好也经过一级光电隔离，开关量输出触点与微机接口连接图如图 2.9 所示。只要使并行接口的 PB0 输出"0"、PB1 输出"1"，便可使与非门 H1 输出低电平，光敏三极管导通，继电器 K 被吸合。

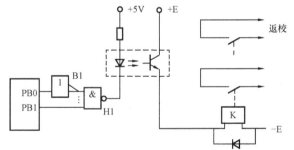

图 2.9 开关量输出接点与微机接口连接图

在初始化和需要继电器 K 返回时，应使 PB0 输出"1"、PB1 输出"0"。

设置反相器 B1 及与非门 H1 而不是将发光二极管直接同并行接口相连，一方面是因为并行接口带负荷能力有限，不足以使光电耦合器处于深度饱和状态；另一方面是因为采用与非门后要满足两个条件才能使 K 动作，增加了抗干扰能力，也增加了芯片损坏情况下的防误动能力。

应当注意，图 2.9 中的 PB0 经一反相器，而 PB1 却不经反相器，这样接线可防止拉合直流电源的过程中继电器 K 的短时误动。因为在拉合直流电源过程中，当 5V 电源处在中间某一临界电压值时，可能由于逻辑电路的工作紊乱而造成保护误动作，特别是保护装置的电源往往接有大容量的电容器，所以拉合直流电源时，无论是 5V 电源还是驱动继电器 K 用的电源，都可能相当缓慢的上升或下降，从而完全来得及使继电器 K 的接点短时闭合。采用图 2.9 的接法后，由于两个相反条件的互相制约，可以可靠地防止误动作。

在微机测控装置中，遥控功能是由监控后台发布命令，要求测控装置合上或断开某个断路器或隔离开关实现的。遥控操作是一项十分重要的操作，为了保证可靠，通常采用返送校核法，将遥控操作分为两步来完成，简称"遥控返校"。

遥控命令中需要指定遥控操作性质（合闸或分闸）和遥控对象号。遥控性质码以 CCH 为合闸，以 33H 为跳闸，以 AAH 为执行，不同的规约有不同的性质码。在综合自动化系统中，首先由监控后台向总控单元发送遥控命令，总控单元收到遥控命令后将其转发给相应的测控单元，测控单元收到遥控命令后并不急于执行出口，而是将遥控分闸或合闸继电器驱动，根据继电器动作的返回触点判断遥控性质和对象是否正确，然后再将动作情况回复给总控单元，总控单元再回复给监控后台校核，监控后台在规定时间内（如 1s）如果判断收到的遥控返校报文与原来所发的遥控命令完全一致才发遥控执行命令，而相应测控单元在规定时间内收到遥控执行命令后，才驱动遥控执行继电器动作，遥控出口回路如图 2.10 所示。

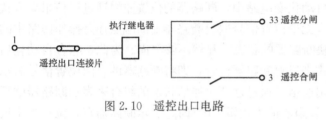

图 2.10　遥控出口电路

如外部二次回路与断路器操作箱正确连接，则相应断路器便完成分合闸操作。如监控后台未收到遥控返校报文，则经延时提示"遥控超时"。如收到的遥控返校报文不正确，则提示"遥控返校出错"。如测控装置在规定时间内未收到遥控执行命令，则使已动作的遥控性质继电器返回，取消本次遥控操作，并清除保存的原遥控命令。

遥控出口执行时间通常可整定，为可靠完成断路器分合闸操作，遥控出口执行时间一般整定为 100～200ms。遥控出口执行时间通常在测控装置中是可以进行整定的。对于需要进行同期合闸的断路器，在监控后台遥控时可以进行"检同期/合环/检无压/普通"四种遥控方式的选择。如果选择"检同期"方式合闸，则检同期的过程由测控装置来完成，通过装置内预设的定值，装置自动将其采集的母线电压和线路电压按是否满足频差、压差、角差等条件进行判断，并以整定的断路器合闸时间的提前量发出合闸脉冲，使断路器一次触头合闸时对电力系统的冲击最小。

此外，需要重点指出的是，监控后台数据库中相关断路器的遥控对象务必根据工程实际正确设置，遥控出口回路与断路器操作回路必须正确连接，否则就可能出现遥控误跳合断路器的事故。

通常断路器操作箱上都有"手合"、"手跳"、"保护合"、"保护跳"四个重要的操作接口输入端子，监控系统遥控出口回路务必接于其"手合"、"手跳"回路。此外，在工程接线当中要特别注意其他自动装置与断路器操作箱的正确接口。例如：备用电源自投装置出口应接于断路器操作箱的"保护跳"和"手合"回路，而无功调节（VQC）装置投切电容则应接于断路器操作箱的"手跳"和"手合"回路。通常"手合"和"保护合"是没有区别的；"手跳"要复归合后继电器，而"保护跳"不复归合后继电器，合后触点和跳位触点串联输出后形成事故总信号。

当运行中发生遥控超时时，应重点检查监控后台机到相应测控单元的各级元件通信是否正常；当遥控返校正确而无法出口时，应重点检查外部回路（如遥控连接片、切换开关、闭锁联锁回路等）是否正确；当遥控返校出错时，应重点检查相应测控单元遥控出口板或电源板是否故障。

二、间隔层继电保护自动装置及测控装置配置案例

1. 工程建设规模

某 35kV 变电站新建工程建设规模如下：

（1）主变压器。终期容量为 2×10MVA，本期容量为 2×10MVA，采用低损耗三相自冷油浸式有载调压变压器，电压等级 35kV/10kV。

（2）35kV 出线。本期 2 回架空出线，终期 2 回架空出线，来自 110kV 变电站，采用单母线分段接线。

（3）10kV 出线。本期 8 回出线，终期 12 回出线，采用单母线分段接线，采用本期 4 回架空出线，本期 4 回电缆出线，终期 8 回电缆出线。

（4）无功补偿。每台主变压器 10kV 侧配置 2Mvar 无功补偿并联电容器，户外布置，本期总容量为 4Mvar，终期总容量为 4Mvar。

2. 测控保护配置及选型

根据 GB/T 14285—2006《继电保护和安全自动装置技术规程》、DL/T 5103—2011《35kV～220kV 无人值班变电站设计规程》等规程，35kV 及以下电压等级的电气间隔采用测量、控制、保护、通信一体化装置，变压器主保护、非电量保护装置独立，后备保护测控装置按侧配置。

变压器主保护主要包括差动保护、变压器瓦斯保护、有载调压瓦斯保护、变压器释压保护、变压器温度保护、35kV 及 10kV 侧复合电压闭锁过流保护、过负荷保护等。主变压器测控保护配置图如图 2.11 所示，图中 RCS-967 实现差动保护功能，RCS-966 实现非电量保护功能，两台 RCS-968 实现后备保护和主变压器两侧测控功能。

35kV 线路采用保护测控一体的微机型装置，具有三段式复压闭锁的方向电流保护、自动重合闸、接地选线等功能。

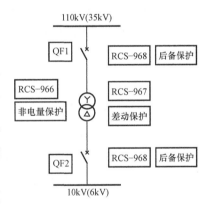

图 2.11 主变压器测控保护配置图

35kV 分段线路采用保护测控一体的微机型装置，具有充电保护及过电流保护等功能。

10kV 线路采用保护测控一体的微机型装置，具有电流速断和限时速断保护、自动重合闸、零序电流保护等功能。

10kV 分段线路采用保护测控一体的微机型装置，具有充电保护及过电流保护等功能。

10kV 电容器采用保护测控一体的微机型装置，具有电流限时速断和定时限过流保护、零序电流保护、母线失压和过电压保护、开口三角零序电压保护等功能。

本站配置一套低周低压解列装置，35kV 及 10kV 分段母线均配置电压并列装置。为提高供电的可靠性，在本站 35kV 及 10kV 母线Ⅰ、Ⅱ段各装设一套分段备用电源自投装置。

主变压器及 35kV 线路等按保护监控一体化装置配置，集中组屏在主控室；10kV 配电装置按保护监控一体化装置配置，分散安装在开关柜上。35kV 进线及分段测控保护装置配

置图如图 2.12 所示，图中 RCS-9611 实现 35kV 线路保护测控功能，RCS-9651 实现
35kV 分段保护测控及备用电源自投功能。

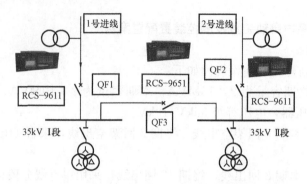

图 2.12　35kV 进线及分段测控保护装置配置图

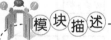【思考与练习题】

1. 间隔层微机测控装置的作用是什么？间隔层微机测控装置的硬件由哪些构成？
2. 微机测控装置中是如何用离散的采样值计算工频电气量的有效值和功率的？
3. 什么是标度系数？举例说明。
4. 简述开关量输入/输出电路的工作原理。开关量输出电路为什么要遥控返校？
5. 35kV 及以下电压等级的电气间隔测控保护装置的配置原则是什么？

模块 2　GPS 同 步 时 钟

模块描述

　　本模块包含了 GPS 概况和 GPS 在电力系统中的应用。通过原理介绍、图解示意，掌握 GPS 的组成和 GPS 在电力系统中的应用。

【正文】

一、GPS 概况

GPS（Global Position System）全球定位系统，是美国利用卫星组建的导航系统，自 1959 年起，美国军方研究用于核潜艇的卫星导航系统，其后逐步应用到其他军事和民用目的。1985 年美国政府同意将 GPS 无条件使用于全球所有的民用领域。

GPS 由卫星、地面监控站和用户接收机组成，全天候连续实时向用户提供高精确的位置、速度和时间信息。该系统共 24 颗卫星（其中 3 颗备用），均匀分布在六条轨道上，GPS 卫星分布图如图 2.13 所示。在地球上的每一个位置均能接收到 4～6 颗卫星的信号，通过至少 4 颗卫星信号即可计算出接收信号地点的经纬度，地面接收站示意图如图 2.14 所示。卫星绕地球一周 12h，每秒钟通过 L1、L2 两个波段发射三种伪随机码：C/A 码（粗码）、P 码（精码）和 Y 码（加密的 P 码）。C/A 码一次定位精度 25m，定时精度 100ns，多次定位精度 8m，全世界都可以无偿使用；P 码一次定位精度 10m，多次定位精度可以达到厘米级，

定时精度 10ns，只能美国及其盟国军事和授权的民用部门使用。

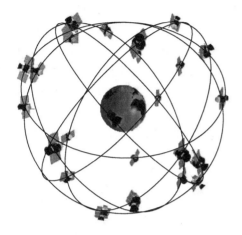

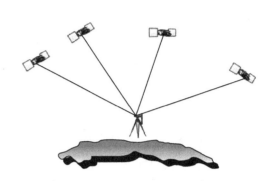

图 2.13　GPS 卫星分布图　　　　　图 2.14　地面接收站示意图

2000 年 10 月，随着 2 颗北斗导航实验卫星的成功发射，我国建立起了自主的第一代卫星导航系统。

二、GPS 在电力系统中的应用

GPS 具有定时、定位两大功能。在电力系统的综合自动化系统中，主要应用定时功能，使同一电网中的不同变电站、同一变电站的不同测控保护装置的时钟统一，便于电网事故后的事故追忆和事故分析。

传统的定时方式有两种：①电网调度中心通过通信通道同步系统内各个变电站的时钟定时，这种方式需要专用的通信通道，由于从调度中心到达各个变电站的距离不一样，通信延时也不一样，因此只能保证系统时钟在毫秒级误差的水平。②利用广播、电视、天文台等的无线报时信号定时，这种方式一般 1h 报送一次，1h 内会积累较大的误差，同样由于信号传播延时，时间误差较大，很难达到毫秒级，此外还容易受到变电站内的电磁干扰影响。

GPS 为电力系统时钟同步提供了新的技术保证。广泛应用于民用的 GPS 粗码，理论上定时精度可以达到 100ns，现在市场上销售的接收机的定时精度都可以达到 100ns，远远超过了传统的定时方式。利用 GPS 同步电力系统的时钟，已成为电力系统主要的定时方式。

现有的 GPS 接收装置的定时方式即对时方式有以下几种：①脉冲对时方式。秒脉冲（PPS）- GPS 时钟 1 s 对设备对时 1 次，使秒边沿对齐；分脉冲（PPM）- GPS 时钟 1min 对设备对时 1 次，使分边沿对齐；时脉冲（PPH）- GPS 时钟 1h 对设备对时 1 次，使小时边沿对齐；脉冲对时方式多采用空接点接入方式实现。②报文对时方式。被对时设备（故障录波装置、微机保护装置）通过 GPS 时钟装置的串行接口，接收含有时钟信息的报文，来矫正自身的时钟。报文格式通常采用按 ASCⅡ码制定的 NMEA0183 标准语句、GARMIN 语句、文本语句等，还有目前自动化系统中正在普及的 IRIG - B 格式时钟码，均可通过 RS - 232、RS - 422、RS - 485 等串行接口收发报文。

IRIG 是英文 Inter - Range Instrumentation Group（靶场间测量仪器组）的缩写，它是美国靶场司令委员会的下属机构，其制定的 IRIG 标准，已成为国际上通用标准。

IRIG 串行时钟码，共有六种格式，即 IRIG－A、B、D、E、G、H。它们的主要差别是时间码的帧速率不同，从最慢的每小时一帧的 D 格式到最快的每十毫秒一帧的 G 格式。由于 IRIG－B 格式时钟码（以下简称 B 码）是每秒一帧的时钟码，最适合使用的习惯，而且传输也较容易。因此，在 IRIG 六种串行时钟码格式中，应用最为广泛的是 B 码。IRIG－B 格式时钟码每秒钟输出一帧含有时间、日期和年份的时钟信息，其又分为未调制的直流码（DC 码）和调制后的交流码（AC 码）。直流码的同步精度可达亚微秒量级，交流码的同步精度一般为 $10\sim20\mu s$。

定时功能可提供精确的时间坐标，其在变电站综合自动化中主要应用在测量监控、故障分析、故障录波和测距等方面。

1. 测量监控

随着电网规模扩大、区域系统互联，出现了一些干扰系统稳定的新问题，如区间低频振荡等，而以同步相量测量单元（Phasor Measurement Unit，PMU）为基础的广域测量系统（Wide Area Measurement System，WAMS）的建设为此提供了新的解决手段。新一代的动态安全监测系统，将分布在各个电站的 PMU 测量到的电压、电流相量，有功、无功功率，发电机的功率角等信号传送到调度中心，以便对电力系统进行稳态检测、动态行为监测、稳定监测、故障分析等，有利于值班员对系统稳定性的判别，增强事故后干预、防止事故扩大或连锁发展的能力。

电力系统中的频率、电气量幅值容易测量，但相角测量确是一个未解的难题。其主要困难是相角测量必须相对于同一个时间标准，传统的定时方式误差在 1ms 以上，对于频率为 50Hz 的系统，1ms 就相差 18°，这是不能接受的，GPS 高精度的定时为相角测量提供了解决方案，美国电气和电子工程师协会（Institute of Electrical and Electronics Engineers，IEEE）设立了一个专业委员会，专门研究同步相量测量单元 PMU 的规则和标准。PMU 装置内的时钟每秒钟通过 GPS 接收机同步一次（一秒钟间隔内由装置内部的高稳定度晶振产生）这样安装在电力系统内不同变电站的 PMU 采样时间的误差在几个微秒之内，对应的相角误差不超过 0.1°，可以满足相角测量的要求。

2. 故障分析

事件顺序记录（Sequence of Events，SOE）是电力系统故障追忆与分析的基础，其内容包括保护动作、断路器位置变化的顺序记录。通过综合分析故障时各相关装置的事件记录，可以清晰地回放故障发生过程中相关装置的动作顺序，从而判断一次设备和二次自动装置是否正确运行。而这些重要信息需要在同一个基准时间坐标下进行记录。

3. 故障录波和测距

故障录波用以采集故障时的各种电气信息。在电力系统中，输电线路故障率高，因此故障测距又成为故障录波应用的重点之一。传统的故障测距方法利用电压与电流向量之比得到阻抗，然后根据线路参数估计故障距离。由于线路参数和过渡阻抗无法确定等影响，其误差很大。目前的双端数据测距和行波测距法从原理上克服了这些因素的影响，但同时都引入了一个技术前提——统一的时标，这也正是 GPS 定时的应用之一。故障录波的另一个重点——故障时各状态量的记录，以此为基础可分析故障发生时电网内的相关保护和自动装置的动作时序，但也只有在统一的时标下，动作序列才能清晰呈现，分析才具有意义。

在变电站设计中，国家电网要求全站装设一套公用时间同步系统，主时钟应双重化配置，支持北斗系统和 GPS，优先采用北斗系统，时钟对时精度应满足所有设备的要求，站控层设备采用 SNTP 网络对时方式，间隔层设备采用 IRIG - B 、1PPS 对时方式。

【思考与练习题】

1. GPS 在变电站综合自动化系统的作用是什么？
2. 当今 GPS 对时方式有哪几种？

模块 3 变电站综合自动化通信的基本概念

模块描述

本模块包含了变电站综合自动化的通信内容、并行数据通信和串行数据通信、数据通信的工作方式、异步数据传输与同步数据传输、数据通信中的差错控制及数据通信规约。通过要点归纳、原理讲解、图解示意、图表举例，掌握变电站综合自动化的通信内容、数据通信的传输方式、数据通信的工作方式、数据通信中的差错控制及数据通信规约。

【正文】

一、变电站综合自动化的通信内容

通信即数据通信，指通过计算机网络系统和数据通信系统实现数据的端到端、系统到系统的数字信息传输及交换。通信的"信"指的是信息（Information），目前信息的载体是二进制的数据。数据则是可以用来表达传统媒体形式的信息，如声音、图像、动画等。

变电站综合自动化系统的数据通信包括调度中心与各变电站之间的通信和变电站内部信息交换。

1. 调度中心与各变电站之间的通信

由调度中心发向变电站的下行信息，即遥控、遥调。由变电站发往调度中心的上行信息，即遥测、遥信。这四类相互传送的信息统称为"远动信息"。

（1）遥控。控制断路器分合，电力电容器、电抗器的投切等。

（2）遥调。有载调压变压器抽头挡位的调节等。

（3）遥测。变压器有功功率、无功功率和电流，线路有功功率、无功功率和电流，各段母线电压，电磁环网并列点开口相角差，330kV 和 500kV 长距离输电线路末端电压等。

（4）遥信。断路器和隔离开关的位置信号、主要保护和重合闸动作信号、变压器内部故障综合信号、调度范围内的通信设备运行状况信号、影响电力系统安全运行的越限信号（如过电压和过负荷等）、有载调压变压器抽头位置信号等。

以上"四遥"各具体内容参照 DL/T 5003—2005《电力系统调度自动化设计技术规程》规定。目前，"遥视"即远程视频、远程故障诊断、维护等新技术正逐渐应用到综合自动化体系中。

2. 变电站内部信息交换

变电站内部各子系统之间或子系统与变电站层主系统之间传送的信息也叫"内部信息"。

（1）传统变电站信息结构可分为设备层、间隔层、变电站层。

1）设备层。一次高压设备及其配套信息传感装置（如采集电流、电压的 TA、TV），传送断路器、隔离开关位置的辅助触点，变压器分接头挡位等。

2）间隔层（也叫单元层）。对应本间隔的测控设备和继电保护设备，或兼具这些功能的设备。

3）变电站层。站内本地监控、测量计算、远动通信设备。

（2）内部信息交换。

1）设备层与间隔层通信。间隔层采集设备层的各种电气量和状态量信息，如电压、电流、开关位置等。

2）间隔层与间隔层通信。间隔层间交换设备的测量数据和运行状态，如各继电保护和测控单元间的数据交换。

3）间隔层与变电站层通信。间隔层向变电站层提供本间隔测量及状态信息，如电压、电流、功率、开关位置等。变电站层向间隔层发送控制操作信息，如开关分、合命令，主变压器分接头挡位调节指令等。

4）变电站层内部的通信。变电站层内部各应用模块间的信息交换，如本地监控与远动信息同步、分析计算模块、运用监控模块的信息等。

二、并行数据通信和串行数据通信

目前的数字信息多以字节（Byte 即 8 位二进制数）或字（Word 即 16 位、32 位或 64 位）为基本单位进行二进制传输，传输数据的各位有以下两种方式：

（1）并行数据通信。数据按设定位数划分成块，数据块通过与其位数相同数量的若干数据线同时将其各位批量传送。多根数据线组成数据总线，其数量与设定的数据块的位数相同。并行数据通信如图 2.15 所示，通常常有 8 位、16 位、32 位等。

在相同频率下并行通信速度更高，数据总线位数越多，速度越快。并行传输需要双向数据线、信号线和控制线，数据线过多成本相应较高，也易受电磁干扰，故适合短距离高速通信，如微机或嵌入式系统内部数据通信。

（2）串行数据通信。数据一位一位顺序传送，分时使用同一传输通道，串行数据通信如图 2.16 所示。在理论上，同等条件下，并行通信传输速率是其总线位数倍，相对传输速度较慢。

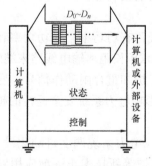

图 2.15　并行数据通信

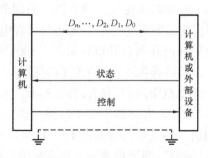

图 2.16　串行数据通信

但现在随着总线频率的提高，线路间的电磁干扰越厉害，数据传输失败的发生几率就越高。于是差分信号技术开始在各种高速总线中得到应用，这使得高速串行传输得以实现。目前采用差分方式的 USB 传输最高可达 480Mbit/s。相对并行通信，其数据线少成本低，更适于远距离通信，如变电站综合自动化系统内各自动装置间的通信。

三、数据通信的工作方式

通信是双方的，根据双方收发能力和通信通道的方向，可分为：①单工通信方式。一方只能接受另一方只能发送，信息只能按一个方向传送，如广播。②半双工通信方式。双方都能接受或发送信息，但不能同时进行，只能交替传送，如对讲机。③全双工通信方式。双方可同时进行信息互传，如电话。数据通信的工作方式如图 2.17 所示。

四、异步数据传输与同步数据传输

对于串行通信，目前采用两种传输方式：异步传输和同步传输。数据通信过程中，各种信息按规定的顺序一个码元一个码元逐位发送，接收端也必须对应地逐位接收，收发两端需达到同步。同步即收发两端的时钟频率相同、相位一致。在实际应用的传输方式中有传输中始终保持同步的同步传输和根据传输需要再同步的异步传输两种方式。

基本概念：

（1）码元。数据通信中信息按各种制式

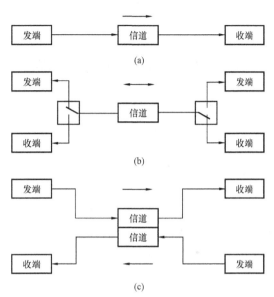

图 2.17　数据通信的工作方式
(a) 单工；(b) 半双工；(c) 全双工

编码，其编码数字信号的计量单位称为码元，即一个码元指的是一个固定时长的数字信号波形，该时长称为码元宽度。常用的是二进制码元，每个码元只含 "0" 或 "1"。

（2）码元速率。每秒传输的码元数，单位为 Bd（波特）。

（3）信息传输速率。单位时间内数字通信系统传输的二进制码元个数，单位是 bit/s（bit per second），又可称为信息速率、比特率等。

（4）误码率。码元差错率简称误码率，是指接收错误的码元数在传送总码元数中所占的比例，或者说，是码元在传输系统中被传错或丢失的概率，一般要求误码率小于 10^{-5} 数量级。

（5）位同步。又称码元同步，指发信端将数据码元按时钟序列逐个发送，收信端按发送时钟序列一一采样后接收，收发两端的码元序列在时间上是一致的。

（6）帧同步。将数据中一定数量的码元组成一组（或字），再将若干数据组构成数据包称为帧。在传送时，通过约定起止时间和传送速率完成每帧数据的传输的方式称为帧同步。

1. 同步数据传输

通信收发两端始终保持同步，传输内容以帧为单位。通常每一帧由同步字符、控制字符、数据字符等部分组成。同步数据传输如图 2.18 所示。在同步数据传输中，帧以同步字符（SYN）开始，实际应用中可设一个或多个，同步字符是一种特殊的码元组合。接收端通过检测收到的数据中的字符与双方约定的同步字符比较成功后，才会把后面接收到的字符加以储存。控制字符、数据字符在同步字符之后，数据字符个数不受限制，由所传输的数据长度决定。

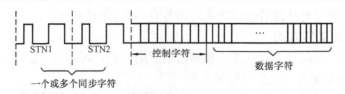

图 2.18 同步数据传输

为保持传输中收发两端同步，在无信息传送时，通道上仍需连续传送同步码。由于收发两端每一次实现同步后，要完成大量数据传送，对定时系统的精度和稳定性要求比较高，保证同步一次以后，经历相当长的时间，收发两端时序的偏差仍不超过允许值。同步数据传输附加的同步字符数据量不大，因而传输的数据序列中，有效数据所占的比率很高。

我国电力行业标准 DL 451—1991《循环式远动规约》（简称 CDT 规约），要求采用同步传输方式，同步字符为 EB90H。

2. 异步数据传输

数据按字（或字节）为单位传送，一个字被封装为一个数据帧，在传送时数据被一帧一帧地传输。每个数据帧由起始位、数据位、奇偶校验位和停止位四部分组成，在停止位和下一起始位之间可以不同步。异步数据传输是指在一帧传输内收发两端维持同步，其他时间可以异步。传输过程中，每一帧首设起始位，建立收发两端同步。同步后传输实际数据和校验位，在结束传输时，设置终止位完成传输并停止同步。前一帧结束到下一帧开始期间，收发两端没有同步要求，时间也不确定，直到收信端再次收到起始位才再次同步传输，异步数据传输如图 2.19 所示。传输每帧数据时，都含有起始位、奇偶校验位、停止位，如果数据位数较短，其数据有效比率相对同步传输低。但每次传输量小，对定时系统稳定性要求相对较小。异步数据传输可看作被分割成小块的简化的同步数据传输。

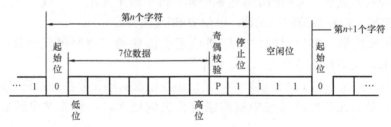

图 2.19 异步数据传输

五、数据通信中的差错控制

1. 差错控制的作用

在传输过程中，信号在物理信道中传输时，受各种电磁干扰影响，如线路本身电气特性造成的随机噪声、信号幅度的衰减、频率和相位的畸变、电信号在线路上产生反射造成的回音效应、相邻线路间的串扰以及各种外界因素（如大气中的闪电、外界强电流磁场的变化、电源的波动等）都会造成信号的失真。在数据通信中，将会使收信端收到的二进制数位和发信端实际发送的二进制数位不一致，从而造成电平由"0"变成"1"或由"1"变成"0"的差错产生误码，使通信内容错误、失真，同时降低通信效率。差错控制就是要减少信息传输过程中的误码，提高传输质量，提高系统的抗干扰能力。

差错控制的主要方法是采用差错控制编码（抗干扰编码），其分为检错码和纠错码，其中纠错码不仅能发现错误还能自动纠正差错的编码。

2. 差错检测

采用有效的编码方法对要传输的信息进行编码，并按约定的规则附上若干码元（即监督码），作为信息编码的一部分；接收端按约定的规则对所收到的编码进行检验，若所得出的监督码与发送端传输过来的监督码不匹配，则表明接收的信息有错。

常用的检错方法：

（1）奇偶校验。奇偶校验即在每帧的每一字节末端附上一个奇或偶校验位（码元），分为：

1）奇校验：附上校验位后形成的字节中"1"的个数为奇数。

2）偶校验：附上校验位后形成的字节中"1"的个数为偶数。

例如：某装置传输的信息为"1100111"，若采用偶检验，在信息后附上一位"1"，变成"11001111"，即"1"的个数为偶数，若接收端检查时发现"1"的个数为偶数，则认为传输过程没有出错；若检查到"1"的个数为奇数，则表明有码元在传输过程中出错。

该方法实现简单编码效率高，应用广泛。一般异步传输用偶校验，同步传输用奇校验。

（2）纵向冗余校验。纵向冗余校验是改进型的奇偶校验。一帧数据被分解为二维数据组，如数据"0000111 0000110 0000101 0000100 0000011"，将数据分成5行7列的矩阵，纵向冗余校验见表2.1，每行采用奇校验，每列也采用奇校验，编码后为"00001110 00001101 00001011 00001000 00000111 11111000"。此方法相对单一奇偶校验法的误码率减少两个数量级。假设第1行第2位和第5位出错，横向校验失效，纵向第2列、第5列则可查出有错。但如果第1行第2位和第5位出错，同时另有一行第2位和第5位同时出错，则纵向校验也无法查出。

表 2.1　　　　　　　　　　　　　纵 向 冗 余 校 验

序号	原信息码							横奇校验
1	0	0	0	0	1	1	1	0
2	0	0	0	0	1	1	0	1
3	0	0	0	0	1	0	1	1
4	0	0	0	0	1	0	0	1
5	0	0	0	0	0	1	1	1
纵奇校验	1	1	1	1	1	0	0	0

（3）循环冗余校验。循环冗余校验又叫 CRC（Cyclic Redundancy Check）码，是目前使用最广的校验编码方法。通过对数据块的整体编码计算实现校验，其原理为在 K 位信息码后再拼接 R 位的校验码，整个编码长度为 $N=K+R$ 位，因此这种编码又叫（N，K）码。

K 位二进制数可表示为（$K-1$）阶多项式，设一个8位二进制数可用7阶多项式表示即 $A_7 x^7 + A_6 x^6 + A_5 x^5 + A_4 x^4 + A_3 x^3 + A_2 x^2 + A_1 x^1 + A_0 x^0$，如"11000101"可表示为 $A(x)=1×x^7+1×x^6+0×x^5+0×x^4+0×x^3+1×x^2+0×x^1+1×x^0=x^7+x^6+x^2+1$。通过最高次幂为 $R=N-K$ 的生成多项式 $G(x)$ 产生 CRC 码，其步骤如下：

1）将 x 的最高幂次为 R 的生成多项式 $G(x)$ 转换成对应的 $R+1$ 位二进制数。

2）将信息码左移 R 位，相当于对应的信息多项式 $C(x)×2R$。

3）用生成多项式（二进制数）对信息码做模2除（无借位的二进制除法），得到 R 位的余数。

4）将余数拼到信息码左移后空出的位置，得到完整的 CRC 码。

生成多项式是收信端和发信端的一个约定，也是一个二进制数，在整个传输过程中，这个数始终保持不变。在发信端利用生成多项式对信息多项式做模 2 除生成校验码，在收信端利用生成多项式对收到的编码多项式做模 2 除检测和确定错误位置，所以生成多项式应满足以下条件：

1）生成多项式的最高位和最低位必须为 1。

2）当传送信息（CRC 码）任何一位发生错误时，生成多项式做模 2 除后应该使余数不为 0。

3）不同位发生错误时，应该使余数不同。

4）对余数继续做模 2 除，应使余数循环。

在数据通信与网络中，通常 k 相当大，由一千甚至数千数据位构成一帧，而后采用 CRC 码产生 r 位的校验位，它只能检测出错误，而不能纠正错误。一般情况下，r 位生成多项式产生的 CRC 码可检测出所有的双错、奇数位错、突发长度小于或等于 r 的突发错和突发长度大于或等于 $r+1$ 的突发错。例如：对 $r=16$ 的情况，能检测出所有突发长度小于或等于 16 的突发错以及 99.997% 的突发长度为 17 的突发错和 99.998% 的突发长度大于 17 的突发错。突发错是指几乎是连续发生的一串错，突发长度是指从出错的第一位到出错的最后一位的长度（但是，中间并不一定每一位都错）。部颁远动规约规定：采用（48，40）CRC 码，生成多项式为 $G(x) = x^8 + x^2 + x + 1$。

3. 差错控制方式

差错控制方式基本上分为反馈纠错、前向纠错和混合纠错。

（1）反馈纠错。这种方式是在发信端采用某种能发现一定程度传输差错的简单编码方法对所传信息进行编码，加入少量监督码元，在收信端则根据编码规则将收到的编码信号进行检查，只要检测出有错码时，即向发信端发出询问的信号，要求重发，发信端收到询问信号时，立即重发已发生传输差错的那部分信息，直到正确收到为止。检测差错是指在若干接收码元中知道有一个或一些是错的，但不一定确定错误的准确位置。

（2）前向纠错。这种方式是在发信端采用某种在解码时能纠正一定程度传输差错的较复杂的编码方法，使收信端在收到信息时不仅能发现错码，还能够纠正错码。采用前向纠错方式时，不需要反馈信道，也无需反复重发而延误传输时间，对实时传输有利，但是纠错设备比较复杂。

（3）混合纠错。混合纠错的方式是指少量差错在收信端自动纠正，差错较严重，超出自行纠正能力时，就向发信端发出询问信号，要求重发。因此，混合纠错是前向纠错及反馈纠错两种 方式的混合。

对于不同类型的信道，应采用不同的差错控制方式，否则将事倍功半。反馈纠错可用于双向数据通信，前向纠错则用于单向数字信号的传输。

六、数据通信规约

人与人之间的交流建立在使用相同的语言的基础上，发起和维持一个数据通信也必须建立在严格的约定和规则之上。信息传输的顺序、格式和内容等相应约定即称为规约。通过规约对通信各方约束协调，可保证有效可靠的通信。

通信规约包括：数据编码、传输控制字符、传输报文格式、呼叫应答方式、差错控制方式、通信方式（单工、半双工、全双工）、同步方式（同步或异步）、传输速率等。变电站综合自动化系统中，必须选择同一套通信规约，用于约束通信双方。

我国厂站端与调度端、微机保护装置与后台系统常用规约见表 2.2。

表 2.2　　　　　　我国厂站端与调度端、微机保护装置与后台系统常用规约

序号	规约名称	备注
1	CDT 规约	
2	问答式远动规约（Polling 规约）	
3	IEC 60870 - 5 - 101	远动设备及系统　第 5 部分　传输规约　第 101 篇基本远动任务配套标准，简称 101 规约，用于厂站 RTU 与调度的通信标准
4	IEC 60870 - 5 - 103	远动设备及系统　第 5 部分　传输规约　第 103 篇继电保护设备信息接口配套标准，简称 103 规约，用于继电保护等间隔层设备与厂站层设备间的数据通信标准
5	IEC 60870 - 5 - 104	远动设备及系统　第 5 部分传输规约　第 104 篇标准传输协议子集，101 规约的应用层与 TCP/IP 提供的传输功能的结合，即网络规约
6	XT9702 扩展 CDT 规约	
7	DISA 扩展 CDT 规约	
8	SC1801 规约	
9	RTU 模式下的 ModBus 规约	
10	NDP3.0 规约	
11	DL/T 634.5104—2009《远动设备及系统　第 5 - 104 部分：传输规约　采用标准传输协议集的 IEC 60870 - 5 - 101 网络访问》	
用于智能设备的通信		
1	DL/T 451—1991《循环式远动规约》	
2	IEC 60870 - 5 - 103	
3	ModBus 规约	
4	LFP3.0 把欧串口规约	
5	南京电力自动化设备总厂 94 保护串口规约	
6	ABB SPABUS 规约	
7	DL/T 719—2000《远动设备及系统　第 5 部分　传输规约第 102 篇　电力系统电能累计量传输配套标准》	
8	各种直流监控规约	
9	IEC 61850 规约	

1. 循环式远动规约

该标准规定了电网数据采集与监控系统中循环式远动规约的功能、帧结构、信息字结构和传输规则等，适用于点对点的远动通道结构及以循环字节同步方式传送远动信息的远动设备与系统，也适用于调度所间以循环式远动规约转发实时远动信息的系统。CDT 方式的主要缺点是完全不了解调度端的接收情况和要求，只适用于点对点通道结构，对总线形或环形通道，循环传输就不适用了。

标准规定了主站和子站间可以进行遥信、遥测、事件顺序记录（SOE）、电能脉冲计数值、遥控命令、设定命令、对时、广播命令、复归命令、子站工作状态等信息的传送。

（1）循环式远动规约的特点。

1）发送端按预定规约，周期性地不断向调度端发送信息。

2）为了满足电网调度安全监控系统对远动信息的实时性和可靠性的要求，按远动信息的特性划分为多种帧类别，分为 A、B、C、D、E 帧 5 种类别，按帧传送。

3）帧的长度可变，多种帧类别循环传送，遥信变位优先传送，重要遥测量更新循环时间较短。

4）区分循环量、随机量和插入量，采用不同形式传送信息，以满足电网调度安全监控系统对远动信息的实时性和可靠性的要求。

5）帧与帧相连，信道永无休闲地循环传送。

6）信息按其重要性有不同的优先级和循环时间。

（2）一般技术要求。为了满足实时性的要求，规约对各类远动信息的优先级和传送时间作如下安排：

1）上行信息（子站到主站）的优先级排列顺序和传送时间：①对时的子站时钟返回信息和遥控、升降命令的返校信息插入传送。②变位遥信、子站工作状态变化信息插入传送，要求在 1s 内送到主站。③重要信息安排在 A 帧传送，循环时间不大于 3s。④次要遥测安排在 B 帧传送，循环时间不大于 6s。⑤一般遥测安排在 C 帧传送，循环时间不大于 20s。⑥遥信状态信息和子站工作状态信息安排在 D1 帧，定时传送。⑦电能脉冲计量安排在 D2 帧，定时传送。⑧E 帧是随机信息，事件顺序记录安排在 E 帧，随时插入传送。

2）下列命令的优先级排列顺序：①召唤子站时钟，设置子站时钟校正值，设置子站时钟。②遥控选择、执行、撤消命令，升降选择、执行、撤消命令，设定命令。

（3）帧及帧结构。帧结构由同步字、控制字及信息字三部分组成，帧结构如图 2.20 所示。每帧以同步字开头，并有控制字，除少数帧外，应有信息字。信息字的数量依实际需要设定，故帧长度可变。

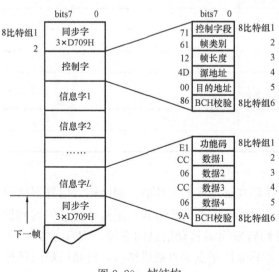

图 2.20　帧结构

这三种字的排列规则是字节自低 B_1 到高 B_n，上下排列；每个字节里的位又自高 b_7 到低 b_0 左右排列。每一帧向通道发码的规则是低字节先发，高字节后发；字节内低位先发，高位后发。

1）同步字。同步字用以同步各帧，故列于帧首。循环式远动规约规定同步字为 EB90H，同步字连续发三个，共占 6 个字节，即 3 组 1110B、1011B、1001B、0000B。按上述发码规则，为了保证通道中传送的顺序，写入串行通信接口的同步字排列格式是 3 组 D709H。

2）控制字。控制字是对本帧信息的说明，共 6 个字节，如图 2.20 右上方所示。

a）控制字段格式如图 2.21 所示，其中：①E 为扩展位。$E=0$，表示使用本规约定义的帧类别；$E=1$ 表示帧类别另行定义，以便扩展功能。②L 为帧长定义位。$L=0$，表示本帧

信息字数 n 为 0，即本帧无信息字；$L=1$，表示本帧有信息字。③S 为源站址定义位。④D 为目的站址定义位。

图 2.21　控制字段格式

b）帧类别。规约定义了各种帧类代码及其含义，例如：用代码 61H 表示上行是送重要遥测，下行是送遥控选择命令；用代码 F4H 表示上行送遥测状态，下行送升降选择状态。帧类别代码及其含义见表 2.3。

表 2.3　　　　　　　　　　　　　　　帧类别代码及其含义

帧类别代码	含义		帧类别代码	含义	
	上行 $E=0$	下行 $E=0$		上行 $E=0$	下行 $E=0$
61H	重要遥测（A 帧）	遥控选择	57H		设置命令
C2H	次要遥测（B 帧）	遥控执行	7AH		设置时钟
B3H	一般遥测（C 帧）	遥控撤销	0BH		设置时钟校正值
F4H	通信状态（D1 帧）	升降选择	4CH		召唤子站时钟
85H	电能脉冲计数值（D2 帧）	升降执行	3DH		复归命令
26H	时间顺序记录（E 帧）	升降撤销	9EH		广播命令

c）校验码。循环式远动规约规定采用 CRC 校验。控制字和信息字都是 $(n, k) = (48, 40)$ 码，采用循环冗余校验，生成多项式 $G(x) = x^8 + x^2 + x + 1$。

3）信息字。每个信息字由 Bn～Bn+5 共 6 个字节组成，其通用格式如图 2.20 右下方所示。

功能码最多有 256 个（00～FFH），规定了信息的用途或同一用途中不同对象的编号。例如：00H～7FH，共 128 个字，用于遥测，因为遥测占 16 个信息位数，所以最多可定义 256 个遥测量；F0H～FFH，共 16 个字，用于遥信，因 1 个遥信状态用 1 位表示，所以最多可送 512 个遥信。功能码及其字数、用途、信息位数见表 2.4。

表 2.4　　　　　　　　　　　　　功能码及其字数、用途、信息位数

功能码	字数	用途	信息位数	功能码	字数	用途	信息位数
00H～7FH	128	遥测	16	E3H	1	遥控撤销（下行）	32
80H～81H	2	事件顺序记录	64	E4H	1	升降选择（下行）	32
82H～83H		备用		E5H		升降返校	32
84H～85H	2	子站时钟返送	64	E6H	1	升降执行（下行）	32
86H～89H	4	总加遥测	16	E7H	1	升降撤销（下行）	32
8AH	1	频率	16	E8H	1	设置命令（下行）	32
8BH	1	复归命令（下行）	16	E9H		备用	
8CH	1	广播命令（下行）	16	EAH	1	备用	
8DH～92H	6	水位	24	EBH		备用	
A0H～DFH	64	电能脉冲计数值	32	ECH	1	子站状态信息（下行）	8
E0H	1	遥控选择	32	EDH	1	设置时钟校正值（下行）	32
E1H	1	遥控返校	32	EEH～EFH	2	设置时钟	64
E2H	1	遥控执行（下行）	32	F0H～FFH	16	遥信	32

（4）帧系列和信息字的传送顺序。帧系列和信息字的传送顺序，只要满足规定的循环时间和优先级的要求，可以任意组织。例如：在没有插入信息时，若 A、B、C、D1 和 D2 帧都需要传送，A 帧的周期最短，其次为 B 帧、C 帧，D1 帧和 D2 帧的周期较长，可根据 D1 帧和 D2 帧要求的周期来决定 S1 的重复次数，如图 2.22（a）所示。

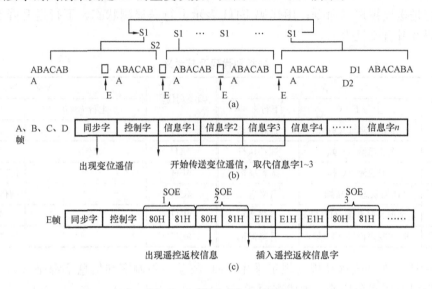

图 2.22　帧系列传送示例

（a）各帧均需传送，有 E 帧插入；（b）插送变位遥信信息；（c）插送遥控返校信息

当出现需要以帧方式插入 E 帧时，可在图 2.22（a）所示箭头所指处插入，按规定连续传送 3 遍。当出现对时的子站时钟返回信息变为遥信或遥控、升降命令的返回信息时，以信息字为单位优先插入当前帧传送，对时的子站时钟返回信息传送 1 遍，其他信息则连续传送 3 遍。若本帧不够连续插送 3 遍，就全部安排至下帧插送。若被插帧为 A、B、C、D 帧，则原信息字被取代，帧长不变，如图 2.22（b）所示。若被插帧为 E 帧，则应在事件顺序记录完整的信息之间插入，帧的长度相应增加，如图 2.22（c）所示。

2. 问答式远动规约

（1）问答式远动规约的特点及适用范围。问答式远动规约简称 Polling 规约，或称查询式远动规约。

问答式传输方式的主要特点是传输信息的主动权在主控端（主站）。主站（Master Station）主动地按顺序发出"查询"命令，受控端（分站 Sub Station）响应后才上送本站信息，即有问必答，当分站收到主站查询命令后，必须在规定的时间内应答，否则视为本次通信失败；无问不答，当分站未收到主站查询命令时，不允许主动上报信息。采用单工通道就可实现两端间问答式传递信息的功能。

该规约适用于网络拓扑结构为点对点、多个点对点、多点共线、多点环形和多点星形网络配置的远动系统中，可以是双工或半双工的通信。问答式远动规约规定了电网数据采集和监视控制系统（SCADA）中主站和子站（远动终端）之间以问答方式进行数据传输的帧的格式、链路层的传输规则、服务原语、应用数据结构、应用数据编码、应用功能和报文格式。

分站的远动数据种类不一,可按其特性和重要程度加以分类,对于重要的、变化快的数据,分站应勤加监视,采样扫描周期应短一些;对于不重要的、变化缓慢的数据,采样扫描周期可以长些。分站可提供几种类别的扫描周期,主站在需要时可以向分站查询这些类别的数据。为了提高效率,通常遥信采用变位传送,遥测采用越阈值,即越死区传送,因此对遥测量需要规定其死区范围;遥测量配有数字滤波,因此还要规定滤波系数,对扫描周期、死区范围也应规定。

(2) 问答式规约的优点及缺点。该规约的优点是比较灵活,对各种类型的信息可区别对待。例如:对于缓慢变化的信号可以适当延长呼叫的周期,而对变化急剧的信号,又可以频繁地查询送数;通道适应性强,既可以采用全双工通道,也可以采用半双工通道,既可采用点对点方式,又可以采用一点多址或环形结构;节省了通道投资;采用变化信息传送策略,提高了数据传送速度。该规约的主要缺点是有时受控端的紧急信息不能及时传给主控端。因此,在实际应用中,要做一些灵活处理。例如:对于遥信变位,子站 RTU 要主动上送;对通道的要求较高,因为一次通信失败虽然可以采用补发的方法,但补发次数有限,在通道质量较差时,仍会发生重要信息(如 SOE)丢失的现象;采用整帧校验的方式,由于一帧信息量较大,因此出错的概率较大,校验出错后必须整帧丢弃,并阻止重发帧,从而更加降低了实时性。

【思考与练习题】

1. 变电站综合自动化系统的数据通信内容是什么?
2. 什么是并行数据通信和串行数据通信?
3. 数据通信的工作方式有哪些?
4. 什么是异步数据传输和同步数据传输?
5. 什么是奇偶校验和纵向冗余校验?
6. 什么是通信规约?我国厂站端与调度端、微机保护装置与后台系统常用规约有哪些?
7. 循环式远动规约和问答式远动规约各有什么特点?
8. 循环式远动规约的帧结构是什么?

模块 4　站控层网络通信设备

　　本模块包含了数据通信控制器、保护管理机、远动工作站、规约转换装置及网络交换机。通过要点归纳、原理讲解、图解示意、图表举例,掌握站控层网络通信设备的构成、工作原理、配置。

【正文】

在变电站综合自动化系统中,站控层要与间隔层和调度端通信,需要各种网络通信设备。如数据通信控制器、保护管理机、远动工作站、规约转换装置、网络交换机等。

一、数据通信控制器

数据通信控制器，又称总控单元、通信处理器、通信管理机。通信控制器管理主机或计算机网络的数据输入与输出。它可以是复杂的前台大型计算机接口或者简单的设备如多路复用器、桥接器和路由器。这些设备把计算机的并行数据转换为通信线上传输的串行数据，并完成所有必要的控制、错误检测和同步功能。现代设备还可完成数据压缩、路由选择、安全性功能，并收集管理信息。它通过多种类型的标准通信接口及规约来沟通多种类型的继电保护装置、数据采集装置、智能测控装置与后台监控系统和电网调度系统之间的信息联系。

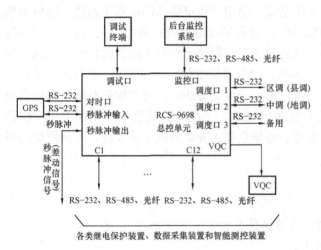

图 2.23　RCS - 9698 总控单元通信连接图

它一方面通过与继电保护装置、数据采集装置、智能测控装置进行通信，将搜集到的变电站运行情况中的各类实时信息送往后台监控系统和电网调度系统，以实现对变电站运行情况进行监视；另一方面接收和转发来自后台监控系统和电网调度系统的各类操作命令，对变电站的断路器、隔离开关、变压器分接头等进行遥控、遥调操作。

RCS - 9698 总控单元通信连接图如图 2.23 所示，其各接口的用途见表 2.5。RCS - 9698 采用以下标准通信规约与外部设备进行通信：

表 2.5　　　　　　　　　　　　RCS - 9698 接口用途表

通信口名称	通信口类型	用途
监控口	RS - 232、RS - 485、光纤	与后台监控系统通信
调度口 1	RS - 232	与调度端通信（同步/异步方式）
调度口 2	RS - 232	与调度端通信（同步/异步方式）
调度口 3	RS - 232	与调度端通信（异步方式）
调度口 4（VQC）	RS - 232	与调度端通信（或 VQC 装置通信）
对时口	RS - 232	与 GPS 对时
调试口	RS - 232	与调试终端通信
C1～C12	RS - 232、RS - 485、光纤	与继电保护装置、数据采集装置和智能测控装置通信

（1）与后台监控系统之间的通信规约采用 DL/T 667—1999《远动设备及系统　第 5 部分：传输规约　第 103 篇：继电保护设备信息接口配套标准》。

（2）与调度端之间的通信规约采用 IEC 60870—6—101、部颁 CDT、SCI801 等标准。

（3）与继电保护、数据采集和智能测控等装置之间的通信规约采用 DL/T 667—1999 标准和各类智能装置自定义规约。

二、保护管理机

保护管理机的作用是通过多种类型的标准通信接口及规约来沟通多种类型的继电保护装置与总控单元或后台监控系统之间的信息联系，完成通信转接和规约转换。RCS-9691保护管理机通信连接图如图 2.24 所示，其上与总控单元通信，其下可与不同厂家不同规约的测控保护装置通信。

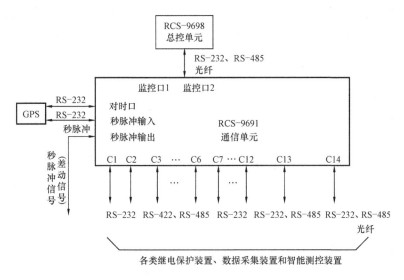

图 2.24　RCS-9691 保护管理机通信连接图

三、远动工作站

远动工作站的特点是其远动信息采用"直采直送"的方式，远动工作站的运行独立于后台监控系统，双方互不影响。远动工作站可以采用单机模式，也可以采用双机模式，并支持各种类型的远动通道（模拟通道、数字通道、网络方式），远动工作站与站内通信采用以太网。

例如：RCS-9700 远动工作站作为变电站对外的通信控制器，用于收集全站测控单元、保护装置等智能电子设备的数据，经规约转换后，以 CDT、SCI801、IEC 60870-6-101、IEC 60870-6-104、DNP3.0 等规约，通过模拟通道、数字通道或网络向调度端/集控站传送，同时接收调度端/集控站的遥控、遥调命令向变电站设备转发。设于集控站的远动工作站还承担与子站的通信任务。

工作站最多可以提供 6 个调度通信接口，可以构成多种模式，如形成 3 组主、备通道，分别接往 3 个调度、集控中心；也可由用户自行组合。6 个通信接口支持与多种通道设备接口，如调制解调器、数字微波、光端机等。必要时，可通过外加转换模块扩展光纤接口。

四、规约转换装置

规约转换装置用于多种继电保护装置及其他智能设备与当地监控、保护信息管理装置等通信。在间隔层，通过多种类型的标准通信接口与继电保护、故障录波器、电能表、直流屏等装置进行通信，搜集各类保护及其他信息，再通过网络或串口，经规约转换后送往当地监控或保护信息管理装置等。

规约转换装置处于中间层，对上与当地监控系统、保护信息管理装置等通信，对下与继电保护装置、故障录波器、电能表、直流屏等智能设备通信，支持多种通信接口和多种通信协议。

例如：RCS-9794 提供的对上通信接口类型有以太网接口（双绞线或光纤）、RS-232串口。最多可以提供 4 个光纤或双绞线以太网接口、2 个 RS-232 串口，最多同时挂接 6 种不同协议。

五、网络交换机

网络交换机用于构成分布式高速工业级双以太网，实现站级单元的信息共享、站内设备的在线监测、数据处理以及站级联锁控制，设备组屏布置。网络交换机网络传输速率不小于100Mbit/s。

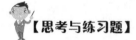

【思考与练习题】

站控层与间隔层和调度端通信的网络通信设备有哪些？它们的作用分别是什么？

模块 5 变电站综合自动化系统的通信网络

模块描述

本模块包含了串行数据通信接口及其通信网络、现场总线及其通信网络、局域网通信网络及通信介质。通过要点归纳、原理讲解、图解示意、图表举例，掌握通信网络的构成、工作原理、配置。

【正文】

在变电站综合自动化系统中，间隔层智能设备与站控层设备是通过通信网络设备进行通信的，要把它们连接成一个完整、高速、可靠、安全的系统需要通信接口设备、通信网络设备及通信介质。

一、串行数据通信接口及其通信网络

在变电站综合自动化系统中，特别是微机保护、自动装置与监控系统相互通信的电路中，主要使用串行通信。常用的串行通信接口有 RS-232、RS-422 和 RS-485。

1. RS-232 串行接口标准及其通信网络

RS-232 串行接口标准是美国电子工业协会 EIA 制定的物理接口标准，也是目前数据通信与网络中应用最广泛的一种标准。

由于通信设备厂商都生产与 RS-232-C 制式兼容的通信设备，因此 RS-232 串行接口在异步串行通信中应用最广泛。简化 RS-232 通信接线如图 2.25 所示，其中引脚信号的中文含义分别为 TXD 发送数据、RXD 接收数据、GND 信号地。

一个完整的 RS-232-C 接口连接器一般使用型号为 DB-25 的 25 芯插头座，共有 22 根线。一些设备与 PC 机连接的 RS-232-C 接口，因为不使用对方的传送控制信号，只需三条接口线，即发送数据、接收数据和信号地，这种接口称为简化 RS-232 接口，采用 DB-9

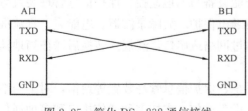

图 2.25 简化 RS-232 通信接线

的 9 芯插头座，传输线采用屏蔽双绞线。变电站综合自动化系统中用到的通常都是简化 RS-232 接口。

RS-232 逻辑电平对地是对称的，与 TTL 逻辑电平完全不同。它以正负电平表示逻辑状态，逻辑"0"表示电平在 +3V～+15V 之间，逻辑"1"表示电平在 -3V～-15V 之间。而 TTL 以高低电平表示逻辑状态，如 +5V 表示逻辑"1"，0V 表示逻辑"0"。因此，为了能够同计算机接口或智能设备的 TTL 器件连接，必须在 RS-232-C 与 TTL 电路之间进行电平的变换。常用的集成电路接口芯片有 MAX202CPE、MC1488 和 MC1489，RS-232-C 接口电平转换电路如图 2-26 所示。

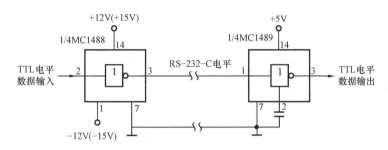

图 2.26　RS-232-C 接口电平转换电路

RS-232-C 串行接口标准存在不足之处，主要有以下几点：

（1）接口的信号电平值较高，易损坏接口电路的芯片，因为与 TTL 电平不兼容，故需使用电平转换电路方能与 TTL 电路连接。

（2）传输速率较低，最大为 20kbit/s。

（3）接口使用一根信号线和一根信号返回线构成共地的传输形式，这种共地传输容易产生共模干扰，所以抗噪声干扰性弱。为了使数据能传送更远的距离，在 RS-232-C 接口中定义了一些对 Moderm 的控制信号，可实现与 Modem 的接口。

（4）传输距离有限，最大传输距离为 20m。

（5）RS-232-C 接口采用全双工工作方式，但是在总线上只允许连接 1 个收发器，即只能用作主从方式的点对点通信，多个智能设备间进行通信需用 RS-232 扩展卡（MOXA 卡）连接，用 RS-232 组成的通信网络如图 2.27 所示。

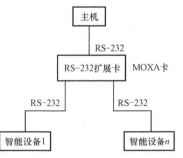

图 2.27　用 RS-232 组成的通信网络

2. RS-422/485 串行接口标准及其通信网络

若进一步提高传送速率和传送距离，可采用 RS-422-A 和 RS-485 标准接口。

（1）RS-422 电气规定及其通信网络。RS-422 的数据信号采用差分传输方式，也称作平衡传输方式，它使用一对双绞线，将其中一线定义为 A，另一线定义为 B。

通常情况下，发送驱动器 A、B 之间的正电平在 +2V～+6V，是一个逻辑状态；负电平在 -6V～-2V，是另一个逻辑状态。另有一个信号地 C，在 RS-485 中还有一"使能"端，而在 RS-422 中这是可用可不用的。"使能"端用于控制发送驱动器与传输线的切断与连接。当"使能"端起作用时，发送驱动器处于高阻状态，称作"第三态"，即有别于逻辑

"1"与逻辑"0"的"第三态"。

RS-422串行接口标准定义了接口电路的特性。图2.28为典型的RS-422四线接口以及其DB9连接器引脚定义。由于接收器采用高输入阻抗和发送驱动器比RS-232具有更强的驱动能力，故允许在相同传输线上连接多个接收节点，最多可接10个节点。即一个主设备（Master），其余为从设备（Slave），从设备之间不能通信，所以RS-422支持点对多的双向通信。接收器输入阻抗为4kΩ，故发送端最大负载能力是（10×4k+100）Ω。由于RS-422四线接口采用单独的发送和接收通道，因此不必控制数据方向，各装置之间任何必须的信号交换均可以按软件方式（XON/XOFF握手）或硬件方式（一对单独的双绞线）实现。

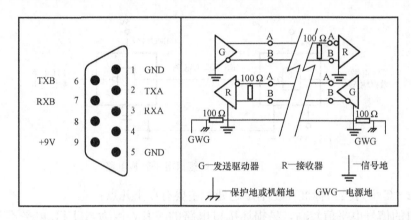

图2.28 典型的RS-422四线接口以及其DB9连接器引脚定义

典型的四线全双工RS-422-A网络如图2.29所示，网络中只定义一个主通信口（由主CPU控制），其余的均为从通信口。各从通信口的一对接收线连在一起，并与主通信口的一对发送线相连；同样，主通信口的一对接收线与各从通信口的一对发送线相连，这样就构成四线串行通信网络。由于发送线和接收线是分开的，因而可以实现全双工异步通信。这种主从工作方式使得各从通信口的工作是被动的，需受主通信口控制。从通信口之间不能直接传送数据，只能通过主通信口转送。主、从通信口应采用Polling规约，各从通信口都有唯

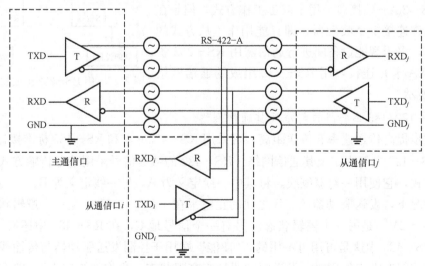

图2.29 典型的四线全双工RS-422-A网络

一的地址。在正常工作时，主、从通信口接收器均处于接收状态，当各从通信口收到来自主通信口发送的数据时，根据报文的从站地址数据判断是否为发往本通信口的信息，若是则对数据做处理，并根据报文的要求做出应答。

RS-422 的最大传输距离约 1219m，最大传输速率为 10Mbit/s。平衡双绞线的长度与传输速率成反比，只有在 100kbit/s 速率以下才可能达到最大传输距离，只有在很短的距离下才能获得最高传输速率。一般 100m 长的双绞线上所能获得的最大传输速率仅为 1Mbit/s。

RS-422 需要一终接电阻，要求其阻值约等于传输电缆的特性阻抗，一般为 100Ω～120Ω（通常可选 120Ω）。在短距离（一般在 300m 以下）传输时可不需终接电阻，终接电阻接在传输电缆的最远端。

(2) RS-485 电气规定及其通信网络。由于 RS-485 是从 RS-422 基础上发展而来的，所以 RS-485 的许多电气规定与 RS-422 相仿，如都采用平衡传输方式、都需要在传输线上接终接电阻等。RS-485 可以采用二线与四线连接方式，二线制可实现真正的多点双向通信，而采用四线连接时，与 RS-422 一样只能实现点对多的通信，即只能有一个主设备，其余为从设备，但它比 RS-422 有改进，无论是四线还是二线连接方式总线上可接多达 32 个设备。

RS-485 与 RS-422 一样，其最大传输距离约为 1219m，最大传输速率为 10Mbit/s。平衡双绞线的长度与传输速率成反比，只有在 100kbit/s 速率以下才可能达到最大传输距离，只有在很短的距离下才能获得最高传输速率。一般 100m 长双绞线最大传输速率仅为 1Mbit/s。

RS-485 需要 2 个终端匹配电阻（RT），其阻值要求等于传输电缆的特性阻抗。在短距离（一般在 300m 以下）传输时可不需终接电阻，终接电阻接在传输总线的两端。

典型的双线半双工 RS-485 网络如图 2.30 所示，网络中主通信口和各从通信口的发送线和接收线均并在一起，因而只能实现半双工通信方式。挂接在通信线上的各通信口中，每个时刻只允许有一个通信口处于发送状态。

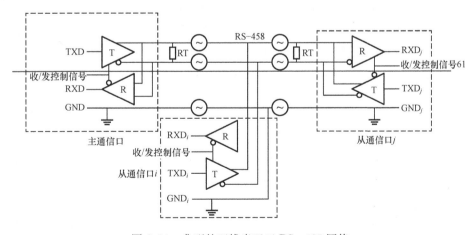

图 2.30 典型的双线半双工 RS-485 网络

每个通信口中，有收/发控制信号，可切换控制发送器和接收器的工作状态，发送器和接收器不能同时工作，不工作的发送器或接收器处于高阻状态。在通信线路的两端应并入终端匹配电阻，一般取值为 120Ω。

各通信口的信号地也连在一起，主要是为了提高信号传输的可靠性和抗噪声的能力，一般情况下这个信号地也可不连在一起。

RS-485 通信线连接示意图如图 2.31 所示，从上位机开始自近及远将多台测控保护装置（如 EDCS-7000 系列）一个接一个连入网络。工程上需要注意的是：①介质应选用优质的屏蔽双绞线，推荐使用 AWG22（0.25mm²）线径的屏蔽双绞线，两条绞线为不同颜色。②必须注意屏蔽层的单点接地问题，单点接地是指一条通信线路上屏蔽层有且仅有一点接大地。如果两端接地，将会在屏蔽线上产生地环流，从而在通信电缆上感应出干扰噪声。③一条通信线路上每台设备的 RS-485 通信接口必须是 A（＋）接 A（＋），B（一）接 B（一），不可接反。④通信线路的铺设要尽量远离强电信号等电磁干扰源。

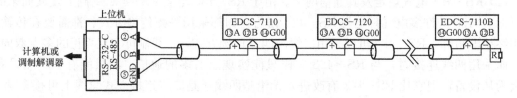

图 2.31　RS-485 通信线连接示意图

二、现场总线及其通信网络

在变电站综合自动化系统中，微机保护、微机监控和其他微机型自动装置间的通信，大多数通过 RS-422/RS-485 通信接口相连，实现监控系统与微机保护和自动装置间的相互交换数据和状态信息。这与变电站传统的二次系统相比，已有很大的优越性，可节省大量连接电缆，接线简单可靠。然而，在变电站综合自动化系统中，采用 RS-422/RS-485 通信接口，虽然可以实现多个节点（设备）之间的互连，但连接的节点数一般不超过 32 个，在变电站规模稍大时，便满足不了综合自动化系统的要求；其次，采用 RS-422/RS-485 通信接口，其通信方式多为查询方式，即由主机询问，保护单元或测控单元回答，通信效率低，难以满足较高的实时性要求；此外，采用 RS-422/RS-485 通信接口，整个通信网络上只能有一个主节点对通信进行管理和控制，其余皆为从节点，受主节点管理和控制，这样主节点便成为系统的瓶颈，一旦主节点出现故障，整个系统的通信便无法进行；另外对 RS-422/RS-485 通信接口的通信规约缺乏统一标准，使不同厂家生产的设备很难互连，给用户带来不便。

1. 现场总线的概念

现场总线（Fieldbus）是 20 世纪 80 年代末、90 年代初国际上发展形成的，用于过程自动化、制造自动化、楼宇自动化等领域的现场智能设备互连通信网络。它作为工厂数字通信网络的基础，沟通了生产过程现场及控制设备之间及其与更高控制管理层次之间的联系。它不仅是一个基层网络，而且还是一种开放式、新型全分布控制系统。

2. 现场总线特点

现场总线是用于现场仪表与控制系统和控制室之间的一种全分散、全数字化、智能、双向、互联、多变量、多点、多站的通信系统。

现场总线具有可靠性高、稳定性好、抗干扰能力强、通信速率快、造价低廉、维护成本低等优点，现场总线在技术上具有开放性、互可操作性与互用性、现场设备的智能化与功能自治性、系统结构的高度分散性、对现场环境的适用性等特点。

3. 现场总线在变电站综合自动化系统中的应用

(1) CAN 现场总线。CAN 是 Controller Area Network（控制器局域网络）的缩写，是由德国 BOSCH 公司开发的控制器局域网络，是一种具有很高可靠性、支持分布式实时控制的串行通信网络。它最初是用于汽车内部大量控制测量仪器、执行机构之间数据交换的一种串行数据通信协议，现在已广泛应用于变电站自动化设备的监控等领域。

CAN 协议实现 ISO/OSI 参考模型的 1、2 两层。物理层定义了传送过程中的所有电气特性，数据链路层的功能包括确认要发送的信息和接收到的信息并为之提供接口，也包括帧组织、总线仲裁、检错报告、错误处理等功能。

CAN 可以点对点、一点对多点（成组）及全局广播等方式传送和接收数据，可以多主方式工作，网络上任意一个节点均可以在任意时刻主动地向网络其他节点发送信息，可以方便地构成多机备份系统。

网络上各节点可以定义不同的优先级以满足不同的实时要求。CAN 采用非破坏性总线仲裁技术，当两个节点同时向网络传送信息时，优先级低的节点主动停止数据传送，而优先级高的节点可不受影响地继续传输数据，有效地避免了总线冲突。

CANBUS 上的节点数，理论值为 2000 个，实际值是 110 个。直接通信距离为 10km（5kbit/s）、40m（1Mbit/s）。传输介质为双绞线和光纤。

CAN 采用短帧结构，每一帧的有效字节数为 8 个，因而传输时间短，受干扰概率低，并采用冗余校验及其他校错措施，保证了极低的信息出错率，而且具有自动关闭总线功能，在错误严重的情况下，可切断它与总线的联系，使总线上的其他操作不受影响。

采用 CAN 现场总线构成的变电站综合自动化系统网络结构如图 2.32 所示，后台机及每个测控保护装置都安装有智能 CAN 卡。

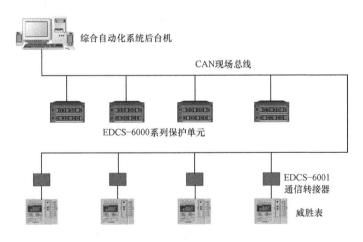

图 2.32 采用 CAN 现场总线构成的变电站综合自动化系统网络结构

CAN 通信连接示意图如图 2.33，工程上需要注意的是：①在一个系统的整个 CAN 通信网中，装置端只能装接 1 只 120Ω 的电阻。因为通信总线加匹配电阻可以有效防止通信总线上产生自激振荡，进而不致影响通信效果。②通信网络中的屏蔽地 G00 不应与计算机的屏蔽地相接。

(2) LONWORKS 现场总线。LONWORKS 是 Local Operation Network（局部操作网

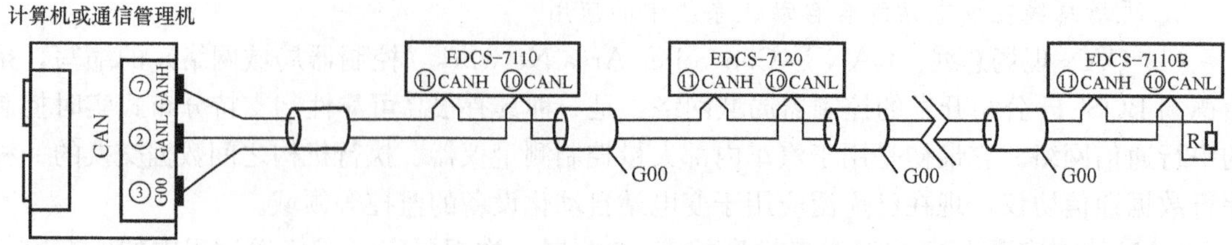

计算机或通信管理机

图 2.33　CAN 通信连接示意图

络）的简称，由美国 Echelon 公司推出并由它与摩托罗拉、东芝公司共同倡导，于 1990 年正式公布形成。其技术核心是神经元 Neuron。LONWORKS 的应用范围几乎包括了测控应用的所有范畴，在我国电力系统中的应用也已相当广泛。

　　LONWORKS 的通信协议 LONTALK 协议遵循 ISO/OSI 参考模型，提供了 OSI 所定义的全部 7 层服务。LONWORKS 现场总线是现场总线中唯一提供全部服务的现场总线。

　　LONWORKS 的核心是神经元（Neuron）芯片，内含 3 个 8 位的 CPU：第一个 CPU 为介质访问控制处理器，实现 LONTALK 协议的第一层和第二层；第二个 CPU 为网络处理器，实现 LONTALK 协议的第三层至第六层；第三个 CPU 为应用处理器，实现 LONTALK 协议的第七层，执行用户编写的代码及用户代码所调用的操作系统服务。LONWORKS 的神经元芯片已由摩托罗拉和东芝公司生产。

　　LONWORKS 的直接通信距离为 2700m（78kbit/s）、130m（1.25Mbit/s）；LONWORKS 采用 CSMA/CD 总线仲裁技术，称为载波监听多路访问/冲突检测的协议，节点数多达 32000 个；传输介质支持双绞线、同轴电缆、射频、红外线、电力线等多种通信介质，且多种介质可以在同一网络中混合使用。

　　采用 LONWORKS 现场总线构成的变电站综合自动化系如图 2.34 所示，三个主站相互独立，主站 1 和主站 2 完全相同，称为监控主站，主站 3 为工程师站。

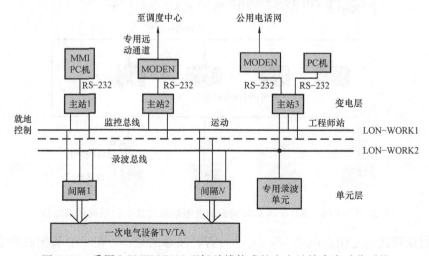

图 2.34　采用 LONWORKS 现场总线构成的变电站综合自动化系统

三、工业以太网

　　随着计算机网络技术的迅猛发展，工业以太网开始广泛应用于变电站综合自动化系统中。在三层式结构的综合自动化系统中，最初工业以太网的应用更多集中于通信控制层设备至站控层设备之间，即通信控制器（总控单元）至监控后台机或五防机之间，或者在集控中心采用局域网方式实现多个服务器或终端设备互联。

随着工业以太网解决了通信实时性、网络安全性与安全防爆等技术问题，并采用一些适合于工业劣恶环境的措施，如防尘、防水、抗振动、耐高温、电磁兼容性等。变电站综合自动化系统中，各种微机保护装置和微机测控装置开始采用工业以太网直接连接。

1. 以太网概述

IEEE（美国电气和电子工程师协会）于 1980 年 2 月成立了局域网标准委员会（简称 IEEE 802 委员会），专门从事局域网标准化的工作。以太网是采用 CSMA/CD 总线仲裁技术通信标准的基带总线局域网，最初由美国施乐公司于 1975 年研制成功，并以曾经在历史上用来表示传播电磁波的介质（以太）来命名。1981 年，施乐公司与 DEC 公司以及 Intel 公司合作，联合提出了以太网（Ethernet）的规范，这个规范后来成为 IEEE 802.3 标准的基础。

（1）物理层标准。在 IEEE 802.3 标准中根据传输距离和每段的节点数，可以使用粗同轴电缆、细同轴电缆、双绞线或光纤。

（2）以太网帧结构。IEEE 802.3 的帧由 8 个字段组成：前导码（使接收方与发送方的时钟同步）、帧起始标志（表示一帧的开始）、帧的源地址、帧的目的地址、数据字段长度、要发送的 LLC（逻辑链路控制子层）数据、填充字段和帧校验序列字段。

（3）以太网采用 CSMA/CD 总线仲裁技术。CSMA/CD 总线仲裁技术称为载波监听多路访问/冲突检测的协议，这种协议已广泛应用于局域网中。其工作原理是：当站点希望传送数据时，它就监听电缆，如果线路正忙，就等待一直到空闲为止，否则就立即传送数据。如果两个或两个以上的站点同时在电缆上传送数据，它们就会产生冲突，每个站点发送数据的同时具有检测冲突的功能。一旦检测到冲突，就会立即停止发送数据，并向电缆上发出一串阻塞信号，通知电缆上的各站点冲突已经发生，于是所有冲突站点终止传送，等待一个随机的时间后，再重复上述过程。

以太网的优点：①速度快、扩展性好。以太网传输速度有 10Mbit/s 系统、100Mbit/s 系统及 1000Mbit/s 系统，当从 10Mbit/s 系统提高至 100Mbit/s 系统时，可以直接互联，扩展非常容易。②可靠性高。以太网是一种可靠的网络系统，它使用的是一种很简单的，但又很可靠的传输机制，这种传输机制每天在世界范围的各个站点之间可靠地传输数据。③成本低。以太网技术的广泛应用产生了一个巨大的而又充满竞争的以太网市场，导致网络设备价格的进一步下降。④网络管理功能强。已经开发出的大量以太网管理和故障排除工具是以太网被广泛接受的一个重要原因。基于标准的管理工具，网络管理员能在中心站点管理以太网的所有设备。内嵌在以太网中继器、交换式集线器和计算机接口中的网络管理功能提供了强有力的网络监控和故障排除能力。

2. 计算机网络硬件组成

组成计算机网络的硬件一般有：网络服务器、网络工作站、网络适配器（又称为网卡）、连接线（学名"传输介质"或"传输媒体"，主要是电缆或双绞线，还有光纤）。如果要扩展局域网的规模，就需要增加通信连接设备，如调制解调器、集线器、网桥和路由器等。把这些硬件连接起来，再安装上专门用来支持网络运行的软件，包括系统软件和应用软件，就构建起了一个计算机网络。

（1）服务器（Server）。服务器是一台高性能计算机，用于网络管理、运行应用程序、处理各网络工作站成员的信息请示等，并连接一些外部设备，如打印机、CD-ROM、调制解调器等。根据其作用的不同分为文件服务器、应用程序服务器和数据库服务器等。广义上的服务器是指向运行在别的计算机上的客户端程序提供某种特定服务的计算机或软件包。一台单独的服务器上可以同时有多个服务器软件包在运行，也就是说，它可以向网络上的客户提供多种不同的服务。

文件服务器是网络中最重要的硬件设备，其装有网络操作系统（NOS）、系统管理工具和各种应用程序等，是组建一个客户1H/服务器局域网所必需的基本配置。

（2）工作站（Workstation）。工作站也称客户机，由服务器进行管理和提供服务的、连入网络的任何计算机都属于工作站，其性能一般低于服务器。网络工作站需要运行网络操作系统的客户端软件。

（3）网卡。网卡也称网络适配器、网络接口卡（Network Interface Card，NIC），在局域网中用于将用户计算机与网络相连，大多数局域网采用以太网卡。网卡是一块插入微机 I/O 槽中，发出和接收不同的信息帧、计算帧检验序列、执行编码译码转换等以实现微机通信的集成电路卡。它主要完成以下功能：①读入由其他网络设备（路由器、交换机、集线器或其他 NIC）传输过来的数据包（一般是帧的形式），经过拆包，将其变成客户机或服务器可以识别的数据，通过主板上的总线将数据传输到所需 PC 设备中（内存或硬盘）。②将 PC 设备发送的数据，打包后输送至其他网络设备中。按总线类型可分为 ISA 网卡、EISA 网卡、PCI 网卡等，其中 ISA 网卡的数据传送量为 16 位，EISA 和 PCI 网卡的数据传送量为 32 位，速度较快。

在网卡中输入和输出的都是数字信号，传送速度比调制解调器快得多。

网卡的接口有三种规格：粗同轴电缆接口（AⅢ接口）、细同轴电缆接口（BNC接口）、无屏蔽双绞线接口（RJ-45接口）。一般的网卡仅一种接口，但也有两种甚至三种接口的，称为二合一或三合一卡。网卡上的红、绿小灯是工作指示灯，红灯亮表示正在发送或接收数据，绿灯亮则表示网络连接正常。值得说明的是，倘若连接两台计算机的线路的长度大于规定长度（双绞线为 100m，细电缆是 185m），即使网络连接正常，绿灯也不会亮。

（4）调制解调器。调制解调器也叫 Modem，是一个通过电话拨号接入 Internet 的硬件设备。通常计算机内部使用的是数字信号，而通过电话线路传输的信号是模拟信号。调制解调器的作用就是当计算机发送信息时，将计算机内部使用的数字信号转换成可以用电话线传输的模拟信号，通过电话线发送出去；当计算机接收信息时，把电话线上传来的模拟信号转换成数字信号传送给计算机，供其接收和处理。常见的调制解调器的传输速率有 14.4kbit/s、28.8kbit/s、33.6kbit/s、56kbit/s 等。

（5）中继器（Repeater）。中继器用于连接同类型的两个局域网或延伸一个局域网。当安装一个局域网而物理距离又超过线路的规定长度时，就可以用中继器进行延伸；中继器收到一个网络的信号后可以将其放大发送到另一网络，从而起到连接两个局域网的作用。

（6）集线器（HUB）。集线器是一种集中完成多台设备连接的专用设备，具有检错和网络管理等功能。HUB有三种类型：对传送数据不做任何添加的 Passive HUB，称为被动集线器；能再生信号，监测数据通信的 Active HUB，称为主动集线器；能提供网络管理功能的 Intelligent HUB，称为智能集线器。

（7）交换机（Switch）。交换机也叫交换式集线器，是一种工作在 OSI 第二层（数据链路层）上的、基于 MAC（网卡的介质访问控制地址）识别、能完成封装转发数据包功能的网络设备。交换机同集线器一样主要用于连接计算机等网络终端设备，但比集线器更加先进，它允许连接其上的设备并行通信而不冲突。

（8）网桥（Bridge）。网桥连接网络分支，但网桥多了一个"过滤帧"的功能。一个网络的物理连线距离虽然在规定范围内，但由于负荷很重，可以用网桥把一个网络分割成两个网络。这是因为网桥会检查帧的发送和目的地址，如果这两个地址都在网桥的这一半，那么这个帧就不会发送到网桥的另一半，这就可以降低整个网的通信负荷，这个功能就叫"过滤帧"。

（9）路由器（Router）。路由器用于连接两种不同类型的局域网，它可以连接遵守不同网络协议的网络。路由器能识别数据的目的地地址所在的网络，并能从多条路径中选择最佳的路径发送数据。如果两个网络不仅网络协议不一样，而且硬件和数据结构都大不相同，那么就得用网关（Gateway）。

（10）UPS（Uninterruptible Power System）不间断电源。UPS 伴随着计算机的诞生而出现，是计算机常用的外围设备之一。实际上，它是一种含有储能装置，并以逆变器为主要组成部分的恒压恒额的不间断电源。配备 UPS 的主要目的是防止由于突然停电而导致计算机丢失信息和硬盘受到破坏，综合自动化系统的后台监控主机或服务器必须通过 UPS 提供电源。UPS 工作原理如下：正常运行时，交流电压经整流滤波电路变成恒定的直流电压，一方面给直流电池浮充，另一方面经逆变器后调制成交流脉冲波，再经滤波整形后输出稳定的工频交流电。当停电时，由直流电池组供电给逆变器工作，保持交流电源不会中断。当逆变器故障交流输出不正常时，输出电子开关断，旁路电子开关合，负载由旁路交流供给。

为防止站用变压器失压时综合自动化系统通信中断，远动设备应采用变电站内直流电源或与其他专业公用 UPS。对于采用专用 UPS，工作方式应为在线运行方式，并具有监测 UPS 运行状态的功能。UPS 在带满全部设备后，应留有 40% 以上的供电容量；UPS 在交流电失电后，不间断供电维持时间不小于 60min。

3. 网络拓扑结构

常用的计算机网络拓扑结构有总线网络、环形网络、星形网络和网状网络四种，在变电站综合自动化系统中常用前三种。

（1）总线网络。总线网络是使用同一媒体或电缆连接所有终端用户的一种方式，也就是说，连接端用户的物理媒体由所有设备共享。

总线网络使用一定长度的电缆，也就是必要的高速通信链路将设备（比如计算机和打印机）连接在一起，设备可以在不影响系统中其他设备工作的情况下从总线中取下。总线网络中最主要的实现就是以太网，它目前已经成为局域网的标准。连接在总线上的设备都通过监察总线上传送的信息来检查发给自己的数据，只有与地址相符的设备才能接受信息，其他设备即使收到，也只是简单地忽略了事。当两个设备想在同一时间内发送数据时，以太网上将发生碰撞现象，使用带有碰撞检测的载波侦听多路访问协议可以将碰撞的负面影响降到最低。

（2）环形网络。环形网络是使用一个连续的环将每台设备连接在一起的一种方式。它能够保证一台设备上发送的信号可以被环上其他所有的设备都看到。在简单的环形网络中，任何部件的损坏都将导致系统出现故障，这样将阻碍整个系统进行正常工作。而具有高级结构（如自愈式双环网结构）的环形网络则在很大程度上改善了这一缺陷。

环行网络的特点是每个端用户都与两个相邻的端用户相连，因而存在着点到点的链路，但总是以单向方式操作，于是便有上游端用户和下游端用户之称。例如：用户 N 是用户 N+1 的上游端用户，用户 N+1 是用户 N 的下游端用户。如果 N+1 端需将数据发送到 N 端，则几乎要绕环一周才能到达 N 端。环上传输的任何信息都必须穿过所有端点，因此如果环的某一端点断开，环上所有端点间的通信便会终止。为克服这种网络拓扑结构的脆弱，每个端点除与一个环相连外，还连接到备用环上，当主环故障时，会自动转到备用环上。采用光纤自愈式环形以太网构成的变电站综合自动化系统如图 2.35 所示。

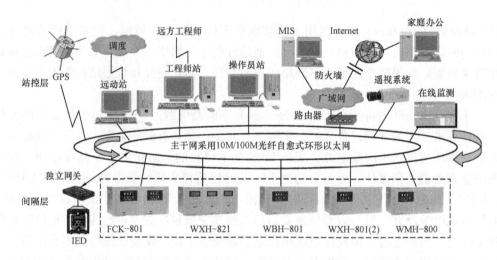

图 2.35 采用光纤自愈式环形以太网构成的变电站综合自动化系统

（3）星形网络。这种结构便于集中控制，因为端用户之间的通信必须经过中心站，由于这一特点，也带来了易于维护和安全等优点。端用户设备因为故障而停机时也不会影响其他端用户间的通信。但这种结构非常不利的一点是，中心系统必须具有极高的可靠性，因为中心系统一旦损坏，整个系统便趋于瘫痪。对此中心系统通常采用双机热备份，以提高系统的可靠性。

在变电站综合自动化系统设计的有关规定中，要求 110kV 变电站综合自动化系统采用单星形以太网络，220kV 及以上变电站综合自动化系统采用双星形以太网络。

四、通信介质

通信介质（传输介质）即网络通信的媒介，它可以是有线的，也可以是无线的。在变电站综合自动化系统中较为常见的有屏蔽电缆、双绞线、同轴电缆、光纤和无线通信信道。

其中，屏蔽电缆通常用于 RS-232 通信接口连接；双绞线通常用于 RS-485 通信接口连接、CAN/LONWORKS 现场总线连接和 LAN 网络连接；同轴电缆通常用于 LAN 网络连接；光纤通常用于变电站与调度端通信连接，或用于采用光通信的间隔层连接，并广泛应用于微机光纤纵差保护中；无线通信信道通常用于变电站与调度端通信连接，并广泛应用于配网自动化中。几种传输介质的比较如下：

（1）双绞线。价格低、带宽可达 268kHz，有一定抗干扰性，通信距离一般为 100m～

15km，误码率约 $10^{-5}\sim10^{-6}$。

（2）同轴电缆。价格适中，传输速率可达 10Mbit/s，最大距离限制在几千米范围内，误码率约 10^{-7}。

（3）光纤。价格较贵，性能最好，传输速率可达数百 Mbit/s，通信距离不加中继站可达 $6\sim8km$，误码率低于 10^{-10}。

（4）无线通信信道。无线通信包括微波通信（109～1010Hz）、红外通信（1011～1014Hz）、激光通信（1014～1015Hz）。

【思考与练习题】

1. RS－232 与 RS－485 通信接口有什么区别？工程上应注意什么问题？

2. 什么是现场总线？CAN 现场总线和 LONWORKS 现场总线各有何特点？

3. 什么是以太网？有何特点？

4. 分别用 CAN、LONWORKS 现场总线和以太网作出变电站综合自动化系统的数据通信单网拓扑结构图。

模块 6 站控层硬件及软件配置

模块描述

本模块包含了站控层硬件配置和变电站层软件配置。通过要点归纳、原理介绍、图解示意，掌握站控层硬件配置和变电站层软件配置。

【正文】

一、站控层硬件配置

站控层应该用标准的、网络的、分布功能和系统化的、开放式的硬件结构。计算机的存储和处理能力应满足本变电站的远景要求。在站控层计算机故障停运时，间隔层系统能安全运行。一个元件故障不引起误动作，一个单元故障不影响其他单元。

站控层硬件设备包括主机、操作员站、工程师站、远动通信设备、五防工作站和智能接口设备等。

（1）主机。用作站控层数据收集、处理、存储及网络管理的中心。110kV 及以下变电站采用单机配置，220kV 及以上变电站采用主机双重化配置，同时运行，互为热备用。主机应采用非 PC 构架的产品。主机设备组屏（柜）布置。

（2）操作员站。操作员站是站内监控系统的主要人机界面，用于图形及报表显示、事件记录、报警状态显示和查询、设备状态和参数的查询、操作指导、操作控制命令的解释和下达等。运行人员可通过操作员站对变电站各一次及二次设备进行运行监测和操作控制。110kV 及以下电压等级的变电站采用主机兼操作员站模式，220kV 及以上电压等级的变电站操作员站为双机冗余配置。

（3）工程师站。用于整个监控系统的维护、管理，可完成数据库的定义、修改，系统参数的定义、修改，报表的制作、修改，以及网络维护、系统诊断等工作。对监控系统的维护仅允许在工程师站上进行，并需有可靠的登录保护。

（4）远动通信设备。2台专用独立设备冗余配置，直采直送，通过专用通道点对点方式以及站内的数据网接入设备向各级调度传送远动信息。

（5）五防工作站。根据变电站的防误闭锁方案，采用监控系统自带"五防"系统，不设独立的微机"五防"系统。通过五防工作站实现对全站设备的五防操作闭锁功能。在五防工作站上可进行操作预演，可检验、打印和传输操作票，并对一次设备实施"五防"强制闭锁。五防锁具按本期规模配置。

（6）智能接口设备。为用于站内智能设备接入的智能转换终端，该设备为专用设备。设备组屏（柜）布置。

（7）打印机。用于实时打印事件、报警信号和报表等。

（8）音响报警装置。配置1套，由工作站驱动音响报警，并能闪光，音量可调。

（9）网络设备。①网络交换机。网络交换机的网络传输速率不小于100Mbit/s，构成一分布式高速工业级双以太网，实现站级单元的信息共享，站内设备的在线监测、数据处理以及站级联锁控制，设备组屏布置。②其他网络设备。包括光/电转换器、接口设备（如光纤接线盒）、网络连接线、电缆、光缆等。

二、变电站层软件配置

变电站综合自动化系统软件由实时多任务操作的系统软件、支撑软件、应用软件和通信接口驱动软件等组成。软件配置应满足开放式系统要求，采用模块化结构，具有实时性、可靠性、适应性、可扩充性及可维护性。

1. 系统软件

变电站层计算机系统软件应采用最新标准版本的完整的具有自保护能力的 UNIX 或 LINUX 等安全性较高的操作系统，它应包括操作系统生成包、编译系统、诊断系统以及各种软件维护、开发工具等。编译系统应采用易于与系统支撑软件和应用软件接口的语言编译程序，如 C、C++、VB、VC、SQL（SQL 是专为数据库而建立的操作命令集，是一种功能齐全的数据库语言）等。

2. 支撑软件

支撑软件主要包括数据库系统和过程监控组态系统。

数据库用于存放和管理实时数据以及对实时数据进行处理和运算，它是在线监控系统数据显示、报表打印和界面操作等的数据来源，也是保护、测控单元数据的最终存放地点。数据库生成系统提供离线定义系统数据库工具，而在线监控系统运行时，由系统数据管理模块负责系统数据库的操作，如进行统计、计算、产生报警、处理用户命令（如遥控、遥调等）。

数据库系统应满足下列要求：①实时性。能对数据库快速访问，在并发操作下也能满足实时功能要求。②可维护性。应提供数据库维护工具，以便用户在线监视和修改数据库内的各种数据。③可恢复性。数据库的内容在计算机监控系统的事故消失后，能迅速恢复到事故前的状态。④并发操作。应允许不同程序（任务）对数据库内的同一数据进行并发访问，要保证在并发方式下数据库的完整性。⑤一致性。在任一工作站上对数据库中的数据进行修改时，数据库系统应自动对所有工作站中的相关数据同时进行修改，以保证数据的一致性。⑥数据库的规模应能满足监控系统基本功能所需的全部数据，并适合所需的各种数据类型，数据库的各种性能指标应能满足系统功能和性能指标的要求。

过程监控组态系统用于画面编程，数据生成，为用户提供交互式的、面向对象的、方便灵活的、易于掌握的、多样化的组态工具，一些类似宏命令的编程手段和多种实用函数，以便扩展组态软件的功能。用户能很方便地对图形、曲线、报表、报文进行在线生成、修改。

3. 应用软件

应用软件应满足综合自动化系统的所有功能要求。应用软件应具有模块化的特点，具有出错测试能力。当其中一个功能软件运行不正常时，应有错误提示信息，让值班人员查看，且不应影响其他功能软件的运行。程序和数据在结构上应该是相互独立的，当系统扩大时，不需要修改程序和重组软件。

应用软件包括：①数据采集软件。与通信控制器通信，采集各种数据，传送控制命令。②数据处理软件。对所采集的数据进行处理和分析，判断数据是否可信、模拟量有无越限、开关量有无变位，按照数据库提供的参数进行各种统计处理。③报警与事件处理软件。判断报警或事件类型，给出报警或事件信息，登录报警或事件内容和时间，设置和清除相关报警或事件标志。④人机界面处理软件。显示各种画面和报表、告警和事件信息，给出报警音响或语音，自动和定时打印报警、事件信息以及各种报表和画面；操作权限检查，提供遥调、遥控控制操作，确认报警，修改显示数据（人工置数）、保护定值。⑤数据库接口软件。连接数据库与应用软件，对数据库存取进行管理、协调和控制。⑥控制软件。完成特定的控制任务和工作。对每一项控制任务，一般有一个控制软件与之对应。常见的控制软件有电压无功控制、操作控制连锁。⑦自动选线及自动电压无功调节软件实现小电流自动接地选线及VQC等功能。

4. 通信接口驱动软件

监控系统应提供通信接口驱动软件，包括与站内各智能设备的通信接口驱动软件及与各级调度中心的通信接口驱动软件等。

通信接口驱动软件主要包括：①与微机保护装置的通信接口软件；②与微机防误操作闭锁装置的通信接口软件；③与继电保护管理子系统的通信接口软件；④与各级调度中心的通信接口软件；⑤与电能计量系统的通信接口软件；⑥与安全自动装置的通信接口软件；⑦与智能直流系统的通信接口软件；⑧与火灾报警及消防系统的通信接口软件。

【思考与练习题】

1. 站控层硬件设备包括哪些？它们的作用是什么？
2. 变电站综合自动化系统软件包括哪些？它们的作用是什么？

模块 7　远距离数据通信及电网调度自动化系统

模块描述

本模块包含了远距离数字通信模型、数字信号的调制与解调、远距离数据通信方式及电网调度自动化系统简介。通过原理讲解、图解示意，掌握远距离数字通信模型的构成、数字信号调制与解调的工作原理、远距离数据通信方式。

【正文】

一、远距离数字通信模型

数字通信系统是指利用数字信号来传递信息的通信系统。通信的基本任务是将信息源要传送的信息传给发送设备，再由发送设备将待发送信息转换成适合在信道中传送的信号，并送入信道。信道中的噪声以及通信系统中其他各处噪声可等效用噪声源来表示。由于干扰，接收端收到的信号可能与发送端发出的信号不同，因此需要进行差错检查。接收设备把接收到的信号进行转换，并传给受信者，受信者再把接收到的信号转换成对应的信息。

为了传递信息，需要把信息转换成一定的信号。信息与信号之间应建立单一的对应关系，以便在接收端把信号恢复成原来的信息。通常用信号的某一参量来荷载信息，如果信号的参量对应于模拟信息而取连续值，这样的信号称为模拟信号；如果信号的参量携带离散信息，这样的信号就是数字信号。模拟信号可在模拟通信系统中传输，也可转换成数字信号以数字通信的方式传至对方，在接收端再进行数/模变换，还原为模拟信号。

数字通信系统模型如图 2.36 所示，包括以下几部分：

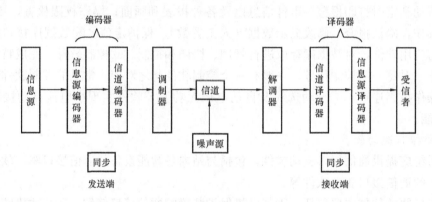

图 2.36　数字通信系统模型

（1）信息源。电网中的各种信息源，如电压 U、电流 I、有功功率 P、频率 f、电能脉冲量等，经过有关器件处理后转换成易于计算机接口元件处理的电平或其他量；另外还有各种指令、开关信号等。

（2）编码器。包括信息源编码器和信道编码器。信息源编码器是把各种信息源送出的模拟信号或数字信号转换为符合要求的数码序列。模拟信号数字化主要有脉冲编码调制（PCM）和增量调制（AM）两种基本形式。信道编码器是对数字信号再次进行编码，使之具有自动纠错或检错的能力。信道编码器按一定规则给数码序列加入监督码元，使接收端能发现或纠正错误码元，以提高传输的可靠性，这称为差错控制技术。

（3）调制器与解调器（Modem）。调制器是将信道编码器输出的数码转换为适合在信道上传送的调制信号后再送往信道。解调器是将收到的调制信号转换为数字序列，它是调制的逆变换。

（4）信道。信号远距离传输的载体，如载波通道、光纤通道、微波通道等。

（5）译码器。包括信道译码器和信息源译码器。信道译码器是将收到的数码序列进行检错或纠错；信息源译码器是将信道译码器处理后的数字序列变换为相应的信号后传给受信者。

（6）受信者。接收信息的人或设备。

（7）同步。用以保证收发两端步调一致，协调工作。它是数字通信系统中不可缺少的组成部分。如收发两端失去同步，数字通信系统会出现大量的错码，无法正常工作。同步的主要内容有载波同步、位同步、帧同步以及网同步。

二、数字信号的调制与解调

在数字通信中，由发送端产生的原始电信号为一系列的方形脉冲，通常称为基带信号，又称低频信号，特点是其能量或频率主要集中在零频附近，并具有一定的范围，即带宽（Bandwidth），基带信号连续信号和离散信号有两种类型。这种基带信号不能直接在模拟信道上传输，因为传输距离越远或者传输速率越高，方形脉冲的失真现象就越严重，甚至使得正常通信无法进行。

为了解决这个问题，需将数字基带信号用调制器变换成适合于远距离传输的正弦波信号。这种正弦波信号携带了原基带信号的数字信息，通过线路传输到接收端后，再将携带的数字信号取出来，这就是调制与解调的过程。完成调制与解调的设备叫调制解调器，俗称Modem，是英文 Modulator（调制器）和 Demodulator（解调器）的缩写。调制解调器并不改变数据的内容，只是改变数据的表示形式，以便于传输。调制与解调示意图如图 2.37所示。

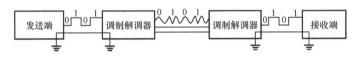

图 2.37　调制与解调示意图

调制解调器按其应用场合分为适合四线电路或二线电路的 Modem、使用在全双工或半双工方式的 Modem、使用在全音频通道的（300～3400Hz）Modem、使用在上音频频段的（2700～3400Hz）Modem、适用专线的 Modem、适合交换机的 Modem。按信号传输方式调制解调器分为同步传输方式和异步传输方式两种。在调制的过程中，基带信号又称为调制信号。调制的过程就是按调制信号（基带信号）的变化规律去改变载波的某些参数的过程。携带数字信息的正弦波称为载波。一个正弦波电压可表示为 $u(t)=U_m\sin(2\pi ft+\Phi)$。如果振幅 U_m、频率 f 或相位角 Φ 随基带信号的变化而变化，就可在载波上进行调制，分别称为幅度调制（简称调幅 AM）、频率调制（简称调频 FM）或相位调制（简称调相 PM）。数字调幅又称振幅键控，记为 ASK（Amplitude Shift Keying），使正弦波的振幅随数码的不同而变化，但频率和相位保持不变。由于二进制数只有 0 和 1 两种码元，因此只需两种振幅，如可用振幅为零来代表码元 0，用振幅为某一值来代表码元 1。数字调频又称频移键控，记作 FSK（Frequency Shift Keying），使正弦波的频率随数码的不同而变化，但振幅和相位保持不变。采用二元制时，用一个高频率 f_1 来表示数码 1，而用一个低频率 f_2 来表示数码 0。在电力系统调度自动化中，用于与载波通道或微波通道相配合的专用调制解调器多采用 FSK 移频键控原理。FSK 的实现比较简单，且避免了 ASK 中存在的噪声问题，但受限于载波的物理容量，频带的利用率较低。数字调相又称相移键控，记作PSK（Phase Shift Keying），使正弦波的相位随数码的不同而变化，但振幅和频率保持不变。数字调相分二元绝对调相和二元相对调相。如用相位为 0 的正弦波代表数码 0，而用相位

为 π 的正弦波代表数码 1，称为二元绝对调相。二元相对调相是用相邻两个波形的相位变化量 ΔΦ 来代表不同的数码，如 ΔΦ=π 表示 1，ΔΦ=0 表示 0。数字调制波形图如图 2.38 所示。

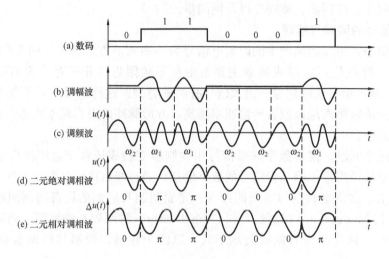

图 2.38　数字调制波形图

用数字电路开关来实现数字调频的原理图如图 2.39 所示。两个不同频率的载波信号分别通过两个数字电路开关，而数字电路开关又由调制的数字信号来控制。当信号为 1 时，开关 1 导通，送出一串高频率 f_1 的载波信号；当信号为 0 时，开关 2 导通，送出一串低频率 f_2 的载波信号。它们在运算放大器的输入端相加，其输出端就得到已调制信号。

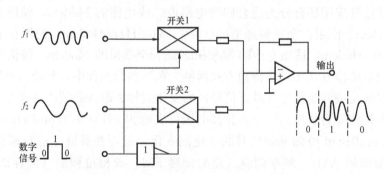

图 2.39　用数字电路开关来实现数字调频的原理图

解调是调制的逆过程，各种不同的调制波，要用不同的解调电路。现以常用的数字调频（FSK）解调方法——零交点检测法为例，简单介绍解调原理。

数字调频是以两个不同的频率 f_1 和 f_2 分别代表数码 1 和数码 0，鉴别这两种不同的频率可以采用检查单位时间内调制波（正弦波）与时间轴的零交点数的方法，这就是零交点检测法。零交点检测法的原理框图和相应波形图如图 2.40 所示。

零交点检测法的步骤：①将收到的 FSK 信号 a 进行限幅放大，得到矩形脉冲信号 b。②对矩形脉冲信号 b 进行微分，即得到正负两个方向的微分尖脉冲信号 c。③将负向尖脉冲整流成为正向尖脉冲，则输出全部是正向尖脉冲 d；波形 d 中尖脉冲数目（也就是 FSK 信号零交点的数目）的疏密程度反映了输入 FSK 信号的频率差别。④展宽器把尖脉冲加以展宽，

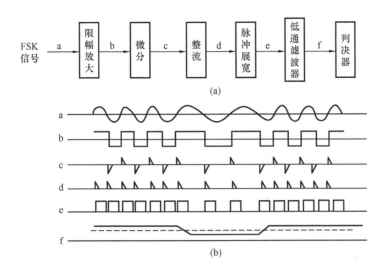

图 2.40 零交点检测法的原理框图和相应波形图
(a) 原理框图；(b) 相应波形图

形成一系列等幅、等宽的矩形脉冲序列 e。⑤将矩形脉冲序列 e 包含的高次谐波滤掉，就可得到数码 1 和数码 0，即与发送端调制之前的数字信号 f。

三、远距离数据通信方式

我国的电力系统通信几乎包括了所有的通信方式，不仅采用了普通的音频电话、明线载波、电缆载波、特高频载波、数字微波等通信方式，而且还采用了扩频通信、光纤通信、卫星通信等先进的通信方式和手段，同时采用程控交换技术，把各种通信线路连接起来，进行话音、数据信息交换，形成一个完整的通信网，因此电力系统通信是一个先进的、综合型的专业通信网。电力系统通信可分为有线和无线两大类，其中电缆、电力载波、光纤通信属有线通信方式，而短波、扩频、微波中继和卫星通信属无线通信方式。这里仅介绍电力系统常用的几种通信方式。

1. 电力线载波通信方式

电力线载波通信方式是实现电力系统内话音和数据通信最早采用的一种通信方式。一个电话话路的频率范围为 0.3~3.4kHz，为了使电话与远动数据复用，通常将 0.3~2.5kHz 划归电话使用，2.7~3.4kHz 划归远动数据使用。远动数据采用数字脉冲信号，故在送入载波机之前应将数字脉冲信号调制成 2.7~3.4kHz 的信号，载波机将话音信号与已调制的 2.7~3.4kHz 信号叠加成一个音频信号，再调制成 400~500kHz 载波信号，经放大耦合到高压输电线路上。在接收端，载波信号先经载波机解调出音频信号，并分离出远动数据信号，再经解调得到远动数据的脉冲信号。电力线载波通信方式通道构成原理图如图 2.41 所示。

电力线载波通信的设备有在主变电站安装的多路载波机（称主站设备）、在线路各测控对象处安放的电力线载波机（称从站设备）和高频通道。高频通道主要由高频阻波器（简称阻波器）、耦合电容器和结合滤波器组成。高频阻波器是用以防止高频载波信号向不需要的方向传输的设备；耦合电容器的作用是将载波设备与馈线上的高电压、操作过电压及雷电过电压等隔开，以防止高电压进入通信设备，同时使高频载波信号能顺利地耦合到

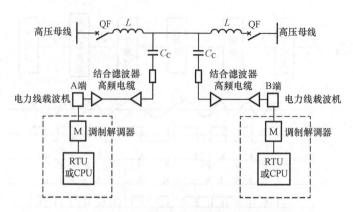

图 2.41　电力线载波通信方式通道构成原理图

馈线上；结合滤波器是与耦合电容器配合将载波信号耦合到馈线上去，并抑制干扰进入载波机的设备，它由接地隔离开关、避雷器、排流线圈、调谐网络和匹配变压器等组成。在发送端，载有信息的载波信号经耦合电容器和结合滤波器注入电力线传往接收端；在接收端，通过耦合电容器和结合滤波器将调制信号从电力线上分离出来，并经解调装置将信息提取出来。

2. 微波通信方式

波长为 0.001～1.0m、频率为 300MHz～300GHz 的无线电波，称为微波。在微波频段，由于频率很高，电波的绕射能力弱，所以信号的传输主要是利用微波在视线距离内的直线传播，又称视距传播。这种传播方式，虽然与短波相比，具有传播较稳定，受外界干扰小等优点，但在电波的传播过程中，却难免受到地形、地物及气候状况的影响而引起反射、折射、散射和吸收现象，产生传播衰落和传播失真。由于地球表面曲率的影响，微波在地面传播的距离是有限的，为了实现远距离微波传送，一般每隔 40～50km 就要设置一个中继站，按接力的方式一站站依次传递下去，此方式称为微波中继通信，微波中继通信原理图如图 2.42 所示。应用于综合自动化的微波通信的频率通常在 1GHz 以上。微波扩频通信的技术特点是利用伪随机码对输入信息进行扩展频谱编码处理，然后在某个载频进行调制以便传输。微波中继通信的优点：微波频段频带很宽，可以容纳数量很多的无线电频道而不致相互

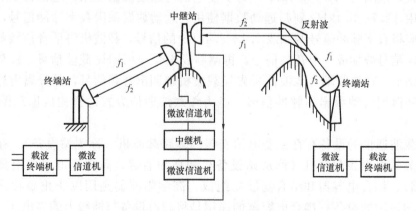

图 2.42　微波中继通信原理图

干扰，传输容量大；方向性强；比有线方式经济。缺点在于传输距离受限；信号质量受天气和地理条件影响较大；与有线传输方式相比，信号不稳定、可靠性较差。

3. 无线扩频通信方式

无线扩频通信方式来源于军事通信应用中，其建设费用远低于微波通信，具有很大的容量和很高的通信速率。目前常用的扩频通信实现方法主要有直接序列扩频（Direct Sequence Spread Spectrum）、跳频（Frequency Hopping）、跳时（Time Hopping）、宽带线性调频（Chip Modulation）等方法。以上方法中最常用的是直接序列扩频和跳频。直接序列扩频技术采用高速伪随机码（PN 码），对信息比特进行模 2 加得到扩频序列，将所要传输信息的带宽拓展 $100\sim1000$ 倍，使之成为宽频带、低功率、谱密度的信号，然后扩频序列去调制载波发射。接收端则利用相关解扩技术实现信号的解调还原。在接收端，接收信号经过放大混频后，经过与发射端相同且同步的 PN 码进行相关解扩，把扩频信号恢复出窄带信号，再对窄带信号进行相关解调解出原始信息序列。无线扩频原理图如图 2.43 所示。

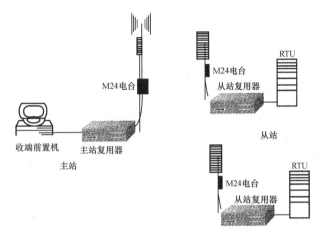

图 2.43　无线扩频原理图

与微波通信方式不同的是，无线扩频通信既可以点对点方式工作，也可以点对多点方式工作。由于采用扩频和码分多址技术，无线扩频频带较宽，且多个厂站占用相同频带，每一用户都有其自己的伪随机码，并且与其他用户的代码几乎是正交的，因此多用户在同一频率上能互不干扰地进行数据传输。

应用于综合自动化的无线扩频通信系统一般工作在 $2.4\sim2.483\,5CH2$ 频段，通信距离可达几十千米。通过话音复用器，还可以利用无线扩频通信系统在进行数据通信的同时，传送话音信号。

原理上，无线扩频通信具有干扰小、抗干扰性强、隐蔽性强、码分多址、抗多径干扰等优点。

4. 光纤通信方式

光在本质上是一种电磁波，光纤通信实质上就是依靠激光在光纤中不断全反射进行传播的方式。光纤通信方式以光波为载体，以光导纤维为传输媒介。

根据光纤中光信号传输基模的多少，光纤可分为单模光纤（SM）和多模光纤（MM）两类。单模光纤中只传输一个基模，没有模间色散，传输带宽很宽，是高速长距离光纤通信的理想传输媒质；多模光纤中传输多个基模，有模间色散，传输带宽窄，是近距离光纤通信的传输媒质。一般的光纤在波长为 $0.7\sim1.6\mu m$ 之间有三个低衰耗区域，这三个低衰耗区是光纤通信最常用的三个传输窗口。这三个波长段分别为 0.85、$1.31\mu m$ 和 $1.55\mu m$，其中多模光纤通信一般采用 0.85、$1.31\mu m$，衰耗约 $1\sim4dB/km$；单模光纤通信采用 1.31、$1.55\mu m$，衰耗约 $0.2\sim0.4dB/km$。

近年来，随着电网自动化水平的不断发展，对通信网络提出了更高的要求，无论是在配电网综合自动化系统中还是在变电站综合自动化系统中，光纤通信技术都得到了广泛的应用。

利用已有的输电线路敷设光缆是最经济、最有效的。在电力输电线路上架设的电力系统特殊光缆主要有：光纤复合架空地线（OPGW）、全介质自承式光缆（ADSS）、架空地线缠绕光缆（GWWOP）和捆绑光缆（AD‑Lash），其中光纤复合架空地线（OPGW）和全介质自承式光缆（ADSS）用得最多。

（1）光纤复合架空地线（OPGW）。这种光缆的结构主要分为光纤单元和铠装外层两部分。光纤单元被覆合在架空地线的内部。光纤复合架空地线的可靠性最高，但相比其他几种而言，价格较贵，适合于新建的输电线路或者需要更换地线的老输电线路。

（2）全介质自承式光缆（ADSS）。这种光缆全部采用非金属材料，安装时不需要停电，而且通信系统与输电线路相对独立，可以提供数量比较多的光纤芯数，光缆的质量比较轻，价格比光纤复合架空地线相对便宜，安装和维护都比较方便，适合于在原有的输电线路上架设。

光纤通信系统主要由电端机、光端机和光导纤维组成，光纤通道示意图如图 2.44 所示。发送端的电端机对来自信息源的模拟信号进行 A/D 变换，将各种低速率数字信号复接成一个高速率的电信号进入光端机的发送端。光纤通信的光发射机俗称光端机，实质上是一个电光调制器，它用脉冲编码调制（PCM），电端机发数字脉冲信号驱动光源（如图中发光二极管 LED），发出被 PCM 电信号调制的光信号脉冲，并把该信号耦合进光纤送到对方。远方的光端机装有光检测器（一般是半导体雪崩二极管 APD 或 PN 光电二极管），把光信号转换为电信号经放大和整形处理后再送至 PCM 接收端机还原成发送端信号。远动和数据信号通过光纤通信进行传送是将远动装置或计算机系统输出的数字信号送入 PCM 终端机。因此，PCM 终端机实际上是光纤通信系统与 RTU 或计算机的外部接口。

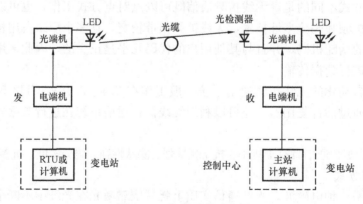

图 2.44　光纤通道示意图

四、电网调度自动化系统简介

1. 调度自动化系统的功能

调度自动化系统按其功能的不同，划分为数据采集和监控（Supervisory Control And Data Acquisition，SCADA）系统和能量管理系统（Energy Management System，EMS）。

SCADA 系统是完成对广阔地区的生产过程进行数据采集、监视和控制的系统，实现对系统的安全监控。它是完成信息收集、处理和控制功能的自动化系统，通过人机联系子系统的屏幕显示（CRT）和调度模拟屏对电网运行进行在线的安全监视，并有越限告警、记录、打印制表、事故追忆、本系统的自检、远动通道状态的监测等功能，对电网中重要开关进行遥控，对有载调压变压器分接头、调相机、静电电容器等无功功率补偿设备进行自动调节或投切，实现电压监控。依靠 SCADA 系统，调度员可以掌握系统当前的运行工况，实现遥控操作，完成记录、统计、制表等调度日常工作。SCADA 系统的发展，把原来独立存在的频率和有功功率自动调节系统，以 AGC/EDC 软件包的形式和 SCADA 系统结合，使 SCADA 系统增加了自动发电控制（AGC）和经济调度（EDC）功能。随着电力系统规模的不断扩大，电网结构也更加复杂，系统运行的安全性尤为重要。为了保证电力系统能够安全运行，调度自动化系统不能仅限于对系统正常运行状态下的安全监控，还应该依靠主站计算机系统，对系统在实时状态下以及预测的未来状态下的安全水平进行分析和判断，能在正常和事故情况下及时而正确地作出控制决策，这就是电力系统的安全分析（SA）工作。安全分析工作是在实现网络拓扑结构分析和状态估计的基础上，进行在线潮流计算，目前主要是静态的安全分析。在 SCADA 系统中发展了网络拓扑、状态估计、负荷预测、在线潮流、安全分析、在线调度员培训模拟（DTS）等电力系统高级应用软件（PAS）后，调度自动化系统从 SCADA 系统升级为能量管理系统 EMS，使调度工作从经验型调度上升到分析型调度，提高了电力系统运行的质量、安全性和经济性。

在调度自动化系统形成的前期，主站计算机大多采用双前置机、双后台机的配置方式，称集中式调度自动化系统。这种系统主要着眼于为调度员提供方便，是面向调度员的系统。当计算机网络技术应用到调度自动化系统之后，主站的计算机从集中式发展为分布式的网络结构，出现了分布式的调度自动化系统，使远动子系统采集到的实时数据和计算机子系统对数据的处理结果，不仅仅供调度室使用，还可以通过网络传送到调度中心的各业务部门，甚至全电力公司，扩大了实时信息的使用范围。

由于电力系统规模大、地域分布辽阔，不可能由一个调度中心对全系统进行集中控制，必须按系统的实际情况，实行分级的控制和管理。我国电力系统的调度控制机构分为五个级别：国家调度、大区网调、省级调度、地区调度和县级调度，由此形成了五级调度自动化系统，各级担负不同的功能。

国家调度的调度自动化系统为 EMS。国家调度通过计算机数据通信与各大区电网控制中心相连，协调、确定各大区电网间的联络线潮流和运行方式，监视、统计和分析全国电网运行情况。

大区网调的调度自动化系统也是 EMS。大区网调按统一调度、分级管理的原则，负责超高压网的安全运行，并按规定的发用电计划及监控原则进行管理，提高电能质量和经济运行水平。

省级调度的调度自动化系负责省网的安全运行，并按规定的发电计划及监控原则进行管理，提高电能质量和经济运行水平。

地区调度的调度自动化系统一般为 SCADA 系统，对容量大、地域广、站点多且分散的地区调度，除少量直接监控站点外，宜采用由若干个集控站将周围站点信息汇集、处理后送地区调度的方式，避免信息过于集中、处理困难，并有利于节省通道，简化远动制式，促进无人站的实施。

县级调度是近年来随着农村电气化的发展而建立起来的。县级电网正在逐步改进和完善，初步建立的通信系统为实现调度自动化提供了基本条件。根据县级电网供电量和供电方式的差别，以及五年规划末的最大供电负荷和电网结构形式，县级电网调度所可以分为超大型、大型、中型、小型四个等级。等级划分必须同时具备县网容量和厂站数两个条件。

大区网调、省级调度、地区调度和县级调度都必须具有向上级调度传送本地区信息或转送上级调度所辖厂、站有关信息的功能。调度自动化系统采用分层控制，大大减少了信息传输量，从而减轻了上级调度中心的负担，使系统的响应速度和可靠性提高，设备的投资降低，系统的可扩性更好。

2. 调度自动化系统的组成

调度自动化系统由发电厂、远动子系统（子站）、调度中心（主站）和人机联系子系统组成。远动子系统负责收集各发电厂、变电站的各种信息，将其传送到调度中心，完成对信息的预处理，同时也可将调度中心的控制命令传送到发电厂或变电站。调度中心是以计算机为基础的信息处理系统，它对远动子系统收集到的基础数据作进一步加工处理、分析、计算，为调度人员监视、分析系统运行状态以及对系统运行进行控制提供依据。人机联系子系统包括屏幕显示器、打印机、键盘、鼠标、调度模拟屏等设备，用于向调度人员显示和输出信息，也可以输入调度人员的控制命令。

调度中心的后台计算机系统是整个调度自动化系统的中心，所有经 RTU 采集过来的数据最终均经过简单处理后汇总到这里。后台计算机系统的软件系统由系统软件、支持软件和应用软件组成。数据库系统是支持软件的重要组成部分，与应用软件联系特别紧密。数据库管理系统作为管理和维护数据库的软件，负责处理用户对数据库的操作，负责数据库组织的逻辑细节和物理细节的处理。系统中所有的数据均由数据库系统进行管理，在数据库中，分为实时数据库、历史数据库和参数管理数据库。后台计算机系统与调度员及管理人员的交互对话是由人机对话联系系统完成的。通过人机联系子系统能够完成画面和报表的编辑，数据库的管理与维护，图形画面的调看，各种遥控、遥调命令的发送等。分布式电网调度自动化系统框图如图 2.45 所示，分布式电网调度自动化系统组屏图如图 2.46 所示。

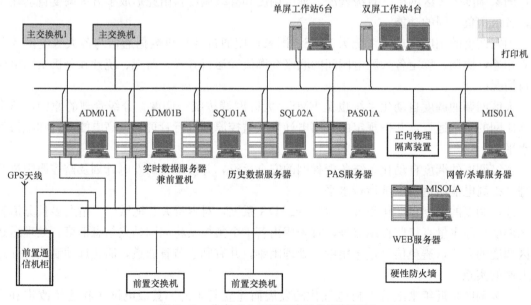

图 2.45　分布式电网调度自动化系统框图

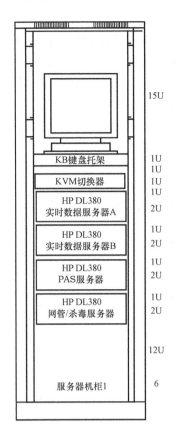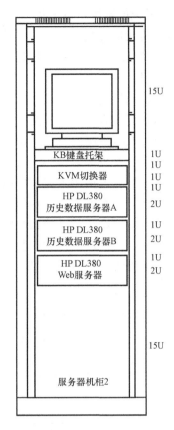

图 2.46 分布式电网调度自动化系统组屏图

该系统采用功能分布式的系统设计和全分布的网络体系结构。系统基于 TCP/IP 网络，所有功能采用客户/服务器（Client/Server）和 B/S（Browser/Server）模式分布于网络中，支持和管理网络中各自独立的处理节点，使数据共享。

服务器的基本任务是数据维护和数据处理，并响应客户机的请求向客户机传送格式化的数据信息。客户机则负责提供用户界面，如图形、表格以及声音、动画等。系统客户机不拥有自己的历史数据库，所有需要的数据及信息均取自于服务器，所以每台客户机在任何时候均可以开启或关停而不影响其历史数据及信息查询。

系统前置机和服务器之间、服务器和客户机之间的网络通信和数据传输应完全采用基于可靠连接的网络非透明通信方式（即点对点方式）。前置机接收厂站 RTU 的数据，通过点对点的方式写入到服务器中；客户机则是以一问一答的方式向服务器请求数据；控制命令也是由客户机以点对点的方式传递给服务器，服务器再以点对点的方式传递给前置机。SCA-DA 服务器是调度自动化系统的核心，从系统可靠性要求考虑，配置双服务器，并互为热备用。系统服务器至少有以下三方面的功能：完成系统数据功能；负责维护和存储系统实时数据；负责维护和存储系统历史数据，配 CD-R/W 光驱，作为远动人员备份数据用的工具。为了保存历史数据，方便数据库管理，并提高数据保存的安全性和可靠性，配置历史数据双服务器。

前置机是特殊类型的客户机，配置双前置机，并互为热备用，前置机工作站框图如

图 2.47 所示。系统前置机负责采集调度自动化实时数据，是系统与现场数据接口的关键部位。前置机应能接收通过光纤、扩频、载波和音频电缆等各种通信媒质传送来的远动信息。前置机能同时支持网络化通信和常规远动通信两种通信方式。选用高性能微机或者工业控制计算机作为前置机。当变电站 RTU 通过调制解调器通信时，前置机通过终端服务器接收厂站传送来的数据；当厂站端远动设备配置网络接口和具备网络通道时，前置机可通过网络交换机直接通信。用终端服务器来扩充串行通信口。如需要接入新的厂站，可以增加通道 Modem 的配置，也可以考虑用网络方式接入。配置 2 台调度员工作站完成对电网的实时监控功能，主要提供人机交互界面，显示图形和实时数据、PAS 数据、调度管理信息等。配置 2 台维护工作站供自动化人员用来完成修改图形、系统数据库，制作、打印报表，监视系统运行工况，备份数据等一系列工作，也可兼作为打印工作站。可在维护工作站 2 上设置 Web 代理功能，调度自动化系统与其他系统的交互数据在此中转，起到进一步的安全隔离作用。配置 1 台应用软件（PAS）工作站，用于 PAS 计算，完成相应的应用功能，如网络拓扑、状态估计、调度员潮流、负荷预测等。

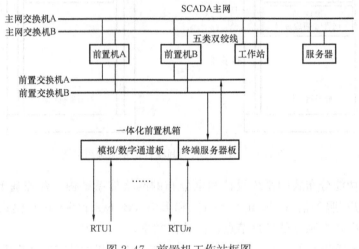

图 2.47　前置机工作站框图

配置 1 台运方工作站，供运行方式人员进行负荷预测等工作。配置 1 台网关兼网络管理工作站，以备将来其他系统通过网络交换机和网关接入到调度自动化系统中来，可能介入的计算机控制系统如配电管理系统、电能量计量系统、商业运营系统等，必要时它也可以考虑作为网络 RTU 的接入口。在网关计算机上加装防火墙软件，达到计算机系统互连的安全防范措施，减少或杜绝通过其他计算机系统带来的病毒危害和攻击。在外接其他计算机系统数量不多的情况下，数据流不大，网关程序造成的计算机负载不大，可以在网关计算机上安装网关软件，实现对全局域网服务器、工作站的工作状况的监视和维护。配置 1 台 Web 服务器。调度自动化系统的实时数据可在供电公司整个企业网络范围内共享，该功能通过建立实时数据共享中心来实现。实时数据共享中心是调度自动化系统实时数据库子集的映射，供其他信息处理系统查询、调用。实时数据共享中心的功能由系统 Web 服务器来实现，Web 服务器建立有其他信息处理系统所需的数据库，包括各类历史数据等。Web 服务器（实时数据共享中心）相对于调度自动化系统的服务器来说，它只是普通的客户机；但是相对于其他系统的计算机而言，它起到实时数据共享中心服务器的作用。因此，电网调度自动化系统是一个二级结构的客户/服务器系统。根据《电网和电厂计算机监控系统及调度数据网络安全防护规定》中的第三条规定："电力系统中，安全等级较高的系统不受安全等级较低系统的影响。"根据规定，应保证安全级别较高的调度自动化系统具有较高的安全可靠性，与安全级别较低的其他系统有足够的安全隔离措施。调度自动化系统的实时数据可在供电公司整个企业网络范围内共享，但是其他信息处理系统（如 MIS 系统、OA 系统等）不能直接访问调度自动化系统的数据库。为了能从结构及数据流向上完全隔离安全等级较低的系统与调度自动化系统之间的联系，Web 服务器（实时数据共享中心）与系统数据库之间必须具有安全隔离措施。在 Web 服务器（实时数据共享中心）和调度自动化系统（实时系统）之间应设置防病毒物理隔离设备，以实现调度自动化系统与其他系统的有效隔离，保证系统的网络安全。防病毒物理隔离设备应内置防火墙功能，防止外部非法侵入。调度管理信息系统（DMIS）、MIS 系统和 OA 系统等安全等级低于调度自动化系统的管理系统，通过访问 Web 服务器（实时数据共享中心）实现和电网调度自动化系统的互联。

3. 调度自动化系统的软件配置

（1）系统软件应采用功能化和模块化的设计。软件系统的结构：最底层为操作系统平台，其次是数据库（DBMS）支撑平台，然后是 SCADA 基础平台，SCADA 基础平台之上是 PAS 应用软件模块以及其他功能模块。为了保证系统的安全，系统应安装防病毒软件。

（2）操作系统及数据库系统。

1）系统服务器与 Web 服务器操作系统支持 Tru64、AIX、Solaris、HP-UX 等 64 位 UNIX 操作系统和 MS Windows 操作系统。

2）数据库采用通用商用数据库系统，支持 SQL Server、Oracle、Sybase 和 DB2 四大商用数据库。数据库访问支持 SQL 方式。

3）工作站（客户机）采用 Windows 2000 Professional 操作系统，SCADA 报表系统应基于 Microsoft Excel 实现，因此完成报表制作和打印的工作站（客户机）应安装 MS Office 2000 套件。

（3）防病毒软件。在调度自动化系统的 SCADA 服务器、Web 服务器以及所有工作站上，应配置防毒程序软件。当防病毒厂家发布新的病毒代码库时，已安装的防毒系统要及时随之升级，这样才能有效防范新病毒。

（4）SCADA 基础平台软件。

1）实时数据库管理系统软件。实时数据库专门用来提供高效的实时数据存取，实现电力系统的监视、控制和电网分析。由于系统采用客户/服务器体系结构，实时数据库管理系统软件只运行在系统服务器上，实时数据库也只存在于系统服务器上。

2）历史数据库管理系统软件。历史数据库管理系统用来保存历史数据（包括曲线、报表等采样数据，告警信息记录等）。和实时数据库一样，历史数据库也只存在于系统服务器上。

（5）计算机网络通信软件。该软件维护和协调整个计算机系统，同时提供一个访问 SCADA 实时数据库和历史数据库的用户接口。

（6）图形与人机联系软件。

1）采用目前流行的工业标准软件，基于统一的跨平台图形及人机界面系统。提供全 Windows 风格的人机界面，全图形、全中文对话、全程中文帮助信息、全鼠标操作画面窗口，具有缩放、漫游、拷屏、数据设置（有权限等级）等功能。

2）图形系统要支持多窗口分层、大屏幕投影显示，支持与数据库的关联，可根据电力系统接线原理对各元件进行逻辑上的有机联系。

（7）SCADA 功能软件。

1）前置机通信软件。实现与各种类型的终端进行通信（如 RTU、变电站综合自动化系统、模拟屏等）、规约解释、收发数据、数据预处理、误码率统计、数据终端属性配置等功能。系统容量具有可扩充性，不应该有设计上的限制。前置机通过网络终端服务器扩充串行口实现和厂站 RTU 或者变电站综合自动化系统通信。应支持县级电网目前采用的所有通信规约和用户要求的通信规约，除部颁 CDT 规约外，还应包括 IEC 60870 - 5 - 101、IEC 60870 - 5 - 104 规约等。

2）数据处理和控制软件。能处理各种模拟量、状态量、脉冲量等数据，以图形、表格、文字等形式进行显示，并保存所有要求的信息。对遥测量越限、断路器/隔离开关状态变化、保护动作等可给出推画面告警及语音报警，并记录归档，提供事故追忆功能。可进行遥控、遥调、对时等操作。提供各种计算和统计值，如电压合格率、功率总加等，并能自定义公式。各种采集量及计算量能在线修改及打印，能提供较友善的人机界面。其系统模块至少应包括：数据采集及处理子系统、计算引擎及计算子系统、告警子系统、数据查询子系统、口令安全子系统、系统配置子系统、事故追忆子系统、图形子系统、报表子系统、检测维护子系统等。

（8）系统实用软件。

1）智能调度操作票预演软件。具有智能调度操作票及调度员预演培训功能，可智能生成综合令/逐项令操作票，可图形化单步生成操作票，模拟演示操作票的内容，提供培训练习功能，自定义和编辑典型操作票，提供操作票管理功能。

2）电能量考核软件。对各变电站线路、联络线的电能量数据进行采集、统计；可以根据线路两端的电能量数据进行线损的统计计算；利用各变电站提供的用电计划数据与实际的电能量数据进行比较计算，根据计算结果和考核规则对各变电站用电量状况进行考核。

3）考核统计软件。考核统计包括母线电压合格率考核、线路负荷统计、无功电压考核、停用电时间统计。

（9）电力系统应用软件（PAS）。电力系统应用软件应基于 SCADA 基础平台，和 SCADA 系统实现一体化集成。PAS 应以实用为原则，兼有一定超前性，并以模块化编程，以后能方便地扩展功能。

1）网络拓扑及状态估计。网络拓扑根据电力系统元件的连接关系（逻辑设备的实时状态），来决定实时网络结构；拓扑分析应能根据电力系统逻辑设备的实时状态改变而自动执行；拓扑分析的结果既可以供状态估计软件使用，也可以将电力系统的网络连接和电气状态以单线图形式输出；状态估计使用实时数据、计划负荷、网络拓扑的结果等，采用成熟可靠的算法，为电网模型取得一个完整的和一致的母线电压和状态变量；状态估计应具有开关状态误差分辨功能，能正确分辨由于遥信误动作而产生的开关状态变位。

2）调度员潮流。调度员潮流使用可靠快速的算法来生成某一给定网络条件的潮流问题的解决方法，调度员潮流应能以单线图的形式输出其结果，调度员潮流算法应是快速的、真实的和可靠的。

3）负荷预测。系统负荷预测按周期可分为超短期、短期、中期预测，其中调度部门负责超短期预测，每日需向上级调度部门提供本辖网内明日负荷预测数据；软件应能根据电网运行状态、检修计划、相关历史负荷数据、近2～3年负荷及增长情况、相关的历史气象资料、历史事件资料等一系列关系到负荷变动的因素来对当前和以后的负荷情况作尽可能准确的预测；要求对自身预测的准确率能进行统计、考核，修改曲线时能方便地在图形上直接修改。

【思考与练习题】

1. 简述远距离数字通信系统的模型及调制与解调的过程。
2. 简述我国电力系统通信常用的几种远距离通信方式。
3. 简述调度自动化系统的功能。

模块8　提高变电站综合自动化系统可靠性措施

模块描述

本模块包含了变电站干扰信号分类、电磁干扰耦合的途径、电磁干扰对变电站综合自动化系统的影响以及变电站抗电磁干扰的措施。通过要点归纳、原理讲解、图解示意，掌握电磁干扰耦合的途径、电磁干扰对变电站综合自动化系统的影响以及变电站抗电磁干扰的措施。

【正文】

变电站综合自动化系统工作在强大的电磁干扰环境中：雷电侵扰、各类短路故障、一次高压电气设备（断路器、隔离开关等）进行的各种操作，都会产生暂态干扰电压，通过静电耦合、电磁耦合或直接传导等途径进入变电站综合自动化系统，其峰值高达几百伏至几千伏，甚至数十千伏，频率则在几百赫兹至几千赫兹，甚至高达几兆赫兹。这些电磁信号称为电磁干扰信号，经常对变电站综合自动化系统产生不可忽视的影响，如果不采取有效措施防御，容易造成变电站综合自动化系统工作不正常，比如造成计算机监控系统的数据混乱及死机，严重时会损坏二次系统的绝缘及测控保护装置中的电子元器件，对电网的安全构成严重威胁。

一、变电站干扰信号分类

不同的干扰会对变电站综合自动化系统造成不同的影响，为了更好地研究和避免这些干扰的影响，需要对干扰进行分类。

干扰按发源地来分，可以分为内部干扰与外部干扰。

按干扰信号的频率进行划分，可以分为低频干扰与高频干扰两类。低频干扰包括工频与其谐波以及频率在几千赫兹的振荡，如各类短路故障、一次高压电气设备（断路器、隔离开关等）进行的各种操作产生的电磁干扰。高频干扰包括高于低频的振荡、无线电信号、频谱含量丰富的快速瞬变干扰，如雷电冲击波，断开小电感负载、电磁式继电器、接触器等。

它的特点是电压上升时间快、持续时间短、重复率高，相当于一连串脉冲群。脉冲电压幅值一般为 $2\sim7kV$，频率可达数兆赫兹，脉冲群的持续时间为数十毫秒。

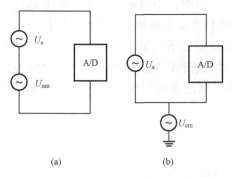

图 2.48　差模、共模干扰示意图
（a）差模干扰；（b）共模干扰

干扰按其形态或信号源组成的等值电路来分，有共模干扰和差模干扰两种。共模干扰是指发生在回路中一点与接地点之间的干扰。差模干扰是指发生在回路两线之间的干扰，它的传递途径与有用信号的传递途径相同。差模、共模干扰示意图如图 2.48 所示。

二、电磁干扰耦合的途径

电磁干扰侵入综合自动化系统的途径可分为辐射和传导两种类型。前者干扰信号通过电磁辐射传播，后者干扰信号通过干扰源与被干扰设备之间的导线进行传播。辐射干扰经过导线可转换成传导干扰，传导干扰又可通过导线形成辐射干扰，两者可相互转换。这两种类型的干扰又有若干种具体的耦合方式。

（1）电容性耦合。它是由于两个电路之间存在分布电容，使一个电路的电荷影响另一个电路，又称静电耦合或电场耦合。

（2）电感性耦合。它是由于两个电路之间存在电感，使一个电路的电流变化通过磁交链影响另一个电路，又称电磁耦合或磁场耦合。

（3）共阻抗耦合。当干扰源和被干扰电路元件共用一个主回路或共用一个接地电流返回路径时，由于干扰源和电路元件的电流流经共同的路径而产生共阻抗干扰。这种路径可能是电阻、电容或电感，故称为共阻抗耦合。

（4）辐射耦合。当高频电流流过导体时会发射电磁波，该电磁波通过空间作用于其他导体，感应出电动势，形成电磁耦合干扰。变电站综合自动化系统中的输入信号线、外部电源线、机壳等都相当于接受电磁波的天线。

三、电磁干扰对变电站综合自动化系统的影响

电磁干扰对变电站综合自动化系统的影响如下：

（1）对电源回路的影响。变电站综合自动化系统的工作电源有两种，即交流电源和直流电源。监控主机系统和通信管理机采用交流 220V 电源，微机测控保护装置采用直流电源。交流电源取自站用变压器，从站用变压器到监控主机或微机测控保护装置的引线电缆很长，电磁干扰通过电磁耦合直接影响到综合自动化系统。例如：造成计算机工作不稳定，甚至死机；造成自动化装置误发报警信号，甚至误操作等。

（2）对模拟量输入通道的影响。如果有干扰电压从电流互感器或电压互感器的二次引线电缆进入模拟量输入通道，可能造成采样数据错误，轻则影响采样精度和计量的准确性，重则引起微机保护误动作，甚至还可能损坏元器件。

（3）对开关量输入、输出通道的影响。变电站断路器与隔离开关的辅助触点均处在恶劣的强电磁干扰环境中，若综合自动化装置采用集中式布置，则这些辅助触点需要通过长线引至开关量输入电路，必然耦合许多干扰信号，造成分、合位置判断错误。开关量的输出通道由微机保护装置的输出至断路器的跳、合闸回路，同样也会受到干扰。除了受外界引入的浪涌电压干扰外，装置本身在上电过程中也容易有干扰信号，严重情况下有可能造成误动。

(4) 对 CPU 和数字电路的影响。电磁干扰对 CPU 和数字电路的影响有多种表现形式：如果 CPU 在传送数据过程中数据线受到干扰，则可能造成数据错误，逻辑紊乱，引起微机保护装置误动或拒动，或引起死机；如果 CPU 在送出地址信号时地址线受到干扰，则可能使传送的地址出错，导致取错命令、操作码或数据，出现误判断或误发命令，也可能使 CPU 停止工作或进入死循环。随机存储器 RAM 是存放中间计算结果、输入输出数据和重要标志的地方，电磁干扰信号较强时，可能引起 RAM 中部分区域的数据或标志出错，所引起的后果与数据线受到干扰相同。EPROM 中存放着自控装置的程序和各种定值，如果因受到干扰而使程序或定值遭到破坏，将直接导致自动装置无法工作。

以上分析表明，变电站综合自动化系统中的任何一部分受到电磁干扰时，都会引起局部或整体工作不正常，严重情况下可能造成整个系统瘫痪。因此，采取合理的抗干扰措施是非常必要的。

四、变电站抗电磁干扰的措施

电力系统的电磁环境是一个极为复杂并存在多种电磁骚扰源的环境，这样的电磁环境对自动化设备的正常工作带来极为不利的影响，同时，微机测控保护及自动化装置本身（特别是在产品中使用了高频开关电源）也是一个电磁骚扰源，它也要影响其周围其他装置的正常工作。因此，抗干扰应针对电磁干扰的三要素即干扰源、传播途径和电磁敏感设备进行，可采取相应的技术措施，消除或抑制干扰源、切断电磁耦合途径、降低装置本身对电磁干扰的敏感度，提高电磁兼容性能。

所谓电磁兼容就是在电磁环境中共存的能力。它的定义在 IEC 标准有关电磁兼容的名词术语中是这样规定的："电磁兼容是设备和系统在其电磁环境中能正常工作，并且不对该环境中的任何事物构成不能承受电磁骚扰的能力"。也就是说所有的电子设备既不要成为一个电磁骚扰源影响其周围其他设备的正常工作，又要能承受周围电磁环境中从各种途径传输的各种电磁干扰而保证自身设备的正常工作。为此，应该从两个方面着手：

(1) 以要求自动化设备制造厂家采取各种抗干扰措施提高电磁兼容的性能为要提高变电站综合自动化系统电磁兼容的性能，国际电工委员会 TC95 技术委员会成立了专门的电磁兼容工作组，根据自动化装置自身工作的特点，研究其电磁兼容方面的问题，已颁布了五项抗扰度试验的标准和一项电磁发射试验的标准。全国量度继电器和保护设备标准化技术委员也颁布了相应的电磁兼容的国家标准。标准中规定了抗干扰试验的项目和要求。主要抗干扰试验的项目有 1MHz 和 100kHz 脉冲群抗扰度试验、静电放电抗扰度试验、电磁场辐射抗扰度试验、电快速瞬变脉冲群抗扰度试验、浪涌（冲击）抗扰度试验、射频场感应的传导骚扰抗扰度试验、工频抗扰度试验等。每项试验规定了微机测控保护装置的各端口能承受的不同等级所施加的干扰信号试验值。这些端口包括电源端口、输入端口、输出端口、通信端口、外壳端口和功能接地端口等。

静电放电抗干扰试验等级所施加的干扰信号试验值见表 2.6，可见等级越高，抗干扰能力越强。因此，在选用自动化产品时应该选用经过国家检测机构抗干扰试验等级高的产品。

表 2.6 静电放电抗干扰试验等级所施加的干扰信号试验值

等级	试验电压（kV）	
	接触放电	空气放电
1	2	2
2	4	4
3	6	8
4	8	15
X	特定	特定

注 X 是开放等级，该等级必须在专用设备的规范中加以规定。

（2）从变电站综合自动化系统工程设计、安装调试方面采取措施消除或抑制干扰源、切断电磁耦合途径，以消除或减小对综合自动化系统的影响。

1）二次电缆采用屏蔽电缆且屏蔽层接地。众所周知，削弱电容耦合的有效手段是静电屏蔽。为了阐明静电屏蔽对削弱电容耦合的作用，在图 2.49 中对被干扰导线 2 加一层屏蔽层，电容 C_{1S} 是导线 1 与屏蔽层之间的耦合电容，电容 C_{1G} 和 C_{2G} 分别是导线 1 和屏蔽层与地之间的总电容（包括杂散电容及外接电容），C_{2S} 是导线 2 与屏蔽层之间的杂散电容，其等效电路示于图 2.49 右侧。从图可见，屏蔽层上产生的噪声电压为

$$U_S = \left(\frac{C_{1S}}{C_{1S} + C_{2G}} \right) U_1 \qquad (2-10)$$

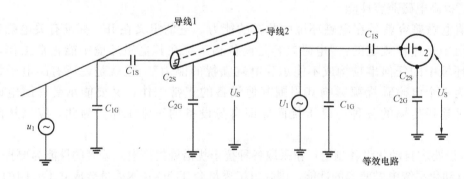

图 2.49 电容耦合屏蔽层不接不比起屏蔽作用

与 C_{1S} 成正比，也就是说，这时被干扰电路虽然加了屏蔽层，但屏蔽层没有接地，所以没有屏蔽效果。同时，二次电缆离一次导体尽可能远，以减小 C_{1S}，从而降低 U_S。如果将图 2.49 中的屏蔽层接地，则 $U_S = 0$。因此，屏蔽层必须良好接地。

试验表明，采用屏蔽电缆能将干扰电压降低 95% 以上，是一种非常有效的抗干扰措施。当然采用屏蔽电缆的抗干扰效果与屏蔽层使用的材料、制作工艺、接地方式等有关。在现场试验中测得的各种电缆在操作 500kV 隔离开关时的干扰电压见表 2.7，试验中采用的平行于 500kV 母线的电缆长度为 80m，母线长度为 250m。

从表 2.7 中可以看出，在隔离开关操作过程中产生的干扰电压很大，当使用无屏蔽的塑料电缆时，其干扰电压最大达 9000V；当使用屏蔽电缆时，对干扰电压的抑制效果很好，其干扰电压的幅值被抑制到 5% 以下；不同的屏蔽层材料抑制干扰效果很接近。屏蔽电缆除

了对静电干扰有较好的抑制作用外，对电磁干扰和高频干扰也有很好的抑制作用，所以屏蔽电缆在变电站二次回路中得到广泛的应用。

表 2.7　　　在现场试验中测得的各种电缆在操作 500kV 隔离开关时的干扰电压

操作方式	最高暂态电压幅值（V）				
	塑料无屏蔽电缆	铅包铠装屏蔽	铜丝编织屏蔽	铜带绕包屏蔽	铜钢铝组合屏蔽
单相合闸	5060	170	190	175	163
单相分闸	7800	275	250	280	210
三相合闸	4500	320	490		
三相分闸	9000	340	480		

在施工中充分利用变电站中的自然屏蔽物，还可以进一步提高抗静电干扰的效果。在控制电缆敷设的路径上或二次设备的安装现场，有很多自然的屏蔽物，如电缆隧道和电缆沟盖板中的钢筋、各种金属构件、建筑物中的钢筋等，都是良好的自然屏蔽物。只要在施工中注意将它们与变电站的接地网连接起来就能形成良好的静电屏蔽。

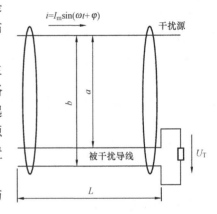

图 2.50　平行导体间的电磁干扰

2）减少电磁感应产生干扰的措施。电磁感应产生的干扰电压，是由一次回路和二次回路之间、二次回路的强电与弱电之间、交流与直流之间存在互感而引起的。干扰电压的大小与各回路之间的互感阻抗、干扰源的电流的大小、电流的频率以及各回路的相对位置有关。

平行导体间的电磁干扰如图 2.50 所示，干扰源与被干扰导线平行（$\varphi=0$），当干扰源流过一电流 $i=I_\mathrm{m}\sin(\omega t+\varphi)$ 时，两者之间的互感可以下式计算

$$M = \frac{\mu_0 L}{2\pi}\ln\left(\frac{b}{a}\right)\cos\varphi \qquad (2-11)$$

式中：μ_0 为空气的导磁系数；L 为平行的电缆芯长度；a、b 为两根导线分别与干扰源的距离；φ 为干扰源与导线间的夹角。

此时负载上产生的干扰电压可按下式计算

$$U_\mathrm{T} = M\frac{\mathrm{d}i}{\mathrm{d}t} = \frac{\mu_0 L I_\mathrm{m}\omega}{2\pi}\ln\left(\frac{a}{b}\right)\sin(\omega t+\varphi)\cos\varphi \qquad (2-12)$$

由式（2-12）可以看出，干扰源通过电磁干扰加到负载上的干扰电压大小，与导线的长度及通过的干扰源电流成正比，与干扰源的频率成正比，还与两者之间的平行度有关。当两者平行时，干扰电压最大；当两根导线与干扰源的距离相等时，干扰电压最小，反之则增大。

综上所述，在电缆沟道的布置设计时应尽可能与一次载流导体成直角，减少平行段的长度；应尽可能使同一回路的电缆芯安排在一根电缆内，尽量避免同一回路的"＋""－"极

···

电缆芯或电流、电压互感器二次回路中的 ABCN 四芯不在同一电缆内。这是降低感应电压最为有效的措施，并且对任何频率的干扰电压都是有效的。

电磁干扰需要磁性材料来进行屏蔽。在干扰源与二次回路之间设置电磁屏蔽物，使感应磁通不能进入二次回路，即可消除二次回路的感应电压。工程中常用的措施就是使用带电磁屏蔽的控制电缆，其屏蔽效果与屏蔽层材料的导磁系数、高频时的集肤效应、屏蔽层的电阻等因素有关。屏蔽层采用高导磁材料时，外部磁力线大部分偏移到屏蔽层中，而不与屏蔽层内导线相关链，因而不会在导线上产生感应电动势。高导磁材料的屏蔽层对各种频率的外磁场都有屏蔽作用。常用的钢带铠装电缆、钢板做成的保护柜，就具有较好的磁屏蔽作用。

非磁性材料的屏蔽层，其导磁率与空气的导磁率相近，故干扰磁通仍可达到电缆芯线。但在高频干扰磁场的情况下，干扰磁场会在屏蔽层上感应出涡流，建立起反磁通与干扰磁场抵消，使芯线不受影响。此种屏蔽的有效频率与屏蔽层的电导率、厚度和电缆外径成反比，有效频率一般在 10～100kHz 之间。

在较低频率时，涡流产生反磁通的效应小，因而对外面干扰磁通场的抵御作用也小，为增强对低频干扰磁场的屏蔽，电缆的屏蔽层两端或多点接地，使电缆的屏蔽层与接地网构成闭合回路。干扰磁通在这一闭合回路中感应出的电流可产生反向磁通，减弱干扰磁通对芯线的影响。减少屏蔽层和地环路的阻抗，可增强屏蔽效果。所以，在变电站要敷设 $100mm^2$ 铜排，该铜排最好连接所有屏蔽电缆的两端接地点，这样可以提高屏蔽电缆抗电磁干扰的效果。

3）防止电位差产生干扰的措施。防止电位差产生的干扰对二次回路的影响，首先要确保变电站有一个完善的地网，在变电站综合自动化系统工程设计、安装调试时应按 GB/T 14285—2006《继电保护和安全自动装置技术规程》及国网公司反事故措施关于电磁兼容等要求在变电站控制室内建立起等电位电网，以便很好地与厂、站公共接地网直接连接。等电位接地网应按图 2.51 所示进行敷设，并满足如下要求：

（a）应在主控室、保护室、开关场的就地端子箱及 10kV 开关柜等处，使用截面不小于 $100mm^2$ 的裸铜排（缆）敷设与主接地网紧密连接的等电位接地网，并应延伸至通信机房。在开关场的一侧，由该裸铜排（缆）焊接多根不小于 $50mm^2$ 的铜导线，分别延伸至保护用结合滤波器的高频电缆引出端口，在距耦合电容接地点 3～5m 处与主地网连通。上述裸铜排（缆）应敷设在电缆沟的电缆架顶部。

（b）在主控室、保护室柜屏下层的电缆室内，按柜屏布置的方向敷设 $100mm^2$ 的专用铜排（缆），将该专用铜排（缆）首末端连接，形成保护室内的等电位接地网。保护室内的等电位接地网必须用至少 4 根以上、截面不小于 $50mm^2$ 的铜排（缆）与厂、站的主接地网可靠一点连接。

（c）静态保护和控制装置的屏柜下部应设有截面不小于 $100mm^2$ 的接地铜排。此接地铜排可以不与屏柜绝缘。屏柜上装置的接地端子应用截面不小于 $4mm^2$ 的多股铜线和接地铜排相连。接地铜排应用截面不小于 $50mm^2$ 的铜缆与保护室内的等电位接地网相连。

（d）分散布置的保护就地站、通信室与集控室之间，应使用截面不少于 $100\ mm^2$ 的且紧密与厂、站主接地网相连接的铜排（缆）将保护就地站与集控室的等电位接地网可靠连接。

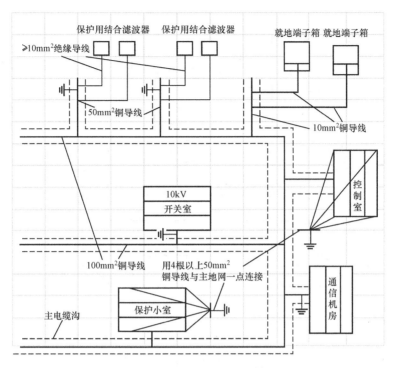

图 2.51　变电站等电位接地网

（e）开关场的就地端子箱内应设置截面不少于 100mm² 的裸铜排，并使用截面不少于 100mm² 的铜缆与电缆沟道内的等电位接地网连接。

（f）10kV 开关柜下部应设有截面不小于 100mm² 的接地铜排并连通，并使用截面不少于 100mm² 的铜缆与电缆沟道内的等电位接地网连接。

（g）保护用结合滤波器的一、二次线圈间接地连线应断开。结合滤波器的外壳和高频同轴电缆外罩铁管应与耦合电容器的底焊接在一起。高频同轴电缆屏蔽层，在结合滤波器二次端子上，用大于 10mm² 的绝缘导线连通引下，焊接在 50mm² 的铜导线上，实现接地。

（h）保护及相关二次回路和高频收发信机的电缆屏蔽层应使用截面不小于 4mm² 的多股铜质软导线可靠连接到等电位接地网的铜排上。

（i）在开关场的变压器、断路器、隔离开关、结合滤波器和电流、电压互感器等设备的二次电缆应经金属管从一次设备的接线盒（箱）引至就地端子箱，并将金属管的上端与上述设备的支架槽钢和金属外壳良好焊接，下端就近与主接地网良好焊接。在就地端子箱处将这些二次电缆的屏蔽层使用截面不小于 4mm² 的多股铜质软导线可靠单端连接至等电位接地网的铜排上，注意本体上二次电缆的屏蔽层不接地。

（j）保护柜屏和继电保护装置本体应设有专用的接地端子，微机型保护装置和收发信机机箱应构成良好的电磁屏蔽体，并使用截面不小于 4mm² 的多股铜质软导线可靠连接至等电位接地网的铜排上，测控保护柜与变电站接地网连接示意图如图 2.52 所示。

（3）其他抗干扰措施。

1）微机型继电保护装置所有二次回路的电缆均应使用屏蔽电缆，严禁使用电缆内的空线替代屏蔽层接地。二次回路电缆的敷设应符合以下要求：①合理规划二次电缆的路径，尽

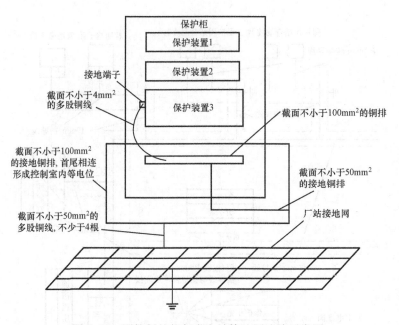

图 2.52　测控保护柜与变电站接地网连接示意图

可能离开高压母线、避雷器和避雷针的接地点,并联电容器、电容式电压互感器、结合电容及电容式套管等设备,避免和减少迂回,缩短二次电缆的长度,与运行设备无关的电缆应予拆除。②交流电流和交流电压回路、交流和直流回路、强电和弱电回路,以及来自开关场电压互感器二次的四根引入线和电压互感器开口三角绕组的两根引入线均应使用各自独立的电缆。

2) 公用电压互感器的二次回路只允许在控制室内有一点接地,为保证接地可靠,各电压互感器的中性线不得接有可能断开的开关或熔断器等。已在控制室一点接地的电压互感器二次线圈,宜在开关场将二次线圈中性点经放电间隙或氧化锌阀片接地,其击穿电压峰值应大于 $30I_{max}$ (I_{max} 为电网接地故障时通过变电站的可能最大接地电流有效值,单位为 kA),并应定期检查放电间隙或氧化锌阀片,防止造成电压二次回路多点接地的现象。

3) 公用电流互感器的二次回路只允许、且必须在相关保护柜屏内一点接地。独立的、与其他电压互感器和电流互感器的二次回路没有电气联系的二次回路应在开关场一点接地。

4) 微机型继电保护装置柜屏内的交流供电电源(照明、打印机和调制解调器)的中性线(零线)不应接入等电位接地网。

5) 通信电缆屏蔽层应一点接地。

6) 监控后台机的电源应采用单相方式,设备工作接地必须接到地线 PE 上,且地线 PE 与总控单元之间应使用截面不少于 $100mm^2$ 的接地铜缆连接。

7) 通信机房应装设 $120mm^2$ 的铜质环形母线,环形母线应采用两点以上就近接入全所总接地网;通信设备的保护接地与工作接地合用一组接地体;通信设备各直流电源的正极在电源设备侧均应直接接地。

8) 微机型继电保护装置屏(柜)内的交流供电电源的中性线(零线)不应接入等电位接地网。

9）在安装 GPS 卫星天线等天线通道时，既要让 GPS 天线能有较好的对空视野，又要防止雷击损害。同时在天线的走线中，应尽可能远离水管、建筑物接地体等可能通过雷电流的导体，并防止与其平行走线。

10）注意通信媒介的选择。控制室和继电器室内设备之间采用屏蔽双绞线通信，需经过室外电缆沟的通信媒介采用光缆。双绞线的一对扭绞线在空间位置相同，旋转方向相反，长度相同，因此其磁场干扰可以相互抵消。双绞线外面再采用一层屏蔽层并单端接地后，对外界电磁场的抗干扰能力进一步增强。对于 RS - 422 或 RS - 485 等采用平衡传输模式的通信方式，其本身已具有较强的抗共模干扰能力，因此平衡传输方式通信用屏蔽双绞线连接，并在双绞线终端加装 100Ω 或 120Ω 匹配电阻减小网络反射，能获得很好的抗干扰特性。

11）注意防雷及光电隔离。在交流站用母线上加装一、二级交流防雷模块，在直流母线上加装二级直流防雷模块，在通信串口之间加装光电隔离设备。

【思考与练习题】

1. 影响变电站综合自动化系统可靠性的因素有哪些？

2. 变电站主要干扰源有哪些？

3. 干扰对变电站综合自动化系统有什么影响？

4. 电磁干扰耦合方式有哪些？

5. 提高变电站综合自动化系统可靠性措施有哪些？

6. 什么是等电位接地网？等电位接地网应如何敷设？

第 3 章

变电站综合自动化系统工程设计案例

本章学习任务

掌握变电站综合自动化系统中计算机监控和继电保护及自动装置设计技术原则，根据相关技术规程，对不同电压等级变电站综合自动化系统进行通信组网、汇集远动信息、配置继电保护及自动装置。

知 识 点

1. 变电站综合自动化系统中计算机监控设计技术原则
2. 变电站综合自动化系统中继电保护及自动装置设计技术原则

重点、难点

1. 变电站综合自动化系统中计算机监控设计技术原则
2. 变电站综合自动化系统中继电保护及自动装置设计技术原则

模块 1　变电站综合自动化系统工程设计原则

模块描述

本模块包含了变电站综合自动化系统工程设计原则、变电站计算机监控系统技术原则以及变电站微机继电保护系统技术原则。通过要点归纳、原理介绍，掌握变电站综合自动化系统工程设计原则、变电站计算机监控系统技术原则以及变电站微机继电保护系统技术原则。

【正文】

一、变电站综合自动化系统工程设计原则

数据采集与控制、继电保护、站用电源系统三大单元构成变电站综合自动化的基础。通信控制管理是桥梁，将变电站内部各部分之间、变电站与调度控制中心联系在一起，使之得以数据交换。

变电站计算机监控系统对整个自动化系统进行协调、管理和控制，向运行人员提供变电站运行的各种数据、接线图、表格等画面，使运行人员可远方控制断路器分合，还提供运行和维护人员对自动化系统进行监控和干预的手段；替代了很多过去由运行人员完成的简单、重复、繁琐的工作（如收集、处理、记录和统计变电站运行数据和变电站运行过程中所发生的保护动作、断路器分合闸等重要事件）；按运行人员的操作命令或预先设定执行各种复杂

的工作。通信控制管理连接系统各部分，负责数据和命令的传递，并对这一过程进行协调、管理和控制；继电保护、自动装置肩负着电气设备和系统的安全；对于站用电源系统，全站直流、交流、UP5（逆变）、通信等电源宜采用一体化设计、一体化配置、一体化监控，其运行工况和信息数据能通过一体化监控单元展示并通过标准数据格式接入自动化系统。直流系统供电方式分辐射供电方式和环状供电方式，对重要负荷实行辐射供电，对一般负荷实行环状供电。

二、变电站计算机监控系统技术原则

1. 变电站计算机监控系统的设计原则

变电站计算机监控系统的设计应遵循如下原则：

提高变电站安全生产水平、技术管理水平和供电质量；使变电站运行方便、维护简单，提高劳动生产率和营运效益，实现减人增效；减少二次设备间的连线，节约控制电缆；减少变电站设备的配置，避免设备重复设置，实现资源共享；减少变电站占地面积，降低工程造价。

变电站计算机监控系统的选型应做到安全可靠、经济适用、技术先进、符合国情。应采用具有开放性和可扩充性，抗干扰性强、成熟可靠的产品；应能实现对变电站可靠、合理、完善的监视、测量、控制，并具备遥测、遥信、遥调、遥控等全部的远动功能，具有与调度通信中心计算机系统交换信息的能力。

变电站计算机监控系统宜具备顺序控制等功能，提高自动化水平，满足无人值班和少人值班要求。原则上，220kV 及以下变电站应采用无人值班；330kV 及以上变电站宜采用无人值班或少人值班，具备条件时，优先采用无人值班。

2. 变电站计算机监控系统构成

（1）变电站计算机监控系统结构。变电站计算机监控系统由站控层和间隔层两部分组成，并用分层、分布、开放式网络系统实现连接。站控层由计算机网络连接的计算机监控系统主机及操作员站和各种功能站构成，提供站内运行的人机联系界面，实现管理、控制间隔设备等功能，形成全站监控、管理中心，并可与调度通信中心通信。间隔层由工控网络和计算机网络连接的若干个监控子系统组成，在站控层及网络失效的情况下，仍能独立完成间隔设备的就地监控功能。站控层与间隔层可直接连接，也可通过前置设备连接。前置层可与调度通信中心通信。站控层设备宜集中设置。间隔层设备宜按相对集中方式分散设置，当技术经济合理时也可按全分散设置或全集中方式设置。

（2）变电站计算机监控系统网络结构设计原则。计算机监控系统的站控层和间隔层可采用统一的计算机网络，也可分散采用不同网络。应优化简化网络结构，统一建模，统一组网，信息共享，通信规约统一采用 DUT860 通信标准，实现站控层、间隔层二次设备互操作。变电站内信息具有共享性和唯一性，保护故障信息、远动信息不重复采集。

网络结构拓扑宜采用星型，110kV 及以下变电站网络结构拓扑宜采用单星型，站控层宜配置 1 台中心交换机，间隔层侧二次设备室网络交换机宜按照设备室或电压等级配置，每台交换机的端口数量满足应用需求。220kV 及以上变电站网络交换机宜按双星型网络、彼此独立原则冗余配置，每个星型网顶层各配置 1 台中心交换机，每台交换机的端口数量应满足站控层设备以及分交换机的接入要求，间隔层设备宜通过分交换机接入，宜按照设备室或电压等级配置，统筹配置分交换机。

（3）变电站计算机监控系统硬件设备。变电站计算机监控系统的硬件设备由以下几部分组成：站控层设备，包括主机操作员站、工程师站、远动通信设备、与电能量计费系统的接口以及公用接口等；网络设备，包括网络连接装置、光/电转换器、接口设备和网络连线、电缆、光缆等；间隔层设备，包括 I/O 单元、控制单元、间隔层网络、与站控层网络的接口和继电保护通信接口装置等。站控层主机配置应能满足整个系统的功能要求及性能指标要求，主机容量应与变电站的规划容量相适应。应选用性能优良、符合工业标准的产品。操作员站应满足运行人员操作时直观、便捷、安全、可靠的要求。主机宜采用双机冗余配置。500kV（330kV）变电站宜配置工程师站，220kV 变电站可不配置专用工程师站。应设置双套远动通信设备，远动信息应直接来自间隔层采集的实时数据。远动通信设备应满足 DL/T 5002—2005《地区电网调度自动化设计技术规程》、DL/T 5003—2005《电力系统调度自动化设计技术规程》的要求，其容量及性能指标应能满足变电站远动功能及规约转换要求。应设置 GPS 对时设备，其同步脉冲输出接口及数字接口数量应满足系统配置要求，I/O 单元的对时精度应满足事件顺序记录分辨率的要求。打印机的配置数量和性能应能满足定时制表、召唤打印、事故打印等功能要求。网络媒介可采用屏蔽双绞线、同轴电缆、光缆或以上几种方式的组合，通过户外的长距离通信应采用光缆。间隔层设备包括中央处理器、存储器、通信及 I/O 控制等模块。I/O 单元应按电气单元配置，应模块化、标准化、容易维护、更换，允许带电插拔。当采用前置层设备连接方式时，前置机应冗余设置。继电保护通信接口装置可分散设置，应能实现与间隔层各种装置的通信。

（4）变电站计算机监控系统软件配置要求。变电站计算机监控系统的软件应由系统软件、支持软件和应用软件组成。软件系统的可靠性、兼容性、可移植性、可扩充性及界面的友好性等性能指标均应满足系统本期及远景规划要求。软件系统应为模块化结构，以方便修改和维护。软件系统应为成熟的实时多任务操作的系统并具有完整的自诊断程序。数据库的结构应适应分散分布式控制方式的要求，应具有良好的可维护性，并提供用户访问数据库的标准接口。

软件系统应满足计算机网络各接点之间信息的传输、数据共享和分布式处理等要求，通信速率应满足系统实时性要求。应配置各种必要的工具软件。应用软件必须满足系统功能要求，成熟、可靠，具有良好的实时响应速度和可扩充性。远动通信设备应配置远传数据库和与各级相关调度通信中心接口的通信规约，以实现与调度通信中心的远程通信。

当设有前置机时，前置机宜配置数据库和远动规约处理软件，完成实时数据的处理和与调度通信中心的数据通信。站控层网络宜按 TCP/IP 协议通信，间隔层网络宜采用有关国际或 IEC 标准协议通信。与调度端实时通信的应用层协议宜采用国际标准及相关的电力国家标准、行业标准。

3. 变电站计算机监控系统功能要求

（1）数据采集和处理。变电站计算机监控系统应能实现数据采集和处理功能，其范围包括模拟量、开关量、电能量以及来自其他智能装置的数据。模拟量的采集包括电流、电压、有功功率、无功功率、功率因数、频率以及温度等。开关量的采集包括断路器、隔离开关以及接地开关的位置信号，继电保护装置和安全自动装置的动作及报警信号、运行监视信号，有载调压联络变压器分接头位置信号等。电能量的采集包括有功电能量和无功电能量数据，并能实现分时累加、电能平衡等功能。

对有载调压变压器分接头位置信号等，宜采用硬结点接线点对点采集方式，可采用 BCD 码或模拟量的采集方式。对实时采集的模拟量，应进行有效性检查及相应处理。对实时采集的开关量，应进行消除触点抖动的滤波处理。对通过数据通信接口采集到的各种信息，应分别进行相应处理。

（2）数据库的建立与维护。变电站计算机监控系统应建立实时数据库，存储并不断更新来自 I/O 单元及通信接口的全部实时数据；应建立历史数据库，存储并定期更新需要保存的历史数据和运行报表数据。历史数据库中的数据应能根据需要，方便地进行选择和组合，转储到光盘中，长期保存。数据库应能进行在线维护，增加、减少、修改数据项。数据库应有极高的安全性，所以经采集的数据均不能修改。应能离线地利用数据库管理程序进行数据库的生成，并具备合理的初始化数据。

（3）控制操作。变电站计算机监控系统控制操作对象包括：各电压等级的断路器以及隔离开关、电动操作接地开关、主变压器及站用变压器分接头位置、站内其他重要设备的启动/停止。

计算机监控系统具有手动控制和自动控制两种控制方式。手动控制包括调度通信中心控制、站内主控室控制、就地手动控制，并具备调度通信中心/站内主控室、站内主控室/就地手动的控制切换功能。控制级别由高到低顺序为就地手动控制、站内主控室控制、远程调度中心控制，三种控制级别间应相互闭锁，同一时刻只允许一级控制。在站内主控室的操作员站或调度通信中心上进行的分步操作，应对操作命令逐条进行指导、校验后执行。当计算机监控系统站控层及网络停运时，应能在间隔层对断路器进行一对一操作。

自动控制包括顺序控制和调节控制，由站内主控室设定其是否采用。顺序控制指按设定步骤顺序进行操作，即将旁路代、倒母线等成组的操作在操作员站（或调度通信中心）上预先选择、组合，经校验正确后，按要求发令自动执行。调节控制指对电压、无功功率的控制目标值等进行设定后，计算机监控系统以自动要求的方式对电压—无功功率进行联合调节，其中包括自动投切无功补偿设备和调节主变压器分接头位置。电压—无功功率自动控制应充分考虑运行方式的需要和各种闭锁条件。顺序控制和调节控制功能管理应相对独立。它可以由运行人员投入/退出，而不影响正常运行。在自动控制过程中，程序遇到软、硬件故障均应输出报警信息，停止控制操作，并保持所控设备的状态。

（4）防误闭锁。所有操作控制均应经防误闭锁，并有出错报警和判断信息输出。站控层应实现面向全站设备的综合操作闭锁功能，间隔层应实现各电气单元设备的操作闭锁功能。对手动操作的隔离开关和接地开关，应采用编码锁防误操作，也可采用电磁锁，并宜在就地控制箱设电气闭锁。各种操作均应设权限等级管理。站控层防误操作以综合全部信息进行逻辑判断和闭锁为主。间隔层防误操作以实时状态检测、逻辑判断和输出回路闭锁等多种方式结合为主，充分保证对本单元一次设备的各种安全要求。

防误闭锁判断准则及条件应符合"五防"等相关规程、规范及运行要求。防误闭锁及闭锁逻辑应能经授权后进行修改。

（5）同期。计算机监控系统应具有同期功能，以满足断路器的同期合闸和重合闸同期闭锁的要求，同期功能宜在间隔层完成。不同断路器的同期指令间应相互闭锁，以满足一次只允许一个断路器同期合闸。同期功能应能进行状态自检和设定，同期成功与失效均应有信息输出。同期操作过程应有法令、参数计算及显示、确认等交互形式。操作过程及结构应予记录。

（6）报警处理。报警内容应包括：设备状态异常、故障，测量值越限，计算机监控系统的软/硬件、通信接口及网络故障等。报警信息的来源应包括计算机监控系统自身采集和通过数据通信接口获取的各种数据。报警处理应分类、分层进行，报警信息的存储应便于查阅、检索。报警输出信息应直观、醒目，并伴以声、光、色效果。信息组合方式应可设定。报警条文用语应尽量规范化。报警信息的处理应方便向站控层和调度通信中心发送，避免中间处理。应能予以报警确认。

（7）事件顺序记录及事故追忆。应将变电站内重要设备的状态变化列为事件顺序记录处理内容。事件顺序记录处理的信息应完整，并生成事件记录报告，以显示打印方式输出，便于保存、查阅。应注意事故追忆功能的实用性，事故追忆范围为事故前 1min 到事故后 2min 的所有相关模拟量值，采样周期与实时系统采用周期一致。

（8）画面生成及显示。计算机监控系统应具有用户编辑、生成画面的能力，且方法简单。画面显示的信息应包括：日历时间、经编号的测点、表示该点的文字或图形、该点实时数据或历史数据、经运算或组合后的各种参数等。画面生成应能定义数据库中所有的采样点、时标刻度、采样周期等参数。画面显示的内容包括：全站生产运行需要的电气接线图、设备配置图、运行工况图、各种信息报告、操作票及各种运行报表等。所有应用画面的文字显示均应采用中文，所显示的画面可以打印、拷贝或复制输出。

（9）在线计算及制表。在线计算应包括对所采集的各种电气量的原始数据进行工程计算。应对变电站运行的各种常规参数进行计算，如日、月、年中最大、最小值，出线的时间，电压合格率，变压器负荷率，全站负荷及电能量平衡率等。应对变电站主要设备的运行状况进行统计计算，如断路器正常操作及事故跳闸次数、主变压器分接头调节挡次及次数，以及它们的停运时间及次数等。应对变电站自动控制操作的方案进行优化计算，并对其操作结果进行统计计算。计算机监控系统应能充分利用以上各种数据，生成不同格式的生产运行报表，并按要求方式打印输出，报表应使用汉字。生产运行报表应能由用户编辑、修改、定义、增加和减少。报表的保存量应满足运行要求。

（10）电能量处理。计算机监控系统应对变电站用各种方式采集到的电能量进行处理，并能对电能量进行分时段的统计计算，能根据运行方式的改变而自动改变计算方法并在输出报表上予以说明，如旁路代线路时的电能量统计。

（11）远动功能。计算机监控系统应能实现 DL/T 5002—2005、DL/T 5003—2005 中与变电站有关的全部功能，满足电网调度实时性、安全性和可靠性要求。远动通信设备应能与多个相关调度通信中心进行数据通信，应直接从间隔层测控单元获取调度所需的数据，实现远动信息的直采直送。远动通信设备应能适应当地调度通信规约，应能靠向行业推荐的通信规约。宜设置远方诊断接口，以便实现远方组态和远方诊断功能。

（12）全站时间同步系统。变电站计算机监控系统宜采用 GPS 标准授时信号进行时钟校正，应配置 1 套全站公用的时间同步系统，主时钟应双重化配置，支持北斗系统和 GPS 系统单向标准授时信号，优先采用北斗系统，时钟同步精度和守时精度满足站内所有设备的对时精度要求。站控层设备宜采用 SNTP 网络对时方式。间隔层设备宜采用 IRIG B、IPPS 对时方式。

（13）人－机联系。操作员站应是变电站计算机监控系统与运行人员联系的主要界面，间隔层就地控制是应急情况下的备用界面。操作员站为运行人员所提供的人－机联系应包括：调用、显示和拷贝各种图形、曲线、报表；发出操作控制命令；查看历史数值以及各项定值；图形及报表的生成、修改；报警确认，报警点的退出/恢复；操作票的显示、在线编辑和打印；运行文件的编辑、制作。

工程师站是变电站计算机监控系统与专职维护人员联系的主要界面，它应提供的人－机联系包括：数据库定义和修改，各种应用程序的参数定义和修改，需要时的二次开发，以及操作员站上的其他功能。间隔层就地控制应提供少量重要参数的显示和操作按键。对各种运行操作和监控系统内部的访问（如数据库维护、参数设定等）应设置权限、密码，确保系统安全。所有对计算机监控系统数据、程度、参数等的修改，均应予以记录。

（14）系统自诊断与自恢复。计算机监控系统应具有在线诊断能力，对系统自身的软、硬件（包括各个通信接口）运行状况进行诊断。发现异常时，予以报警和记录。对间隔层设备的在线诊断应至电路板级。

设备自恢复的内容：一般性的软件异常时，自动恢复正常运行；当设备有冗余配置时，在线设备发生软、硬件故障时，能自动切换到备用设备；双机切换从开始至功能恢复时间应不大于 30s。

（15）与其他设备接口。变电站计算机监控系统应设有与数字式继电保护装置的通信接口，以接受继电保护装置的报警和事件记录信号，并有对保护装置的动作行为及整定值进行查询的功能。与继电保护等智能元件的接口应符合 DL/T 667—1999《远动设备及系统第 5 部分：传输规约第 103 篇：继电保护设备信息接口配套标准》。

变电站计算机监控系统应设有与单独设置的自动准同步、所用电自动切换、微机防误、无功补偿等装置的通信接口，使其与间隔层网络或站控层网络连接。应能与电能计费系统接口，并符合 DL/T 719—2000《远动设备及系统第 5 部分：传输规约第 102 篇：电力系统电能累计量传输配套标准》。计算机监控系统应能与其他智能设备接口，包括：全站信息管理系统、站用直流及 UPS 系统、火灾报警及消防系统、单独组网的故障录波系统、小电流接地装置。计算机监控系统在实现上述各种接口时，应保证数据的一致性和功能的完整性。

（16）运行管理。计算机监控系统应能根据运行要求，实现各种管理功能。管理功能包括：运行操作指导、事故记录检索、在线设备管理、操作票开列、模拟操作、运行记录及交接班记录等。管理功能应满足各种文档存储、检索、编辑、显示、打印的要求。

4．输入/输出信号

（1）模拟量输入信号。模拟量宜采用交流采样方式进行采集。当采用交流采样方式时，应采集被控各安装单位电流互感器的电流、电压互感器的电压。直流母线电压、温度及其他非电量信号可采用直流采样。被采样参数应满足计算机监控系统通过计算和累加获得所需测量参数的要求。

（2）开关量输入信号。开关量信号宜采用无源触点输入方式，对要进行控制的设备，其开关量信号宜采用双触点输入方式。数字式继电保护和安全自动装置的报警及动作信号宜采用通信接口的输入方式，其他继电保护和安全自动装置的信号也可以硬接线方式输入。开关量输入接口应采用光电隔离和浪涌吸收回路，对电磁环境较为恶劣的信号回路应采用强电输入模块。

（3）电能量数据输入信号。电能量数据信号宜采用智能电能表以串行通信方式输入。当采用脉冲输入方式时，应具有抗干扰措施。当技术条件允许时，也可通过已采集的电流、电压信号进行二次换算取得电能量数据。对在单独设置的电能量计费系统中已包括的电能计量点，不宜重复设置电能表，应由电能量计费系统经通信接口方式输入电能量信号。

（4）开关量输出信号。变电站计算机监控系统开关量输出信号应具有严密的返送校核措施，其输出触点容量应满足受控回路电流和容量的要求，输出触点数量应满足受控回路数量要求。

5. 变电站计算机监控系统设备布置

（1）站控层设备的布置。变电站计算机监控系统站控层设备应集中布置于主控制室和计算机室内。其中主机、工程师站、公共接口装置、远动工作站、计算机网络通信设备、GPS卫星对时系统等宜放置于计算机室内，操作员站、微机防误工作站等应放置于主控制室内。计算机室应与主控制室毗邻布置。主控制室和计算机室的布置应符合 DL/T 5136—2001《火力发电厂、变电所二次接线设计技术规程》的有关规定。

（2）间隔层设备的布置。变电站计算机监控系统间隔层设备的保护装置分散布置于相应的继电小室内，设备的布置顺序应与一次设备的布置相对应。当间隔层设备机柜满足计算机监控系统和保护设备的抗干扰及其他环境技术条件要求时，也可直接安装在配电装置内，其安装位置应尽量选择电磁骚扰较弱处。继电小室应根据变电站的规模合理设置。

（3）屏柜结构和屏面布置。变电站计算机监控系统各屏柜的结构和屏面布置应符合 DL/T 5136 的有关规定。

6. 场地与环境

（1）主控制室和计算机室应符合如下条件：

1）地面宜采用不产生尘埃和静电的材料，可采用抗静电阻燃材料活动地板或水磨石地面，以满足计算机设备所规定的空气清洁度要求。

2）建筑应考虑防尘、防潮、防噪声、防强电磁干扰和防静电干扰的措施，并符合防火标准要求。

3）宜避开强电磁场、强震动源和强噪声源的干扰，保证设备的安全可靠运行。

4）温度宜在 18℃～25℃范围内，温度变化率每小时不应超过−5℃～+5℃，相对湿度宜为 45％～75％，任何情况下无凝露。

（2）继电小室应符合如下条件：

1）应位于运行管理方便、电缆总长度较短、电磁干扰和静电干扰较弱的位置。

2）设施应简化，布置应紧凑，面积应满足设备布置和定期巡视维护要求。

3）建筑应考虑防尘、防潮、防噪声、防强电磁干扰和防静电干扰的措施，并符合防火标准要求。

4）温度变化范围可为 5℃～30℃，温度变化率每小时不应超过−5℃～+5℃，相对湿度为 45％～75％，任何情况下无凝露。

（3）主控室、计算机室、继电小室内应设有适度的工作照明、事故照明，并安装有检修用电源插座。照明及检修系统的设计应符合相关规程、规范的要求。

7. 电源

变电站计算机监控系统的电源应安全可靠，站控层设备宜采用交流不停电电源（UPS）供电，间隔层设备宜由所用直流系统供电。UPS 宜采用单相式，输出电压为 220V，频率为 50Hz。当交流输入电压变化 $-10\% \sim +10\%$、温度变化 $-5℃ \sim +5℃$ 或直流输入电压在蓄电池最大电压变化情况下时，其输出满足如下技术指标：

（1）电压稳定度在稳态时的范围为 $-1\% \sim +1\%$，在动态时的范围为 $-5\% \sim +5\%$。

（2）频率稳定度的范围为 $-0.1\% \sim +0.1\%$。

（3）单一谐波含量不大于 1%。

（4）总谐波含量不大于 3%。

（5）备用电源切换时间小于 4ms。

（6）过负荷能力：带 150% 额定负荷运行 60s，带 125% 额定负荷运行 10min。

（7）备电时间不小于 1h。

（8）蓄电池技术指标应满足所选用蓄电池类型相关规程、规范的要求。

UPS 系统宜冗余设置。严禁空调、照明等负荷从计算机监控系统专用电源供电。

8. 防雷与接地

变电站计算机监控系统应有防止过电压的保护措施，不设置独立的接地网。环形接地网的设置：在放置站控层设备的主控室、机房和放置间隔层设备的继电小室内，应围绕机房敷设环形接地母线；在室外地面下应围绕建筑敷设闭合环形接地网。室内环形接地母线与室外环形接地网应有 4 根对称连线相连，室外环形接地网应至少经两点与主接地网相连。

9. 二次设备的接地

（1）变电站计算机监控系统设备的信号接地不应与安全保护接地和交流接地混接。

（2）交流接地和安全接地可共用一个接地网。

（3）信号接地宜采用并联一点接地方式。

（4）在二次设备的屏柜上应有接地端子，并用截面不小于 $4mm^2$ 的多股铜线与接地网相连。

（5）有电源输入的屏柜必须有接地线接到交流电源所在的接地网上。

（6）向二次设备供电的交流电源应用中性线（零线）回路，中性线应在电源处与接地网相连。

装设电子装置的屏柜应设置专用的、与柜体绝缘的接地铜牌母线，其截面不得小于 $100mm^2$，并列布置的屏柜柜体间接地铜牌应直接连通。当屏柜上布置有多个子系统插件时，各插件的信号接地点均应与插件箱的箱体绝缘，并分别引接至屏柜内专用的接地铜牌母线。当采用没有隔离的串行通信口从一处引接至另一处时，两处必须共用同一接地系统，若不能实现则需增加电气隔离措施。所有屏柜柜体、外设打印机等设备的金属壳体应可靠接地。

10. 电缆的选择和敷设

变电站计算机监控系统的弱点信号回路应选用专用的阻燃型计算机屏蔽电缆，电缆屏蔽层的型式宜为铜带屏蔽，电缆截面宜符合以下要求：

（1）模拟量及脉冲量弱点信号输入回路电缆应选用对绞屏蔽电缆，芯线截面不小于 $0.75mm^2$。

（2）开关量信号输入、输出回路电缆可选用外部总屏蔽电缆，输入回路芯线截面不小于

$1.0\ mm^2$，输出回路芯线截面不小于 $1.5 mm^2$。

变电站计算机监控系统的户外通信介质应选用光缆。光缆芯数应满足监控系统通信要求，并留有备用芯，传输速率应满足监控系统实时性要求。光端设备应具有光缆检测故障及告警功能。当采用铠装光缆时，应对其抗扰性能进行测试。双重化网络中的两个网络不应共用一根电缆，电缆敷设应符合 GB 50217—2007《电力工程电缆设计规范》的有关规定。光缆宜与其他电缆分层敷设。当采用无铠装护层的光缆时，应采用有效的防损伤保护措施，必要时应穿管敷设。

三、变电站微机继电保护系统技术原则

（一）线路保护

1. 500kV 线路保护

（1）配置原则。

1）每回 500kV 线路应按近后备原则配置双套完整的、独立的、能反映各种类型故障的、具有选相功能的全线速动保护。每套保护均具有完整的后备保护。

2）每回 500kV 线路应配置双套远方跳闸保护。远方跳闸保护宜采用一取一经就地判别方式。断路器失灵保护、过电压保护和不设独立断路器的 500kV 高压并联电抗器保护动作均应起动远跳。

3）根据系统工频过电压的要求，对可能产生过电压的 500kV 线路应配置双套过电压保护。过电压保护均使用远跳保护装置中的过电压功能，过电压保护起动远跳可选择不经断路器开、闭状态控制。

4）线路主保护、后备保护应起动断路器失灵保护。

5）对重负荷、长距离的联络线，保护配置宜考虑振荡、长线路充电电容效应、高压并联电抗器电磁暂态特性等因素的影响；对 50km 以下的短线路，宜随线路架设 2 根 OPGW 光缆，配置双套光纤分相电流差动保护，保护通道宜采用专用光纤芯。

6）对同杆并架双回线路，当有光纤通道时，为有选择性切除跨线故障，应优先选用双套光纤分相电流差动保护作主保护。如本线没有光纤通道或没有迂回的光纤通道时，应使用传输分相通道命令的高频距离保护。

7）对装有串联补偿电容的线路，应采用双套光纤分相电流差动保护作主保护。

8）对电缆、架空混合出线，每回线路宜配置双套光纤分相电流差动保护作为主保护，同时应配有包含过负荷报警功能的完整的后备保护。

9）双重化配置的线路主保护、后备保护、过电压保护、远方跳闸保护的交流电压回路、交流电流回路、直流电源回路、开关量输入回路、跳闸回路、起动远跳和远方信号传输通道均应彼此完全独立没有电气联系。

10）双重化配置的线路保护每套保护只作用于断路器的一组跳闸线圈。

（2）技术要求。

1）在空载、轻载、满载等各种工况下，在线路保护范围内发生金属性和非金属性（不大于 300W）的各种故障时，线路保护应能正确动作。在系统无故障、外部故障、故障转换、功率突然倒向以及系统操作等情况下保护不应误动。

2）要求线路主保护整组动作时间：近端故障不大于 20ms，远端故障不大于 30ms（不包括通道时间）。

3）线路保护装置需考虑线路分布电容、高压并联电抗器、变压器（励磁涌流）等所产生的暂态及稳态过程的谐波分量和直流分量的影响，有抑制这些分量的措施。

4）每一套线路保护都应自身带有故障录波、测距及事件记录功能，并能提供相应的远方通信和分析软件。

5）每一套线路保护装置都应能适用于弱电源情况。

6）手动合闸或重合于故障线路时，保护应能可靠瞬时三相跳闸。手动合闸或重合于无故障线路时应可靠不动作。

7）本线全相或非全相振荡时，保护装置不应误动作；本线全相或非全相振荡过程中发生各种类型的不对称故障时，保护装置应有选择性地动作跳闸，纵联保护仍应快速动作；本线全相振荡过程中发生三相故障时，允许以短延时切除故障。

8）保护装置应保证出口对称三相短路时可靠动作，同时应保证正方向故障及反方向出口经小电阻故障时动作的正确性。

9）保护装置在各种工作环境下（包括就地下放的环境），应能耐受雷击过电压、一次回路操作、开关场故障及其他强电磁干扰的影响，不应误动或拒动。

10）线路分相电流差动保护应允许线路两侧使用不同的 TA 变比。在 TA 饱和时，区内故障不应导致电流差动保护拒动作，区外故障不应导致电流差动保护误动作。线路分相电流差动保护应有电容电流补偿功能。

11）对于不同类型的一次主接线方式，线路保护均采用线路电压互感器的电压输入。

12）保护装置在电压二次回路断线（包括三相断线）或短路时应闭锁有可能误动的保护，并发出告警信号；保护装置在电流二次回路断线时应能发出告警信号，并可选择允许保护跳闸。

13）保护装置应具有对时功能，推荐采用 RS-485 串行数据通信接口接收时间同步系统发出的 IRIG-B（DC）时码作为对时信号源。保护装置应具备通信管理功能，与计算机监控系统和保护及故障信息管理子站系统通信，通信规约采用 DIEC 60870-5-103 或 IEC 61850，接口采用以太网或 RS-485 串口。

14）保护装置宜采用全站后台集中打印方式。为便于调试，保护装置上应设置打印机接口。

15）线路两侧保护选型应一致，主保护的软件版本应完全一致。

2. 220kV 线路保护

（1）配置原则。

1）每回 220kV 线路应配置双套完整的、独立的、能反映各种类型故障的、具有选相功能的全线速动保护，每套保护均具有完整的后备保护。

2）每一套 220kV 线路保护均应含重合闸功能，两套重合闸均应采用一对一起动和断路器控制状态与位置不对应起动方式，不采用两套重合闸相互起动和相互闭锁方式。重合闸可实现单重、三重、禁止和停用方式。

3）线路主保护、后备保护均应起动断路器失灵保护。

4）对 50km 以下的 220kV 短线路，宜随线路架设 OPGW 光缆，配置双套光纤分相电流差动保护，保护通道宜采用专用光纤芯。

5）对同杆并架双回线路，为有选择性切除跨线故障，应架设光纤通道，宜配置双套分相电流差动保护。

6）对电缆线路以及电缆与架空混合线路，每回线路宜配置双套光纤分相电流差动保护作为主保护，同时应配有包含过负荷报警功能的完整的后备保护。

7）双重化配置的线路主保护、后备保护的交流电压回路、交流电流回路、直流电源回路、开关量输入回路、跳闸回路、信号传输通道均应彼此完全独立没有电气联系。

8）双重化配置的线路保护每套保护只作用于断路器的一组跳闸线圈。

（2）技术要求。

1）在空载、轻载、满载等各种工况下，在线路保护范围内发生金属性和非金属性（不大于 100W）的各种故障时，线路保护应能正确动作。在系统无故障、外部故障、故障转换、功率突然倒向以及系统操作等情况下保护不应误动。

2）要求线路主保护整组动作时间：近端故障不大于 20ms，远端故障不大于 30ms（不包括通道时间）。

3）线路保护装置需考虑线路分布电容、高压并联电抗器、变压器（励磁涌流）等所产生的暂态及稳态过程的谐波分量和直流分量的影响，有抑制这些分量的措施。

4）每一套线路保护都应自身带有故障录波、测距及事件记录功能，并能提供相应的远方通信和分析软件。

5）每一套线路保护装置都应能适用于弱电源情况。

6）手动合闸或重合于故障线路时，保护应能可靠瞬时三相跳闸。手动合闸或重合于无故障线路时应可靠不动作。

7）本线全相或非全相振荡时，保护装置不应误动作；本线全相或非全相振荡过程中发生各种类型的不对称故障时，保护装置应有选择性地动作跳闸，纵联保护仍应快速动作；本线全相振荡过程中发生三相故障时，允许以短延时切除故障。

8）保护装置应保证出口对称三相短路时可靠动作，同时应保证正方向故障及反方向出口经小电阻故障时动作的正确性。

9）保护装置在各种工作环境下（包括就地下放的环境），应能耐受雷击过电压、一次回路操作、开关场故障及其他强电磁干扰的影响，不应误动或拒动。

10）线路分相电流差动保护应允许线路两侧使用不同的 TA 变比。在 TA 饱和时，区内故障不应导致电流差动保护拒动作，区外故障不应导致电流差动保护误动作。

11）保护装置在电压二次回路断线（包括三相断线）或短路时应闭锁有可能误动的保护，并发出告警信号；保护装置在电流二次回路断线时应能发出告警信号，并可选择允许保护跳闸。

12）重合闸装置起动后应能延时自动复归，在此时间内应沟通本断路器的三跳回路，重合闸停用或被闭锁时（断路器低气压、重合闸装置故障、重合闸被其他保护闭锁、断路器多相跳闸的辅助触点闭锁等），由线路保护进行三跳，当具有双套重合闸装置时，仅沟通一同合用的线路保护进行三跳。

13）闭锁重合闸的保护为变压器、母线、远方跳闸保护等。

14）保护装置应具有对时功能，推荐采用 RS-485 串行数据通信接口接收时间同步系统发出的 IRIG-B（DC）时码作为对时信号源。保护装置应具备通信管理功能，与计算机监控系统和保护及故障信息管理子站系统通信，通信规约采用 IEC 60870-5-103 或 IEC 61850，接口采用以太网或 RS-485 串口。

15）保护装置宜采用全站后台集中打印方式。为便于调试，保护装置上应设置打印机接口。

16）线路两侧保护选型应一致，主保护的软件版本应完全一致。

3．线路保护通道组织

（1）双重化配置的两套纵联保护的通道应相互独立，传输两套纵联保护信息的通信设备及通信电源也应相互独立。

（2）具有光纤通道的线路，两套纵联保护宜均采用光纤通道传输信息。对 50km 及以下短线路，宜分别使用专用光纤芯；对 50km 以上长线路，宜分别使用 2Mbit/s 接口方式的复用光纤通道。500kV 双重化配置的两套纵联保护的信号传输通道不应采用同一根光缆。

（3）一回线路的两套纵联保护均复用通信专业光端机时，应通过两套独立的光通信设备传输。每套光通信设备可按最多传送 8 套线路保护信息考虑。

（4）保护采用专用光纤芯通道时，保护光纤应直接从通信光配线架引接。

（5）复用数字通道的纵联保护宜采用单通道方式。安装在通信机房的保护数字接口装置的直流电源取自通信直流电源，与通信设备采用 75Ω 同轴电缆不平衡方式连接。

（6）当直达路由和迁回路由均为光纤通道时，如迁回路由能满足保护要求，一回线路的两套主保护可均采用光纤纵差保护，并应采用两条不同的通道路由。迁回路由传输网络的传输总时间（包括接口调制解调时间）应不大于 12ms，500kV 线路保护迁回路由不宜采用220kV 以下电压等级的光缆，不应采用 ADSS 光缆。

（7）非同杆并架或仅有部分同杆的双回线，未敷设光纤通道的线路的一套纵联保护可采用另一回线路的光纤通道，另一套纵联保护应采用电力载波或光纤的其他迁回通道。

（8）对只有一个光纤通道的线路，另一套主保护可采用电力线专用载波（或复用）通道传输保护信号。载波通道的通信设备及通信电源应与光纤通道的通信设备及通信电源相互独立。

（9）双重化配置的两套远方跳闸保护的信号传输通道应相互独立。线路纵联保护采用数字通道的，远方跳闸命令宜经线路纵联保护传输。

4．110、35kV 线路保护配置

（1）对双端有电源或双回线并列运行的每回 110、35kV 线路两侧各配置一套阶段式相间距离、接地距离和零序电流方向保护，后备保护采用远后备方式。

（2）对于单侧电源线路，110kV 线路的电源侧各配置一套阶段式相间距离、接地距离及零序电流方向保护，35kV 线路的电源侧仅需配置一套电流方向保护。

（3）对于电厂出线或较重要的 110kV 联络线，可配置微机型光纤差动保护或高频闭锁距离保护。

（4）电缆及长度小于 5km 的架空短线路，保护整定配合有困难的环网线路应采用光纤差动保护作为主保护。

（5）可能时常出现过负荷的电缆线路，或电缆与架空混合线路，应装设过负荷保护。

（6）对于具有旁路断路器的厂、站，在旁路断路器上各配置一套阶段式相间距离、接地距离及零序电流保护。

（7）线路保护应具有不对称故障相继速动和双回线相继速动功能，具有低周低压解列功能，具有失灵起动、充电保护和过负荷保护功能，设有重合闸功能，自带跳、合闸操作回路以及交流电压切换回路。

（8）110kV 双回线同一侧两个回路的保护装置应一致，以确保双回线相继速动功能的实现。

（9）有小电源的联络线保护应具有低周低压解列功能。

（10）110kV 及以下电压等级的线路保护装置要求具有带重合闸放电功能的跳闸输入接口。

（二）母线保护

1. 500kV 母线保护

（1）配置原则。

1）每条 500kV 母线按远景配置双套母线保护，对 500kV 一个半断路器接线方式，母线保护不设电压闭锁元件。

2）双重化配置的母线保护的交流电流回路、直流电源、开关量输入、跳闸回路均应彼此完全独立没有电气联系。

3）每套母线保护只作用于断路器的一组跳闸线圈。

4）母线侧的断路器失灵保护需跳母线侧断路器时，通过起动母差实现。

（2）技术要求。

1）母线保护不应受 TA 暂态饱和的影响而发生不正确动作，并应允许使用不同变比的 TA。

2）母线保护不应因母线故障时流出母线的短路电流影响而拒动。

3）母线保护在区外故障穿越电流为 30 倍的一次额定电流时不应误动。

4）母线保护应包括交流电流监视回路，它在 $5\% I_N$ 时即能可靠动作。当交流电流回路不正常或断线时不应误动，应发告警信号，并可选择经延时闭锁母线保护。

5）母线保护整组动作时间，2 倍 I_N 下应不大于 20ms。

6）母线保护应具有比率制动特性，以提高安全性。

7）母线保护接线应能满足最终一次接线要求。

8）为了提高断路器失灵保护动作后经母线保护跳闸的可靠性，一个半断路器接线的母线保护应设置灵敏的、不需整定的电流元件并带 50 ms 的固定延时。

9）保护装置应具有对时功能，推荐采用 RS－485 串行数据通信接口接收时间同步系统发出的 IRIG－B（DC）时码作为对时信号源。保护装置应具备通信管理功能，与计算机监控系统和保护及故障信息管理子站系统通信，通信规约采用 IEC 60870－5－103 或 IEC 61850，接口采用以太网或 RS－485 串口。

10）保护装置宜采用全站后台集中打印方式。为便于调试，保护装置上应设置打印机接口。

2. 220kV 母线保护及断路器失灵保护

（1）配置原则。

1）220kV 双母线按远景配置双套母线保护。

2）220kV 双母线按远景配置双套失灵保护，双套失灵保护功能宜分别含在双套母线差动保护装置中，每套线路（或主变压器）保护动作各起动一套失灵保护。

3）对 220kV 双母线接线方式，母线和失灵保护均应设有电压闭锁元件，母联断路器及分段断路器可不经电压闭锁。电压闭锁可由软件实现，而不再配置单独的复合电压闭锁装置。当复合电压闭锁功能含在母线差动保护装置中时，其复合电压闭锁元件应与母线差动元件不共 CPU。

4）双母线接线的失灵保护应与母线保护共用出口回路，双重化配置的母线保护（含失灵保护功能）每套保护只作用于断路器的一组跳闸线圈。

5）对主变压器单元，220kV 母线故障且变压器中压侧断路器失灵时，除应跳开失灵断路器相邻的全部断路器外，还应跳开本变压器连接其他侧的断路器，失灵电流再判别和延时应由母线保护实现。

（2）技术要求。

1）母线保护不应受 TA 暂态饱和的影响而发生不正确动作，并应允许使用不同变比的 TA。

2）母线保护不应因母线故障时流出母线的短路电流影响而拒动。

3）母线保护在区外故障穿越电流为 30 倍的一次额定电流时不应误动。

4）母线保护应包括交流电流监视回路，它在 $5\%I_N$ 时即能可靠动作。当交流电流回路不正常或断线时不应误动，并经延时闭锁母线保护及发出告警信号。当 TV 失压时，装置应发出告警信号。

5）母线保护整组动作时间，2 倍 I_N 下应不大于 20ms。

6）母线保护应具有比率制动特性，以提高安全性。母线差动保护由分相式比率差动元件构成，母线大差比率差动用于判别母线区内和区外故障，小差比率差动用于故障母线的选择。

7）双母线接线的母线保护在母线相继故障时应能经较短延时可靠切除故障。

8）对双母线接线的母线保护，当母线上各元件进行倒闸时（包括母线互联等情况），应保证母线保护动作的正确性；当二次回路中隔离开关辅助触点切换不正常时，能发出告警信号，保证母线差动保护在此期间的正常运行。

9）断路器的失灵保护包含于母线保护中，母线保护与失灵保护共用出口回路。当失灵保护检测到某连接元件的失灵起动触点动作时，若该元件对应的电流大于母线保护装置内部的失灵电流判别定值，则起动失灵保护。为缩短失灵保护切除故障的时间，失灵保护跳其他断路器宜与失灵跳母联断路器共用一段时限。

10）母线保护应设置独立的解除失灵保护电压闭锁的开入回路。当该连接元件起动失灵保护开入触点和解除失灵保护电压闭锁的开入触点同时动作后，能自动实现解除该连接元件所在母线的失灵保护电压闭锁。

11）母线保护接线应能满足最终一次接线的要求。

12）母联或分段断路器失灵保护由母联或分段保护动作、相关母线的母线差动保护动作起动，经延时和电压闭锁将相关的母线上元件全部切除。

13）起动失灵的保护为线路保护、母联与分段保护、变压器的电气量保护。

14）保护装置应具有对时功能，推荐采用 RS-485 串行数据通信接口接收时间同步系统发出的 IRIG-B（DC）时码作为对时信号源。保护装置应具备通信管理功能，与计算机监控系统和保护及故障信息管理子站系统通信，通信规约采用 IEC 60870-5-103 或 IEC 61850，接口采用以太网或 RS-485 串口。

15）保护装置宜采用全站后台集中打印方式。为便于调试，保护装置上应设置打印机接口。

3. 110kV 母线保护配置

（1）配置原则。

1）变电站为双母线接线。

2）一次设备至少有 6 个单元，或 6 个单元以下，变电站供重要负荷；或装了母线差动及失灵保护可改善保护配合。

3）存在多级串供的变电站。

（2）技术要求。

1）母线保护应能满足电气一次接线的最终规模要求，并能适应母线的各种运行方式。

2）母线保护中应含有断路器失灵保护，母线保护各出口应分别串接电压闭锁元件触点。

3）母线保护还应具有母联和分段断路器充电保护、死区保护、失灵保护、过流保护等功能。

（三）断路器保护及操作箱

1. 500kV 断路器保护

（1）配置原则。

1）一个半断路器接线的 500kV 断路器保护按断路器单元配置，每台断路器配置一面断路器保护屏（柜）。

2）当出线设有隔离开关时，应配置双套短引线保护。

3）重合闸沟三跳回路在断路器保护中实现。

4）断路器三相不一致保护应由断路器本体机构完成。

5）断路器的跳、合闸压力闭锁和压力异常闭锁操作均由断路器本体机构实现，分相操作箱仅保留重合闸压力闭锁回路。

6）断路器防跳功能应由断路器本体机构完成。

（2）技术要求。

1）起动失灵的保护为线路保护、过电压保护、远方跳闸保护、母线保护、短引线保护、变压器（高抗）的电气量保护。

2）断路器失灵保护的动作原则：瞬时分相重跳本断路器的两个跳闸线圈；经延时三相跳相邻断路器的两个跳闸线圈和相关断路器（起动两套远方跳闸或母线差动、变压器保护），并闭锁重合闸。

3）断路器失灵保护应采用分相和三相起动回路，起动回路为瞬时复归的保护出口触点（包括与本断路器有关的所有电气量保护触点）。

4）断路器失灵保护应经电流元件控制实现单相和三相跳闸，判别元件的动作时间和返回时间均不应大于 20ms。

5）重合闸仅装于与线路相连的两台断路器保护屏（柜）内，且能方便地整定为一台断路器先重合，另一台断路器待第一台断路器重合成功后再重合。如先重合的一台合于故障三相跳闸，则后合的不再进行重合，即两台均三跳。

6）断路器重合闸装置起动后应能延时自动复归，在此时间内断路器保护应沟通本断路器的三跳回路，不应增加任何外回路。重合闸停用或被闭锁时（断路器低气压、重合闸装置故障、重合闸被其他保护闭锁、断路器多相跳闸的辅助触点闭锁等），由断路器保护三跳；断路器保护装置故障或停用时，由断路器本体三相不一致保护三跳；在线路保护发出单跳令时，本断路器三跳，而另一个断路器仍能单跳单重。

7）闭锁重合闸的保护为变压器、失灵、母线、远方跳闸、高压并联电抗器、短引线保护等。

8）短引线保护可采用和电流过流保护方式，也可采用差动电流保护方式。

9）短引线保护在系统稳态和暂态引起的谐波分量和直流分量影响下不应误动作。

10）短引线保护的线路或变压器隔离开关辅助触点开入量不应因高压开关场强电磁干扰而丢失信号。对隔离开关辅助触点的通断应有监视指示。

11）保护装置应具有对时功能，推荐采用 RS-485 串行数据通信接口接收时间同步系统发出的 IRIG-B（DC）时码作为对时信号源。保护装置应具备通信管理功能，与计算机监控系统和保护及故障信息管理子站系统通信，通信规约采用 IEC 60870-5-103 或 IEC 61850，接口采用以太网或 RS-485 串口。

12）保护装置宜采用全站后台集中打印方式。为便于调试，保护装置上应设置打印机接口。

2. 220kV 母联、分段保护

（1）配置原则。220kV 的母联、母线分段断路器应按断路器配置专用的、具备瞬时和延时跳闸功能的过电流保护。

（2）技术要求。

1）220kV 母联、分段保护应带有二段时限的过流及一段时限的零序过流保护功能。

2）220kV 母联、分段保护应具有母线充电保护功能，向故障母线充电时，跳开本断路器。

3）保护装置应具有对时功能，推荐采用 RS-485 串行数据通信接口接收时间同步系统发出的 IRIG-B（DC）时码作为对时信号源。保护装置应具备通信管理功能，与计算机监控系统和保护及故障信息管理子站系统通信，通信规约采用 IEC 60870-5-103 或 IEC 61850，接口采用以太网或 RS-485 串口。

4）保护装置宜采用全站后台集中打印方式。为便于调试，保护装置上应设置打印机接口。

3. 操作箱

（1）配置原则。

1）500kV 一个半断路器接线，每个断路器单元宜配置一套分相操作箱，操作箱宜配置在断路器保护屏（柜）内。

2）220kV 双母线接线，每条线路宜配置一套分相操作箱，操作箱配置在其中一套线路保护屏（柜）内。

3）500kV 保护也可采用保护动作出口不经操作箱跳闸，控制采用经操作继电器至断路器操作机构的方式。

（2）技术要求。

1）分相操作箱接线应包括重合闸回路、手动合闸/跳闸回路、分相合闸回路、两组保护三相跳闸回路、两组保护分相跳闸回路、电压切换回路（仅 220kV 部分设置）、跳闸及合闸位置监视回路、操作电源监视回路、信号回路和与相关保护配合的回路等。

2）断路器三相不一致保护，断路器防跳、跳合闸压力闭锁等功能宜由断路器本体机构箱实现，操作箱中仅保留重合闸压力闭锁接线。

3）两组操作电源的直流空气开关应设在操作箱所在屏（柜）内，取消操作箱中两组操作电源的自动切换回路，公用回路采用第一路操作电源。

4）操作箱应设有断路器合闸位置、跳闸位置和电源指示灯。

5）操作箱内的保护三跳继电器应分别有起动失灵、起动重合闸的两组三跳继电器，起动失灵、不起动重合闸的两组三跳继电器，不起动失灵、不起动重合闸的两组三跳继电器。

（四）变压器保护配置

1. 500kV 变压器保护配置原则

（1）500kV 变压器保护应配置两套完全独立的保护装置（非电气量保护除外），并独立组屏。每套保护装置应配置完整的主、后备保护，后备保护由复压过流保护、阻抗保护和零序过流保护构成。

（2）变压器非电气量保护的电源回路和出口跳闸回路应独立设置，应与电气量保护完全分开。电气量保护停役时应不影响本体保护的运行。

（3）两套完整、独立的电气量保护和非电量保护的跳闸回路同时作用于断路器的两个跳闸线圈。

（4）500kV 变压器应装设失灵保护。500kV 变压器电气量保护或 220kV 母线保护动作应同时起动本屏装设的失灵保护，500kV 或 220kV 断路器侧失灵保护的起动元件应设有电流判据。失灵判别的电流和时间元件应与变压器保护完全独立。非电气量保护动作不起动失灵保护。

500kV 变压器的断路器失灵时，除应跳开失灵断路器相邻的全部断路器外，500kV 和 220kV 的断路器失灵保护还应跳开本变压器连接的其他电源侧的断路器。

（5）当 500kV 变压器 220kV 侧有旁路母线时，每一块保护屏应装设切换开关，用于 220kV 旁路断路器代主变压器 220kV 侧断路器时，交流电压回路的切换。交流电流回路、出口跳闸回路及起动失灵触点通过连接片切换。

（6）保护装置配置开关非全相保护，变压器配置冷却器全停保护。

（7）500kV 变压器的 220kV 部分，两套差动保护用电流均接至总路独立 TA，旁路代主变压器总路运行时，两套保护用电流切换至旁路开关 TA。

（8）保护装置应提供保护动作、装置异常等触点，提供 2 个 RS-485 口和 2 个网口，以满足监控、保护信息子站接入等要求。

2. 220kV 变压器保护配置原则

（1）主变压器保护应采用两套完整、独立并且是安装在各自柜内的保护装置。每套保护均应配置完整的主、后备保护，且两套主、后备保护应分别合用一组电流互感器。

（2）主变压器非电气量保护应设置独立的电源回路（包括直流空气小开关及其直流电源监视回路）和出口跳闸回路，且必须与电气量保护完全分开，在保护柜上的安装位置也应相对独立。

（3）两套完整的电气量保护和一套非电气量保护的跳闸回路应同时作用于断路器的两跳

闸线圈。

（4）两套保护装置的交流电流应分别取自电流互感器互相独立的绕组。

（5）变压器零序方向过流保护的方向元件采用独立 TA 自产零序电流，测量元件采用中性点 TA 电流。

（6）有旁路接线的 220kV 变压器，采用第一套保护固定接套管 TA，第二套保护接至独立 TA，旁路代总路运行时，只将第二套保护用电流切换至旁路独立 TA；对于无旁路接线的 220kV 变压器，两套保护用电流均接至总路独立 TA。

（7）失灵起动装置采用总路独立 TA，且宜采用单独的 TA 绕组。旁路代总路时，失灵起动装置采用旁路开关 TA。

3. 110kV 变压器保护配置原则

（1）110kV 变压器按一套主保护和一套后备保护配置，两套保护应相对独立。主保护由一套比率制动差动保护和一套本体非电气量保护构成。后备保护由复压过流和零序过流保护构成。

（2）零序过流、零序过压保护应分别有单独的外部可投退连接片。

（3）保护装置应提供闭锁各侧备用电源自投触点，闭锁备用电源自投逻辑要求：差动保护只闭锁高压侧备用电源自投，后备保护（含间隙保护）跳主变压器某侧断路器同时闭锁该侧备用电源自投。

（4）高、中、低压带多分支时，各分支开关的多组 TA 的二次线圈应分别接入保护装置。

（五）故障录波器系统

1. 线路故障录波器

（1）配置原则。

1）为便于分析电力系统事故及继电保护装置的动作情况，500kV 变电站内应配置故障录波装置分别记录线路电流、电压、保护装置动作、断路器位置及保护通道的运行情况等。

2）在分散布置的 500kV 变电站内，宜按电压等级配置故障录波装置，不跨小室接线，建设初期可适当考虑远景要求；在集中布置的 500kV 变电站内，宜按电压等级配置故障录波装置。

3）每套 500kV 线路故障录波器的录波量配置宜为 48 路模拟量、128 路开关量；每套 220kV 线路故障录波器的录波量配置宜为 64 路模拟量、128 路开关量。

4）故障录波装置应具备单独组网，完善的分析和通信管理功能，通过以太网口与保护和故障信息管理子站系统通信，录波信息可经子站远传至各级调度部门进行事故分析处理。

（2）技术要求。

1）故障录波器应为嵌入式、装置化产品，所选用的微机故障录波器应满足电力行业有关标准。

2）故障录波器应能连续记录多次故障波形，能记录和保存从故障前 150ms 到故障消失时的电气量波形。它应至少能清楚记录 5 次谐波的波形。

3）故障录波器模拟量采样频率在高速故障记录期间不低于 5000Hz。

4）事件量记录元件的分辨率应小于 1.0ms。

5）故障录波器应具备对时功能，能够接收时间同步系统输出的同步时钟脉冲，对时精度小于 1.0ms，以便能更好分析故障发生顺序以及实现双端测距。装置应有指示年、月、日、小时、分钟、秒的功能。

6）故障录波器应具有故障测距功能，故障测距的测量误差应小于线路长度的 3%。

2. 主变压器故障录波器

（1）配置原则。

1）为了分析主变压器保护的动作情况，主变压器的故障录波器宜单独配置。主变压器三侧及公共绕组侧的录波信息应统一记录在一面故障录波装置内。

2）主变压器的故障录波器型号宜与线路故障录波器统一，并能共同组网，经子站将录波信号远传至各级调度部门。

3）每套主变压器故障录波器的录波量配置宜为 64 路模拟量、128 路开关量，满足两台主变压器故障录波的需求。

（2）技术要求。

1）故障录波器应为嵌入式、装置化产品，所选用的微机故障录波器应满足电力行业有关标准。

2）故障录波器应能连续记录多次故障波形，能记录和保存从故障前 150ms 到故障消失时的电气量波形。它应至少能清楚记录 5 次谐波的波形。

3）故障录波器模拟量采样频率在高速故障记录期间不低于 5000Hz。

4）事件量记录元件的分辨率应小于 1.0ms。

5）故障录波器应具备对时功能，能够接收时间同步系统输出的同步时钟脉冲，对时精度小于 1.0ms，以便能更好分析故障发生顺序。装置应有指示年、月、日、小时、分钟、秒的功能。

3. 110kV 故障录波器配置

（1）对新建和扩建的 110kV 厂、站，根据变电站的重要性和一次接线情况，确定每个厂、站是否配置故障录波器。故障录波器容量按 72 个模拟量、128 个开关量考虑。

（2）故障录波器应采用嵌入式微机故障录波装置。应具有记录模拟量、开关量及故障测距的功能。

（六）故障测距系统

1. 配置原则

（1）为了实现线路故障的精确定位，对于大于 80km 的长线路或路径地形复杂、巡检不便的线路，应配置专用故障测距装置。

（2）宜采用行波原理、双端故障测距装置，两端数据交换宜采用 2M 通道。

（3）每套行波故障测距装置可监测 1~8 条线路。当线路超过 8 条时，建设初期故障测距装置的配置可结合远景规模统一考虑。

2. 技术要求

（1）行波测距装置应采用数字式，有独立的起动元件，并具有将其记录的信息就地输出并向远方传送的功能。

（2）行波测距装置应采用高速采集技术、时间同步技术、计算机仿真技术、匹配滤波技术和小波技术实现以双端行波测距为主，以单端行波测距为辅。

（3）行波测距装置的测距误差不应受运行方式变化、故障位置、故障类型、负荷电流、过渡电阻等因素的影响，测距误差应不大于 500m。

（4）行波测距装置应能监视 8 条线路，本侧装置与对侧装置可构成双端测距系统。测距装置具有自动识别故障线路的能力，能有效防止装置的频繁误起动和漏检。

（5）当线路发生故障时，线路两端所在站内的行波故障测距装置之间应能远程交换故障数据以实现自动给出双端测距结果。

（6）行波测距装置应能通过电力数据网、专线通道或拨号方式与调度中心通信。调度端应能自动接收或主动调取行波测距系统的测距结果、测距装置记录的行波数据、装置的工作状况，并应具有远方修改配置、进行整定的功能。

（7）行波测距装置应具有接收对时功能，以实现行波测距装置与时间同步系统的同步，时间同步误差范围为 $-1\mu s \sim +1\mu s$。对时接口优先采用 IRIG-B（DC）或 1PPS＋RS-485 串口方式。

（七）保护及故障信息管理子站系统

1. 配置原则

（1）500kV 变电站应配置一套保护及故障信息管理子站系统，保护及故障信息管理子站系统与监控系统宜根据需要分别采集继电保护装置的信息。

（2）保护及故障信息管理子站系统与保护装置、监控系统的联网方式宜采用如下两个方案：

方案一：如果不考虑在监控系统后台实现继电保护装置软压板投退、远方复归的功能，则监控系统仅采集与运行密切相关的保护硬接点信号，站内所有保护装置与故障录波装置仅与保护及故障信息管理子站连接；保护及故障信息管理子站通过防火墙接入监控系统站控层网络，向监控系统转发各保护装置详细软报文信息。

方案二：如果考虑在监控系统后台实现继电保护装置软压板投退、远方复归的功能，则保护及故障信息管理子站系统与监控系统分网采集保护信息。保护装置可直接通过网口或保护信息采集器，按照子站系统和监控系统对保护信息量的要求，将保护信息分别传输至子站系统和监控系统，故障录波装置单独组网后直接与子站连接。保护信息采集器推荐与保护信息管理子站统一设计。

2. 技术要求

（1）保护及故障信息管理子站系统宜采用嵌入式装置化的产品，信息的采集、处理和发送不依赖于后台机。

（2）保护及故障信息管理子站系统主机不宜采用 Windows 操作系统。

（3）保护及故障信息管理子站系统应能与各继电保护装置和故障录波装置进行数据通信，收集各继电保护装置及故障录波装置的动作信号、运行状态信号，通过必要的分析软件，在站内对事故进行分析。

（4）保护及故障信息管理子站系统对保护装置应具有调取查询保护定值、投/退软压板及复归功能，对故障录波装置应具有定值修改和系统参数配置、定值区查看、起动、复归功能。

（5）调度中心应能通过保护及故障信息管理子站调取继电保护装置和故障录波装置的定值、动作事件报告、故障录波报告、运行状态信号等。

（6）信息传送时间要求：保护动作事件不大于 3s，故障报告不大于 10s，查询响应时间不大于5s。

(7) 子站系统内部的任何元件故障，均不应影响保护装置的正常运行。

(8) 保护及故障信息管理子站系统与各继电保护装置、故障录波装置的接口采用以太网口，对于特殊的只有串口输出的保护，可先经串口服务器转换成以太网口再接入子站。通信规约采用 IEC 60870 - 5 - 103 或 IEC 61850。

(9) 保护及故障信息管理子站系统应能通过电力调度数据网、专用通信通道与调度中心通信。

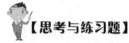【思考与练习题】

1. 变电站计算机监控系统网络结构设计原则是什么？

2. 变电站计算机监控系统硬件设备如何配置？什么变电站宜配置工程师工作站？

3. 对变电站计算机监控系统软件配置有何要求？

4. 对变电站计算机监控系统功能配置有何要求？

5. 如何配置全站时间同步系统？

6. 变电站计算机监控系统站控层设备应如何布置？

7. 变电站计算机监控系统间隔层设备应如何布置？

8. 对变电站计算机监控系统设备安装环境有何要求？

9. 对变电站计算机监控系统的电源有何要求？

10. 对变电站计算机监控系统防雷接地有何要求？

11. 对变电站计算机监控系统二次设备接地有何要求？

12. 如何选择变电站计算机监控系统电缆？

13. 110kV 输电线路继电保护及自动装置配置原则是什么？

14. 220kV 输电线路继电保护及自动装置配置原则是什么？

15. 500kV 输电线路继电保护及自动装置配置原则是什么？

16. 500kV 主变压器继电保护配置原则是什么？

17. 母线及断路器失灵保护配置原则是什么？

18. 500kV 断路器保护配置原则是什么？

19. 220kV 母联断路器保护配置原则是什么？

21. 线路故障录波器配置原则是什么？主变压器故障录波器配置原则是什么？

22. 线路故障测距装置配置原则是什么？

23. 保护及故障信息管理子系统配置原则是什么？

模块 2　变电站综合自动化系统工程设计实例

模块描述

　　本模块包含了 35、110、220、500kV 变电站和 10kV 开闭所综合自动化系统工程设计实例。通过要点归纳、原理介绍、图表举例，掌握 35、110、220、500kV 变电站和 10kV 开闭所综合自动化系统工程设计。

【正文】

一、10kV 开闭所综合自动化系统工程设计实例

开闭所按无人值班设计，采用集控制、保护、测量和通信功能一体化的微机型测控保护装置。10kV 电源进线和 10kV 馈线主设备采用真空一体化断路器；10kV 电源进线及 10kV 出线配置保护、测控一体化装置，配置分段备用电源自投及进线互投装置；10kV 两段母线电压互感器配置 TV 并列/解列装置。测控保护装置和电能表按分层分布式布置，即对应各出线间隔的测控保护装置和电能表分别安装在各自开关柜上。

1. 建设规模

2 回电源进线、12 回出线、2 段母线 TV 和 2 台站用变压器。

2. 电气主接线

开闭所采用单母线分段接线，户内布置方式。

3. 继电保护及自动装置

10kV 电源进线及出线保护和自动装置配置：三段式过流保护、过负荷保护、单相接地零序电流保护、低周低压减载装置、备用电源自投装置。

并列/解列装置配置具有手动 TV 并列/解列、10kV 两段母线 TV 绝缘监测、断线告警、接地故障报警功能。

备用电源自投装置配置具有分段断路器保护、一段或二段电流保护（带后加速）、母线接地告警（输出空触点）、TV 断线告警（输出空触点）、备用电源自投动作信号（输出空触点）、分段开关自投功能和两回进线互投功能。

4. 监控系统

遥控对象：10kV 断路器。

遥测内容：10kV 母线采集三相电压、一个线电压、一个零序电压，10kV 线路采集三相电流，10kV 母线分段采集三相电流，所用电 380V 侧采集三相电压、三相电流、一个线电压；直流系统采集直流充电电流、直流充电电压、直流母线电压（并设置越限告警）、操作电压，温度信号采集室内温度、室外温度。

遥信内容：10kV 断路器位置信号，断路器弹簧未储能信号，手车试验、运行位置信号（手车柜），保护装置动作及异常信号，控制回路断线信号，备用电源自投动作及异常信号，TV 断线信号，TV 并列信号，消防报警信号。

5. 防误系统

为了保证供电可靠，防止误操作事故发生，采用具备可靠性高的强制性的机械五防开关柜，配置一套防误综合操作系统，采用液晶触摸屏，该系统具有完整的五防功能，对电气设备进行集中监测、控制、操作、遥信遥测量显示、报警等功能。

6. 直流系统

本工程采用壁挂式直流电源系统，安装在开关室内，蓄电池容量为 24Ah，共 18 只蓄电池，每只 12V，充电电流 6A。

二、35kV 变电站综合自动化系统工程设计实例

某变电站 A，按微机综合自动化系统无人值班变电站方式设计，主变压器、35kV 配电装置、10kV 部分的测控及保护均在主控制室集中组屏安装，主控制室内设置当地监控后台机一套。

1. 建设规模

2 台主变压器、4 回电源进线、10 回出线，2 台站用变压器、4 台电容器。

2. 主接线

35kV 单母线分段接线，10kV 单母线分段接线。

3. 继电保护及自动装置

主变压器保护配置：变压器重瓦斯保护、差动保护、差动速断保护、复合电压闭锁过流保护（35、10kV）、复合电压闭锁方向过流保护（10kV）、两侧过负荷保护、主变压器轻瓦斯保护、温度升高起动冷却装置、通风故障切变压器等。

35kV 线路保护及自动装置配置：低电压闭锁方向电流速断保护、低电压闭锁方向电流限时速断保护、低电压闭锁过电流及后加速保护、检同期三相一次重合闸装置、低周低压解列装置。

10kV 线路保护配置：电流速断或限时速断保护、过流保护、自动重合闸装置、低周减载装置、小电流接地选线装置。

10kV 电容器保护配置：电流限时速断保护、定时限过流保护、零序电流保护、定时限过电压保护、失压保护、电压保护（开口三角形电压）。

自动装置配置：为提高供电的可靠性在本变电站的 35kV 侧和 10kV 侧各装设一套备用电源自投装置、分段备用电源自投装置。

4. 监控系统

本变电站采用变电站综合自动化监控系统，采用现场总线，实现间隔层与站级间通过数据网络方式通信。通过通信管理机连接保护装置、测控装置、直流电源等，从而实现常规模式中变电站二次接线的所有功能及全站自动化。鉴于该变电站实际情况，本设计按集中组屏式方式布置。对于 35kV 线路及 10kV 线路部分，采用保护、监控一体化的微机装置，监控功能由一体化装置完成，主变压器、站用变压器及全站公用部分单独配置监控单元，以满足功能要求。

站内综合自动化监控系统能实现变电站各种设备的控制、监视、联动、联锁、闭锁、电流测量、电压测量、功率测量、电能测量功能，实现所有开关联跳功能以及实时数据采集及处理功能。系统功能设计考虑如下：

四遥功能和防误操作，电压、无功自动控制，事件顺序记录和事故追忆，报警处理，实时及历史画面显示，在线统计计算，制表打印，远方通信功能，时钟同步，系统自诊断和自恢复，与微机保护装置的接口，管理和维护功能。

遥控对象：35、10kV 断路器、TV 回路切换等。

以上设备既可在远方控制也能实现就地手动操作，两种操作方式通过设在屏柜上的远方/就地转换开关进行转换和闭锁。

遥测内容：35kV 线路采集三相电流、有功功率、无功功率、有功电能、无功电能，主变压器高、低压两侧采集三相电流、有功功率、无功功率、有功电能、无功电能，35kV 母联回路采集三相电流，35kV 两段母线采集三相电压、一个线电压、一个零序电压，10kV 两段母线采集三相电压、一个线电压、一个零序电压，10kV 分段回路采集三相电流，10kV 馈线采集三相电流、有功电能、无功电能，所用变压器（380V）采集三相电压、一个线电压、三相电流、有功电能、无功电能，采集直流充电电压、充电电流、母线电压、（并设置越限告警），主变压器采集油温，变电站采集室内温度三个。

遥信内容：参照 110kV 变电站综合自动化系统遥信内容。

5. 防误操作

本变电站采用微机五防系统，要求与监控系统配套；信息量采集取自监控系统，不另放置电缆。断路器及隔离开关采用电脑锁防误操作，35、10kV 开关柜采用机械式闭锁。

6. 直流系统

本工程直流系统采用 220V 电源。220V 直流系统供给计算机监控设备、保护设备、断路器跳合闸和变电站的事故照明等用电。直流系统选用一组 100Ah 的免维护铅酸蓄电池，采用单母线分段接线方式。直流馈线采用辐射型供电方式，两段直流母线上设一套微机绝缘装置。

充电设备采用智能型高频开关电源。当系统交流输入正常时，充电模块将三相交流转为 220V 直流，并对电池充电，同时给负荷提供正常工作电流；当交流输入停止时，充电模块停止工作，由电池给直流负荷供电。本变电站选用 5 个 10A 的模块，其中 3 个作为充电模块，2 个作为控制模块，采用 N+1 热备份。

直流屏设在主控制室内，蓄电池安装在蓄电池屏柜内。

三、110kV 变电站综合自动化系统工程设计实例

（一）建设规模

主变压器容量最终 3×63MVA，本期 2×63MVA，有载调压变压器，电压等级 110kV/10kV；110kV 出线：最终 6 回，本期 2 回；10kV 出线：最终 48 回，本期 32 回；10kV 无功补偿：最终为 3×2×5010kvar，本期为 2×2×5010kvar。

（二）电气主接线

110kV 最终出线 6 回，采用双母线接线方式。主变压器 110kV 侧中性点采用经隔离开关直接接地方式，主变压器 10kV 侧采用经消弧线圈接地方式，消弧线圈接于 10kV 母线上。

（三）继电保护系统

1. 系统保护

（1）110kV 线路保护。

1）每回 110kV 线路的电源侧变电站一般宜配置一套线路保护装置，负荷侧变电站可不配置。保护应包括完整的三段相间及接地距离、四段零序方向过电流保护。

2）每回 110kV 环网线及电厂并网线、长度低于 10km 的短线路宜配置一套纵联保护。

（2）110kV 母线保护。

1）110kV 双母线接线应配置一套母线差动保护。

2）单母线分段接线可配置一套母线差动保护。

（3）110kV 母联保护。

1）母联按断路器配置一套完整的、独立的，具备自投、自退功能的母联充电保护装置和一个三相操作箱。

2）母联充电保护应具有两段相过流和一段零序过流保护。

（4）备用电源自动投入装置。

1）根据主接线方式要求，母联（分段、桥）断路器、线路断路器可配置备用电源自动投入装置，具备备用电源自投功能和进线互投功能。

2）母线差动保护动作应闭锁备用电源自动投入装置。

（5）故障录波器。对于重要的 110kV 变电站，其线路、母联及主变压器可配置一套故障录波器。

2. 元件保护及自动装置

（1）主变压器保护。

1）主变压器可按主、后分开单套配置，或采用主后一体化双套配置。

2）主变压器应配置独立的非电气量保护。

3）主变压器高压侧配置复合电压闭锁过流保护，低压侧配置时限速断、复合电压闭锁过流保护。各侧均配置过负荷保护。当变压器低压侧中性点经低电阻接地时，还应配置零序电流保护。

（2）并联电容器保护。不接地系统配置微机型三段式相间电流保护、过电压保护、低电压保护、放电线圈开口三角形零序电压保护、中性点不平衡电流保护、差压保护，低电阻接地系统还应配置零序电流保护。

（3）35kV/10kV 线路保护。不接地系统配置微机型三段式相间电流保护及三相一次重合闸（架空线路），低电阻系统还应配置零序电流保护。如果电流保护不能满足需要，应根据实际选择配置相间距离保护或全线速动保护。

（4）接地变压器、接地电阻保护。接地变压器配置微机型三段式相间电流保护、零序电流保护及本体保护，保护动作跳变压器各侧断路器。接地电阻配置一段零序电流保护，保护动作跳变压器各侧断路器。

（5）自动装置。根据系统要求配置微机型低频减载装置。35kV/10kV 线路一般采用一体化装置中的自动低频减载功能，也可独立设置。

（四）计算机监控系统

1. 系统设备配置原则

（1）监控系统宜采用分层、分布、开放式网络结构，主要由站控层、间隔层、过程层（选配）以及网络设备构成。站控层设备按变电站远景规模配置，间隔层设备按工程实际建设规模配置。

（2）站控层设备包括主机兼操作员工作站、远动通信设备、公用接口装置、打印机等，其中主机兼操作员工作站和远动通信设备均按单套配置，远动通信设备优先采用无硬盘专用装置。

（3）网络设备包括网络交换机、光/电转换器、接口设备和网络、电缆、光缆及网络安全设备等。间隔层设备包括测控单元和网络接口等。

2. 系统网络结构

（1）变电站宜采用单网结构，站控层网络与间隔层网络采用直接连接方式。

（2）站控层网络应采用以太网，网络应具有良好的开放性，以满足与电力系统其他专用网络连接及容量扩充等要求。间隔层网络宜采用以太网，应具有足够的传送速率和极高的可靠性。

3. 系统软件

主机兼操作员工作站采用 UNIX 等安全性较高的操作系统。

4. 系统功能

监控系统对变电站进行可靠、合理、完善的监视、测量、控制，并具备遥测、遥信、遥调、遥控等全部的远动功能，具备 AVQC、同期等功能，具有与调度通信中心交换信息的能力。具体功能要求按 DL/T 5149—2001《220kV～500kV 变电所计算机监控系统设计技术规程》执行。

5. 远动信息内容

（1）110kV 变电站遥测量见表 3.1。

表 3.1　　　　　　　　　　　　　　110kV 变电站遥测量

序号	名称	遥测量
1	110kV 线路	有功功率、无功功率、三相电流、三相电压、线电压
2	110kV 母联	三相电流，有特殊需要时加采有功功率、无功功率
3	110kV 母线	三相电压、线电压、频率
4	主变压器	各侧有功功率、无功功率、三相电流
5	10kV 线路	三相电流，有特殊需要时加采有功功率、无功功率
6	并联补偿装置	三相电流、无功功率
7	10kV 分段	三相电流
8	10kV 母线	三相电压、线电压、零序电压
9	所用变压器高压侧	三相电流、三相电压、有功功率
10	所用变压器低压侧	三相电流、三相电压、线电压
11	直流电源	充电电流、充电电压、母线电压、操作电压
12	通信电源	交流电源电压、直流电源电压
13	温度	主变压器上层油温、保护室室温、通信室室温、室外温度

（2）110kV 变电站遥信量见表 3.2

表 3.2　　　　　　　　　　　　　　110kV 变电站遥信量

序号	名称	遥信量	序号	名称	遥信量
1	110kV 配电装置	110kV 断路器位置信号 110kV 隔离开关位置信号 110kV 接地开关位置信号 110kV 断路器机构信号 110kV 隔离开关机构信号 110kV 接地开关机构信号	5	110kV 母线保护	母线保护动作信号 母线保护装置运行异常信号 母线保护母线互联信号 TA/TV 断线信号 母线保护装置故障信号
2	主变压器	主变压器中性点断路器位置信号 主变压器挡位信号 主变压器本体信号	6	110kV 母联保护	母联保护动作信号 母联保护装置故障信号 母联保护装置运行异常信号
3	10kV 配电装置	10kV 断路器位置信号 10kV 断路器弹簧未储能信号	7	电压并列装置	电压并列信号 电压并列装置直流消失信号 保护、测量、计量电压消失信号
4	110kV 线路保护	线路保护动作信号 线路重合闸信号 线路保护装置故障信号 线路保护装置运行异常信号 线路保护通道故障信号（可选）	8	故障录波器	故障录波器装置动作信号 故障录波器装置故障信号 故障录波器装置电源消失信号

序号	名称	遥信量	序号	名称	遥信量
9	主变压器保护	主变压器保护动作信号 主变压器非电气量保护动作信号 主变压器保护装置故障信号 主变压器保护装置运行异常信号	12	低周减载装置	装置动作信号 装置告警信号 装置 TV 断线信号
10	10kV 保护装置	保护动作信号 重合闸动作信号 保护装置故障信号	13	其他	消防报警信号 图像监控及安全警卫系统信号 电源系统信号 同步时钟系统信号 ……
11	自动装置	保护动作信号 保护装置故障信号			

（3）110kV 变电站遥控内容见表 3.3。

表 3.3　　　　　　　　　　110kV 变电站遥控内容

序号	遥控内容	序号	遥控内容
1	110kV 断路器	4	高频保护通道起信和停信
2	10kV 断路器	5	强油循环风冷变压器冷却器的起动和停用
3	主变压器中性点接地开关		

（4）110kV 变电站遥调内容见表 3.4。

表 3.4　　　　　　　　　　110kV 变电站遥调内容

序号	遥调内容	序号	遥调内容
1	有载调压变压器有载分接头调整（升、降控制）	2	有载调压变压器调压机构急停

6. 综合自动化系统网络图

110kV 变电站综合自动化系统网络图如图 3.1 所示。

（五）防误操作系统

配置独立专用微机五防系统。远方操作时通过五防系统和监控系统软件逻辑闭锁实现全站的防误操作闭锁功能，就地操作时则由电脑钥匙和锁具来实现，同时在受控设备的操作回路中串接本间隔的闭锁回路。专用微机五防系统与变电站监控系统应共享采集的各种实时数据，不应独立采集。

（六）直流电源系统

110kV 变电站操作直流电源系统一般采用 220V。蓄电池宜采用阀控式密封铅酸蓄电池，宜装设 1 组。蓄电池容量按照消失事故放电时间考虑，具体工程应根据变电站规模、直流负荷和直流系统运行方式，对蓄电池个数、容量以及充电装置容量进行计算确定。110kV 变电站直流系统接线图如图 3.2 所示。

110kV 变电站宜采用单母线分段接线。二次设备室的测控装置、保护装置、故障录波装置、自动装置等设备采用辐射方式供电，配电装置直流电机网络、35kV/10kV 开关柜顶直流网络采用环网供电方式。

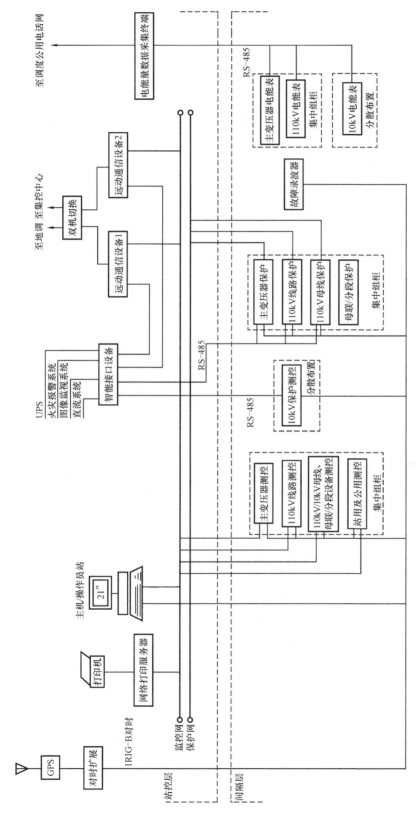

图 3.1 110kV 变电站综合自动化系统网络图

105

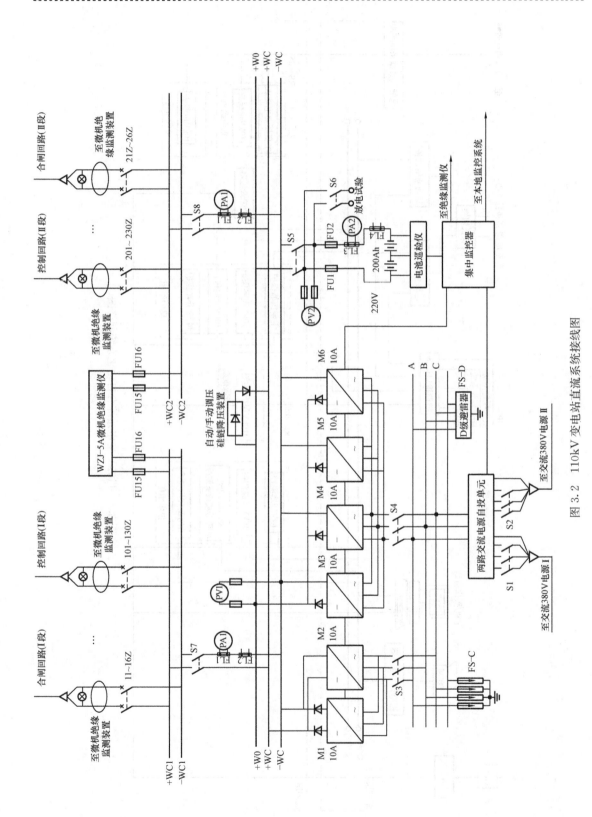

图 3.2　110kV 变电站直流系统接线图

（七）其他二次系统

1. 图像监视及安全警卫系统

为了便于变电站运行管理，保证变电站的安全运行，在 110kV 变电站内设置一套图像监视及安全警卫系统。其功能要求按照满足安全防范要求配置，不考虑对设备运行状态的监视。该系统应对全站主要电气设备、建筑物及周边环境进行全天候的图像监视，应具有与火灾和防盗报警的联动功能。

2. 火灾报警系统

该 110kV 变电站设置一套火灾报警系统，包括火灾报警控制器、探测器、控制模块、信号模块和手动报警按钮等。火灾报警系统应取得当地消防部门的认证。其探测区域应按独立房间划分，根据所探测区域的不同，配置不同类型和原理的探测器。火灾报警控制器设置在门卫室靠近门口处。当发生火灾时，火灾报警控制器可及时发出声光报警信号，显示发生火警的地点。

3. 二次系统安全防护

按照"安全分区、网络专用、横向隔离、纵向认证"的基本原则，配置变电站二次系统安全防护设备。

（八）布置方式与组柜方案

1. 布置方式

全站一般设置一间二次设备室，变电站的远动通信主机柜、集中组柜的测控柜、保护柜、电源系统柜、电能表柜、消弧线圈控制柜等设备集中布置在变电站二次设备室。10kV 保护测控一体化装置及电能表等设备分散布置在 10kV 配电室内的相应开关柜内。同时，应预留 10%～15% 的备用屏位。二次设备室内设备屏柜结构、外形尺寸及颜色均应统一。

2. 组柜方案

根据 110kV 变电站的建设规模及主接线形式，结合相应设计技术原则，110kV 变电站综合自动化设备组柜方案见表 3.5。

表 3.5 　　　　　　　　　　110kV 变电站综合自动化设备组柜方案

序号	名称	数量	备注	序号	名称	数量	备注
1	主变压器测控柜	2		13	10kV 公用辅助柜	1	
2	110kV 线路测控柜	1		14	10kV 低周减载柜	1	
3	110kV 公用测控柜	1		15	消弧线圈控制柜	1	
4	10kV 公用测控柜	1		16	主变压器电能表柜	1	
5	站用变压器测控柜	1		17	110kV 线路电能表柜	1	含电能量采集装置
6	公用测控柜	1		18	UPS柜	1	
7	远动通信主机柜	1		19	GPS 同步时钟柜	1	
8	主变压器保护柜	2		20	图像监视系统柜	1	
9	110kV 线路保护柜	1		21	调度数据网络柜	1	
10	110kV 母线保护柜	1		22	直流电源系统柜	3	
11	110kV 公用辅助柜	1		23	站用电源系统柜	3	
12	110kV 故障录波柜	1		24	主机兼操作员工作站		不组柜

四、220kV 变电站综合自动化系统工程设计实例

（一）建设规模

主变压器本期 1×180MVA，最终 2×180MVA；220kV 本期出线 1 回，最终出线 4 回；110kV 本期出线 1 回，最终出线 12 回；10kV 本期出线 0 回，最终出线 6 回。

（二）电气主接线

220kV 本期和终期均为双母线接线，110kV 本期和终期均为双母线接线，10kV 单母线分段接线。

（三）继电保护配置

1. 系统保护

（1）220kV 线路保护。220kV 最终出线 4 回，本期只上一回，采用双母线接线。本期220kV 出线接至 220kVA 变电站。

配置两套保护，一套为高频距离保护，采用电力载波通道；另一套为纵联光纤分相电流差动保护，采用专用光纤通道。

两套保护组柜两面，保护 1 柜含光纤分相电流差动保护，具有两组分相跳闸线圈的断路器操作箱及电压切换装置，保护 2 柜含高频距离保护及电压切换装置。

（2）110kV 线路保护。110kV 最终出线 12 回，本期出线 1 回，采用双母线接线。本期出线为 110kV B—C 单回线，线路长度为 10km，由于已上的对侧 110kV 线路（C 变电站侧）保护配置为国电南自 GPSL621D‑111 纵联型差动保护，故本期新建 110kV 线路（B 变电站侧）保护配置与此相同。将 A 变电站某线路改接后空出的 110kV 线路保护（整面屏）搬到B 变电站作为本期新上的一回 110kV 出线保护使用，B 变电站 110kV 线路不另配保护。线路保护包括三段式相间差动保护、接地距离保护、四段零序方向过流保护及电压切换回路、三相操作箱、三相一次重合闸等。光纤差动保护通道选用专用光纤芯通道。

（3）母联及分段保护。本站 220kV 及 110kV 母联配置独立于母线保护的数字式母线充电保护及母联过流保护装置。保护应具备可瞬时和延时跳闸的回路，作为母线充电保护，可兼作新线路投运时（母联或分段断路器与线路断路器串接）的辅助保护。220kV 母联保护装置（含母联操作箱）及 220kV 电压并列装置合组一面柜，110kV 母联保护装置（含母联操作箱）及 110kV 电压并列装置合组一面柜，10kV 分段保护、备用电源自投及电压并列装置合组一面柜。

（4）母线差动保护及断路器失灵保护。220kV 母线配置两面相互独立且不同原理的微机母线差动保护柜，要求每套母线保护均具有电流差动保护、断路器失灵保护、母联失灵保护及母联死区保护，具有复合电压闭锁回路，具有 TA 断线闭锁及告警、TV 断线告警功能。

110kV 母线配置一面微机母线差动保护柜，要求母线保护具有电流差动保护、断路器失灵保护、母联失灵保护及母联死区保护，具有复合电压闭锁回路，具有 TA 断线闭锁及告警、TV 断线告警功能。

（5）故障录波器。故障录波器应能够准确、连续、多次地记录因故障、振荡等引起的系统变化全过程的电气量波形，高频保护通道动作情况，各种电气开关及事件记录元件的动作情况。

故障录波器应具有接收卫星同步时钟（GPS）功能。故障录波器应具有远传功能，能分别实现手动、自动数据远传。故障录波器还应满足 DL/T 553—1994《（220‑500）kV 电力系统故障动态记录技术准则》所规定的要求。

具体配置如下：

1）220kV 线路装设一面可录取 72 路模拟量（含 8 个电压量、56 个电流量、8 个高频量）及 128 路开关量的微机故障录波器柜，该柜录取 220kV 线路的电流、电压量以及各保护装置的动作信号。

2）110kV 线路装设一面可录取 72 路模拟量（含 8 个电压量、64 个电流量）及 128 路开关量的微机故障录波器柜，该柜录取 110kV 线路的电流、电压量以及各保护装置的动作信号。

3）本期一台主变压器装设一面可录取 72 路模拟量（含 16 个电压量、56 个电流量）及 128 路开关量的微机故障录波器柜，该柜录取两台主变压器高、中、低三侧的电流、电压量以及变压器保护装置的动作信号。

（6）故障测距系统。A 变电站已配置一套故障测距装置，型号为科汇 XC—2000，故本期在 B 变电站配置一套型号相同的行波故障测距装置，组柜一面。装置采用故障测距原理，两端数据交换采用 2M 通道。

（7）保护及故障信息管理子站系统。本变电站装设一套保护及故障信息管理子站系统设备，组柜一面，该子站采用与微机监控系统完全独立的模式，将站内由不同厂家生产制造、具有不同型号、采用不同通信协议的继电保护、母线保护、故障录波器等智能装置统一接入，集中管理，从这些装置中采集数据，并按要求分别进行处理，在此基础上形成统一有序的数据格式，然后通过专用通信接口传送到中调（主站），再进行数据的集中分析处理，从而实现全局范围的故障诊断、测距、波形分析、历史查询、保护动作统计分析等高级功能。

保护及故障信息管理子站系统通过 2M 数据接口与调度中心通信。

2. 元件保护及自动装置

（1）主变压器保护。主变压器保护配置按照 GB/T 14285—2006《继电保护和安全自动装置技术规程》的要求，采用两套完整、独立并且是安装在各自柜内的保护装置。每套保护均配置完整的主、后备保护。具体配置：差动保护；高、中压侧复合电压闭锁的方向及不带方向的过电流保护；高、中、低压侧过负荷保护；方向、零序电流保护；中性点直接接地运行时，设零序方向及不带方向的过电流保护；中性点经间隙接地运行时，设间隙零序电流、电压保护；低压侧复合电压起动的电流保护；低压侧单相接地保护；本体保护：重瓦斯保护、轻瓦斯保护、油温异常保护、油位异常保护、绕组温度异常保护、压力释放保护、冷却系统故障保护等。

（2）电容器保护。配置带有短时限的电流速断和过电流保护、中性点电压不平衡保护、过电压保护、失压保护。

（3）站用变压器保护。配置电流速断及过电流保护、低压侧中性点零序电流保护。

（四）计算机监控系统

本变电站按无人值班变电站设计，采用计算机监控系统。操作控制功能按集控中心、站控层、间隔层、设备级的分层操作原则考虑。操作权限按集控中心、站控层、间隔层、设备级的顺序层层下放。原则上站控层、间隔层、设备级只作为后备操作或检修操作的手段。在监控系统运行正常的情况下，任何一层的操作、设备的运行状态和选择切换开关的状态都应处于计算机监控系统的监视之中。在任何一层的操作时，其他操作级均处于被闭锁状态。

1. 系统设备配置原则

（1）监控系统应采用分层、分布、开放式网络结构，主要由站控层设备、间隔层设备和网络设备等构成。站控层设备按变电站远景规模配置，间隔层设备按工程本期建设规模配置。

（2）站控层设备包括主机兼操作员工作站、远动通信设备（双机）、公用接口装置、网络设备、打印机等，其中远动通信设备按双套冗余配置。

（3）网络设备包括网络交换机、光/电转换器、接口设备和网络连接线、电缆、光缆及网络安全设备等。

（4）间隔层设备包括 I/O 测控单元、网络接口等。

2．系统网络结构

（1）变电站采用双重化网络，站控层网络与间隔层网络采用直接连接方式。

（2）站控层网络采用以太网。网络应具有良好的开放性，以满足与电力系统其他专用网络连接及容量扩充等要求。

（3）间隔层网络应具有足够的传送速率和极高的可靠性，采用以太网。间隔层测控单元应能实现直接通信，在站控层及网络失效的情况下，仍能独立完成本间隔设备的就地监控功能。

3．系统软件

主机兼操作员工作站采用 UNIX 等安全性较高的操作系统。

4．系统功能

监控系统对变电站进行可靠、合理、完善的监视、测量、控制，并具备遥测、遥信、遥调、遥控等全部的远动功能，具备 AVQC、同期等功能，具有与调度通信中心交换信息的能力。具体功能要求按 DL/T 5149—2001《220kV～500kV 变电所计算机监控系统设计技术规程》执行。

5．远动信息内容

（1）220kV 变电站遥测量见表 3.6。

表 3.6 220kV 变电站遥测量

序号	名称	遥测量
1	220kV 线路	有功功率、无功功率、三相电流、三相电压、线电压
2	220kV 母联	三相电流，有特殊需要时加采有功功率、无功功率
3	220kV 母线	三相电压、线电压、频率
4	110kV 线路	有功功率、无功功率、三相电流、三相电压、线电压
5	110kV 母联	三相电流，有特殊需要时加采有功功率、无功功率
6	110kV 母线	三相电压、线电压、频率
7	主变压器	各侧有功功率、无功功率、三相电流
8	10kV 线路	三相电流，有特殊需要时加采有功功率、无功功率
9	并联补偿装置	三相电流、无功功率
10	10kV 分段回路	三相电流
11	10kV 母线	三相电压、线电压、零序电压
12	所用变压器高压侧	三相电流、三相电压、有功功率
13	所用变压器低压侧	三相电流、三相电压、线电压
14	直流电源	充电电流、充电电压、母线电压、操作电压
15	通信电源	交流电源电压、直流电源电压
16	温度	主变压器上层油温、保护室室温、通信室室温、室外温度

（2）220kV 变电站遥信量见表 3.7。

表 3.7　　　　　　　　　　　　220kV 变电站遥信量

序号	名称	遥信量	序号	名称	遥信量
1	220kV 配电装置	220kV 断路器位置信号 220kV 隔离开关位置信号 220kV 接地开关位置信号 220kV 断路器机构信号 220kV 隔离开关机构信号 220kV 接地开关机构信号	7	110kV 母联保护	母联保护动作信号 母联保护装置故障信号 母联保护装置运行异常信号
2	110kV 配电装置	110kV 断路器位置信号 110kV 隔离开关位置信号 110kV 接地开关位置信号 110kV 断路器机构信号 110kV 隔离开关机构信号 110kV 接地开关机构信号	8	电压并列装置	电压并列信号 电压并列装置直流消失信号 保护、测量、计量电压消失信号
3	主变压器	主变压器中性点隔离开关位置信号 主变压器挡位信号 主变压器本体信号	9	故障录波器	故障录波器装置动作信号 故障录波器装置故障信号 故障录波器装置电源消失信号
4	10kV 配电装置	10kV 断路器位置信号 10kV 断路器弹簧未储能信号	10	主变压器保护	主变压器保护动作信号 主变压器非电气量保护动作信号 主变压器保护装置故障信号 主变压器保护装置运行异常信号
5	110kV 线路保护	线路保护动作信号 线路重合闸信号 线路保护装置故障信号 线路保护装置运行异常信号 线路保护通道故障信号（可选）	11	10kV 保护装置	保护动作信号 重合闸动作信号 保护装置故障信号
6	110kV 母线保护	母线保护动作信号 母线保护装置运行异常信号 母线保护母线互联信号 TA/TV 断线信号 母线保护装置故障信号	12	其他	消防报警信号 图像监控及安全警卫系统信号 电源系统信号 同步时钟系统信号 ……

（3）220kV 变电站遥控内容见表 3.8。

表 3.8　　　　　　　　　　　　220kV 变电站遥控内容

序号	遥控内容	序号	遥控内容
1	220kV 断路器	4	主变压器中性点接地开关
2	110kV 断路器	5	高频保护通道起信和停信
3	10kV 断路器	6	强油循环风冷变压器冷却器的起动和停用

（4）220kV 变电站遥调内容见表 3.9。

表 3.9　　　　　　　　　　　　220kV 变电站遥调内容

序号	遥调内容	序号	遥调内容
1	有载调压变压器有载分接头调整（升、降控制）	2	有载调压变压器调压机构急停

6. 综合自动化系统网络图

220kV 变电站综合自动化系统网络图如图 3.3 所示。

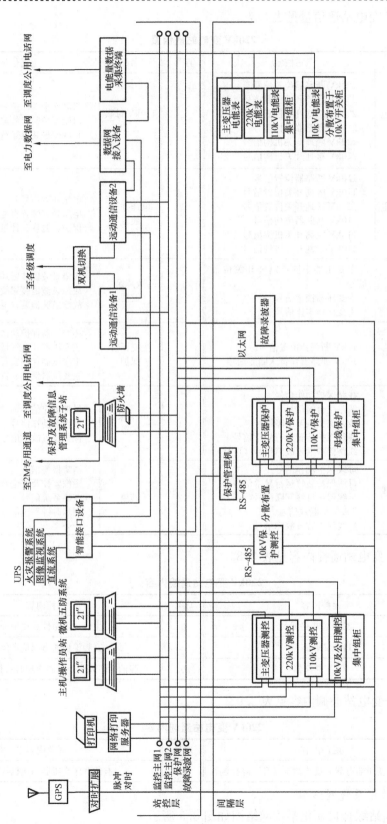

图 3.3 220kV 变电站综合自动化系统网络图

（五）防误操作系统

配置独立专用微机五防系统。远方操作时通过五防系统和监控系统软件逻辑闭锁实现全站的防误操作闭锁功能，就地操作时则由电脑钥匙和锁具来实现，同时在受控设备的操作回路中串接本间隔的闭锁回路。专用微机五防系统与变电站监控系统应共享采集的各种实时数据，不应独立采集。

五防系统与监控系统间的闭锁回路设计方案：按间隔配置五防编码锁，五防编码锁安装在监控屏上，监控系统与五防系统间采用通信电缆连接。后台监控系统遥控操作的许可由五防系统授权，当五防系统向后台监控系统开放允许命令后，后台监控系统才能进行有效地控制操作；后台监控系统也可根据需要解除与五防系统的连接，此时的遥控操作由后台监控系统独立进行。

110kV 和 220kV 配电装置的隔离开关和接地开关还配置完善的电气闭锁，10kV 开关柜配置相应的机械闭锁。

（六）直流电源系统

直流电源系统电压为 220V。直流电源系统采用单母线分段接线，每段母线应分别采用独立的蓄电池组供电，并在两段直流母线之间设置联络开关，正常运行时联络开关处于断开位置。

全站直流电源蓄电池的容量按事故放电 2h 选择，采用阀控式密封铅酸蓄电池组。全站设两组 220V 蓄电池，两组蓄电池分别安装在两个专用蓄电池室内。

配置两套智能高频开关充电装置。充电模块采用 N+1 热备用方式，共配置 5 个 20A 充电模块。每段直流母线设置一套微机绝缘监测仪，监视直流母线的电压以及自动检测各支路对地绝缘电阻，发生接地或绝缘下降时能及时自动告警。

二次设备室的测控装置、保护装置、故障录波装置、自动装置等设备采用辐射方式供电，配电装置直流电机网络、10kV 开关柜顶直流网络采用环网供电方式。220kV 变电站直流系统接线图如图 3.4 所示。

（七）其他二次系统

1. 全站时钟同步系统

全站设置一套统一的时间同步系统，单独组屏，接收全球卫星定位系统 GPS 的标准授时信号，GPS 主时钟采用双时钟冗余配置，并根据站内规模配置相应的扩展装置。

时间同步系统向站控层设备、保护及故障信息管理子站、保护装置、测控装置、故障录波装置、自动装置及站内其他智能设备等站内二次设备提供对时功能。

所有需对时的设备均采用直流偏置 IRIG-B 信号 RS-485 接口方式，设备采用一对一接口方式对时。对于就地安装的 10kV 开关柜保护测控装置，一段母线的出线（不超出 8 个装置）采用一个时间扩展装置的一个 IRIG-B 信号，在 10kV 保护装置 485 口对时端子上进行并接。

时间同步系统的精确度和稳定度应满足以下要求：

（1）主时钟采用高精度高稳定性时钟装置。

（2）时间同步的精确度指标应优于 $1\mu s$；时间同步的稳定度在标准中以守时指标的方式提出，具体指标应优于 $55\mu s/h$。

（3）主时钟应提供通信接口，负责将装置运行情况、锁定卫星的数量、同步或失步状态等信息上传，实现对时间同步系统的监视及管理。

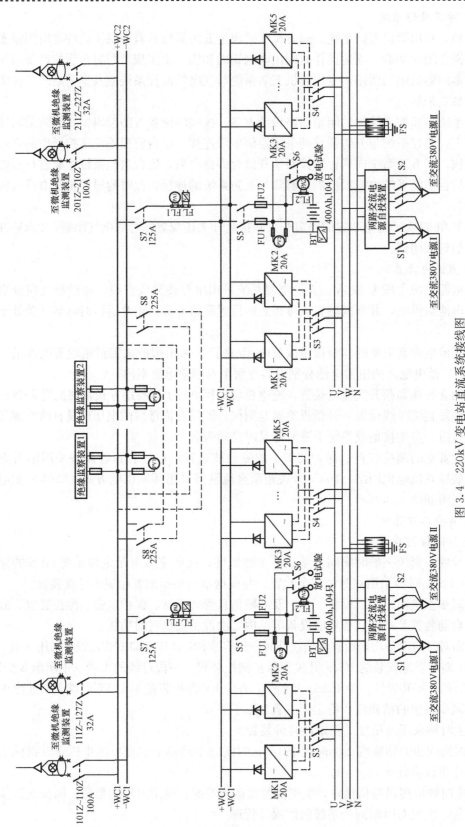

图 3.4 220kV 变电站直流系统接线图

2. 图像监视及安全警卫系统

本站按无人值班变电站设计，为便于维护管理，保证变电站安全运行，在变电站内建设一套图像监视及安全警卫系统。其功能按满足安全防范要求配置，不考虑对设备运行状态进行监视。

图像监视及安全警卫系统对全站主要电气设备、建筑物及周边环境进行全天候的图像监视，满足生产运行对安全巡视的要求。利用安装在监视目标区域的摄像机，对变电站内主设备进行全方位监视。通过目标区域的主动红外对射探测，对变电站围墙、大门进行全方位布防监视，不留死角和盲区。如有人翻越围墙，则报警处理；大门有人、车出入，则发出铃声通知运行人员。

本工程按变电站站端图像监视及安全警卫系统配置设备，包括：视频服务器、多画面分割器、录像设备、摄像机、云台、防护罩、编码器及沿变电站围墙四周设置的远红外线探测器。其中视频服务器等后台设备按全站最终规模配置，并留有远方监视的接口；就地摄像头按本期建设规模配置。

3. 二次系统安全防护

根据国家电力监管委员会第 5 号令《电力二次系统安全防护规定》和国家经济贸易委员会第 30 号令《电网与电厂计算机监控系统及调度数据网络安全防护规定》的要求，本站调度自动化涉及的实时、准实时系统包括与调度、控制、电力市场有关的计算机监控系统、远动系统、电能量计量系统等，除应具有高可靠性的自身安全防护措施外，系统之间若需互联，必须采用安全防护措施，不得与安全等级较低的管理信息系统直接相联，以避免受外部的攻击侵害，从而引起电力系统事故。本工程具体采用以下安全防护方案：

(1) 变电站二次系统安全防护遵循"安全分区，网络专用，横向隔离，纵向认证"的全国电力二次系统安全防护总体策略。

(2) 根据变电站二次系统的特点将自动化系统、变电站微机五防系统、广域相量测量装置、继电保护装置及管理终端（有设置功能）、安全自动控制装置、火灾报警等划为安全区 I 设备，电能量采集装置、继电保护管理终端（无设置功能）、故障录波子站端等划为安全区 II 设备，管理信息系统（MIS）、办公自动化系统（OA）、工作票系统等划为管理信息大区。

(3) 纵向安全防护要求。

1) 对安全区 I、II 中需通过调度数据网上传数据的，分别配置电力专用的 IP 认证加密装置，将其串接在安全区 I、II 专用交换机到路由器的通道中，来实现网络层双向身份认证、数据加密和访问控制。

2) 对安全区 I、II 中系统需要进行远程拨号维护的，分别增加拨号认证加密装置，来保证拨号用户操作的责任性和可追查性。

（八）布置方式与组柜方案

1. 布置方式

全站综合自动化设备采用集中布置方式，设有主控制室、监控室、站用配电室、两个蓄电池室。同时，应预留 10%~15% 的备用屏位。二次设备室内设备屏柜结构、外形尺寸及颜色均应统一。

2. 组柜方案

根据 220kV 变电站的建设规模及主接线形式，结合相应设计技术原则，220kV 变电站综合自动化设备组柜方案见表 3.10。

表 3.10　　　　　　　　　　220kV 变电站综合自动化设备组柜方案

序号	名称	数量	备注	序号	名称	数量	备注
1	图像监视及安全警卫系统柜	1		18	主变压器故障录波柜	1	
2	调度数据网及安全防护柜	1		19	220kV 线路保护柜	8	
3	GPS 柜	1		20	220kV 母线保护柜	2	
4	远动通信柜	1		21	220kV 母联保护及电压并列柜	1	
5	监控网络接口及交换机柜	1		22	110kV 线路保护柜	12	
6	站用变压器及公用测控柜	1		23	110kV 母线保护柜	1	
7	充氮灭火装置柜	1		24	110kV 母联保护及电压并列柜	1	
8	主变压器测控柜	2		25	110kV 线路故障录波柜	1	
9	220kV 线路测控柜	2		26	220kV 线路故障录波柜	1	
10	220kV 母线及母联测控柜	1		27	主变压器全电子电能表柜	1	
11	110kV 线路测控柜	1		28	220kV 线路电能表柜	1	
12	110kV 母线及母联测控柜	1		29	110kV 线路电能表柜	2	
13	10kV 分段及母线测控柜	1		30	保护及故障信息管理子站柜	1	
14	10kV 分段备用电源自投及电压并列柜	1		31	继电保护试验电源柜	1	
15	不间断电源柜	1		32	直流电源柜	6	
16	行波测控柜	1		33	通信屏位	20	
17	主变压器保护柜	6		34	备用	15	

五、500kV 变电站综合自动化系统工程设计实例

（一）建设规模

500kV 出线本期 4 回，远景 8 回；220kV 出线本期 8 回，远景 16 回；高压电抗器本期 1 组，远景 2 组；主变压器本期 1 组，远景 4 组，每组主变压器低压侧装设 2 组电容器和 2 组电抗器。

（二）电气主接线

500kV 侧采用一个半断路器接线，远景 6 串，主变压器均进串；本期 3 个完整串，采用 GIS 设备。

220kV 侧采用远景为双母线双分段接线，本期为双母线接线，采用 GIS 设备。

35kV 侧采用单母线接线，不装设总断路器，采用户外 AIS 设备。

（三）继电保护系统

1. 系统保护

（1）线路保护。

1）500kV 线路保护。

（a）每回 500kV 线路保护应按近后备原则配置双套完整的、独立的、能反映各种类型故障的、具有选相功能的全线速动保护，每套保护均具有完整的后备保护。

(b) 每回 500kV 线路应配置双套远方跳闸保护。远方跳闸保护宜采用一取一经就地判别方式。

(c) 根据系统工频过电压的要求，对可能产生过电压的 500kV 线路应配置双套过电压保护。

(d) 对 50km 以下的短线路，宜随线路架设 2 根 OPGW 光缆，配置双套光纤分相电流差动保护，有条件时，保护通道可采用专用光纤芯。

(e) 线路主保护、后备保护应起动断路器失灵保护。

(f) 对同杆并架双回线路，当有光纤通道时，为有选择性切除跨线故障，应优先选用双套光纤分相电流差动保护作为主保护。

(g) 对电缆、架空混合出线，每回线路宜配置双套光纤分相电流差动保护作为主保护，同时应配有包含过负荷报警功能的完整的后备保护。

2) 220kV 线路保护。

(a) 每回 220kV 线路应配置双套完整的、独立的、能反映各种类型故障的、具有选相功能的全线速动保护，每套保护均具有完整的后备保护。

(b) 每一套 220kV 线路保护均应含重合闸功能，两套重合闸应采用一对一起动和断路器控制状态与位置不对应起动方式。重合闸可实现单重、三重、禁用和停用方式。

(c) 线路主保护、后备保护应起动断路器失灵保护。

(d) 对 50km 以下的 220kV 短线路，宜随线路架设 OPGW 光缆，配置双套光纤分相电流差动保护，有条件时，保护通道可采用专用光纤芯。

(e) 对同杆并架双回线路，为有选择性切除跨线故障，应架设光纤通道，宜配置双套光纤分相电流差动保护。

(f) 对电缆线路以及电缆与架空混合线路，每回线路宜配置双套光纤分相电流差动保护作为主保护，同时还应配有包含过负荷报警功能的完整的后备保护。

(2) 母线保护。

1) 500kV 母线保护。

(a) 每条 500kV 母线按远景配置双套母线保护，对 500kV 一个半断路器接线方式，母线保护不设电压闭锁元件。

(b) 双重化配置的母线保护的交流电流回路、直流电源回路、开关量输入回路、跳闸回路应彼此完全独立没有电气联系。

(c) 每套母线保护只作用于断路器的一组跳闸线圈。

(d) 母线侧的断路器失灵保护需跳母线侧断路器时，通过起动母线差动保护实现。

2) 220kV 母线保护。

(a) 220kV 双母线按远景配置双套母线保护。

(b) 220kV 双母线按远景配置双套失灵保护，双套失灵保护功能宜分别含在双套母线差动保护中，每套线路（或主变压器）保护动作各起动一套失灵保护。

(3) 断路器保护。

1) 500kV 断路器保护。

(a) 一个半断路器接线的 500kV 断路器保护按断路器单元配置，每台断路器配置一面断路器保护柜。

(b) 当出线设有隔离开关时，应配置双套短引线保护。

2）220kV母联（或分段）断路器保护。220kV的母联、分段断路器应按断路器配置专用的、具备瞬时和延时跳闸功能的过电流保护。

3）操作箱。

(a) 500kV一个半断路器接线，每个断路器单元配置一套分相操作箱，操作箱宜配置在断路器保护柜内。

(b) 220kV双母线接线，每条线路宜配置一套分相操作箱，操作箱配置在其中一套线路保护柜内。

(4) 故障录波系统。

1）宜按电压等级配置故障录波装置。

2）每套500kV线路故障录波器的录波量配置宜为48路模拟量、128路开关量，每套220kV线路故障录波器的录波量配置宜为64路模拟量、128路开关量，每套主变压器故障录波器的录波量配置宜为64路模拟量、128路开关量。

(5) 故障测距系统。

1）对于大于80km的长线路或路径地形复杂、巡检不便的线路，应配置专用故障测距装置。

2）每套行波故障测距装置可监测1~8条线路。当线路超过8条时，建设初期故障测距装置的配置可结合远景规模统一考虑。

(6) 保护及故障信息管理子站系统。500kV变电站应配置一套保护及故障信息管理子站系统，保护及故障信息管理子站系统与监控系统宜根据需要分别采集继电保护装置的信息。

2. 元件保护及自动装置

(1) 主变压器保护。

1）配置双重化的主、后备保护一体的主变压器电气量保护和一套非电气量保护。

2）主保护采用纵联差动保护。

(2) 500kV高压电抗器保护。配置双重化的主、后备保护一体的高压电抗器电气量保护和一套非电气量保护。

(3) 站用变压器保护。配置微机型电流速断保护、零序电流保护和过流保护。

(4) 35（66）kV并联电容器保护。配置微机型电流速断保护、过流保护、中性点电流或电压不平衡保护，以及过压、失压、过负荷保护。

(5) 35（66）kV并联电抗器保护。配置微机型电流速断保护、过流保护、零序过电压保护。

(6) 35（66）kV母线保护。35（66）kV母线一般不宜配置母线差动保护，当采用主变压器低压侧速断保护不能满足灵敏度要求时，每段母线可配置一套微机型电流差动母线保护。

(7) 380V站用电备用电源自投。当2号（1号）站用变压器380V侧电压消失，站用备用变压器高压侧有电压时，自动投入站用备用变压器高压侧断路器和380V 2号（1号）站用备用分支断路器。

(8) 低压无功自动投切。低压无功自动投切功能宜由监控系统实现，如不满足系统要求，可装设一套低压无功自动投切装置。

（四）计算机监控系统

1. 系统设备配置原则

监控系统宜采用开放式分层分布结构，由站控层、间隔层以及网络设备构成，站控层设备按变电站远景规模配置，间隔层设备按工程实际建设规模配置。

站控层设备包括主机、操作员工作站、工程师站（选配）、远动通信设备、五防工作站（可选）、智能设备接口及打印机等。其中主机、操作员工作站、远动通信设备按双机冗余配置。网络设备包括网络交换机、光/电转化器、接口设备和网络连接线、电缆、光缆及网络安全设备等。间隔层设备包括 I/O 测控装置、间隔层网络与站控层网络的接口和继电保护通信接口装置等。

两台主机设备推荐采用组柜方式布置在计算机室。操作员工作站、五防工作站及打印机设备布置在主控制室，工程师站、主机柜、远动通信设备柜布置在计算机室。

2. 系统网络结构

监控系统间隔层的监控装置与站控层设备之间的连接结构，推荐采用间隔层的测控单元直接上站控层网络，测控装置直接与站控层通信的方案。在站控层及网络失效的情况下，间隔层应能独立完成就地数据采集和控制功能。

3. 系统软件

主机兼操作员工作站采用 UNIX 等安全性较高的操作系统。

4. 系统功能

监控系统实现对变电站可靠、合理、完善的监视、测量、控制，并具备遥测、遥信、遥调、遥控等全部的远动功能，具备 AVQC、同期等功能，具有与调度通信中心交换信息的能力。具体功能要求按 DL/T 5149—2001《220kV～500kV 变电所计算机监控系统设计技术规程》执行。

5. 远动信息内容

（1）500kV 变电站遥测量见表 3.11。

表 3.11　　　　　　　　　　　　　　　**500kV 变电站遥测量**

序号	名称	遥测量
1	500kV 线路	有功功率、无功功率、三相电流、三相电压、线电压
2	220kV 线路	有功功率、无功功率、三相电流、三相电压、线电压
3	220kV 母联	三相电流，有特殊需要时加采有功功率、无功功率
4	220kV 母线	三相电压、线电压、频率
5	主变压器	各侧有功功率、无功功率、三相电流
6	35kV 线路	三相电流，有特殊需要时加采有功功率、无功功率
7	并联补偿装置	三相电流、无功功率
8	35kV 分段回路	三相电流
9	35kV 母线	三相电压、线电压、零序电压
10	所用变压器高压侧	三相电流、三相电压、有功功率
11	所用变压器低压侧	三相电流、三相电压、线电压
12	直流电源	充电电流、充电电压、母线电压、操作电压
13	通信电源	交流电源电压、直流电源电压
14	温度	主变压器上层油温、保护室室温、通信室室温、室外温度

（2）500kV 变电站遥信量见表 3.12。

表 3.12 500kV 变电站遥信量

序号	名称	遥信量	序号	名称	遥信量
1	500kV 配电装置	500kV 断路器位置信号 500kV 隔离开关位置信号 500kV 接地开关位置信号 500kV 断路器机构信号 500kV 隔离开关机构信号 500kV 接地开关机构信号	11	220kV 母线保护	母线保护动作信号 失灵保护动作信号 母线保护母线互联信号 TA/TV 断线信号 隔离开关位置告警 母线保护装置故障信号 母线保护装置运行异常信号
2	220kV 配电装置	220kV 断路器位置信号 220kV 隔离开关位置信号 220kV 接地开关位置信号 220kV 断路器机构信号 220kV 隔离开关机构信号 220kV 接地开关机构信号	12	220kV 母联（分段）保护	母联（分段）保护动作信号 母联保护装置故障信号 母联保护装置运行异常信号
3	主变压器	主变压器中性点隔离开关位置信号 主变压器挡位信号 主变压器本体信号	13	电压并列装置	电压并列信号 电压并列装置直流消失信号 保护、测量、计量电压消失信号
4	35kV 配电装置	35kV 断路器位置信号 35kV 断路器弹簧未储能信号	14	故障录波器	故障录波器装置动作信号 故障录波器装置故障信号 故障录波器装置电源消失信号
5	500kV 线路保护	线路保护动作信号 线路保护装置故障信号 线路保护装置运行异常信号 线路保护通道故障信号	15	主变压器保护	主变压器保护动作信号 主变压器非电气量保护动作信号 主变压器过负荷保护动作信号 主变压器保护装置故障信号 主变压器保护装置运行异常信号
6	远方跳闸及过电压保护	远方跳闸及过电压保护动作信号 保护装置故障信号 保护装置运行异常信号	16	电抗器保护	电抗器保护动作信号 电抗器过保护动作信号 电抗器保护装置故障信号 电抗器保护装置运行异常信号
7	500kV 断路器保护	断路器保护动作信号 断路器保护重合闸动作信号 断路器保护装置故障信号 断路器保护装置运行异常信号	17	35kV 保护装置	保护动作信号 重合闸动作信号 保护装置故障信号
8	550kV 短引线保护	短引线保护跳闸信号 短引线保护装置故障信号 短引线保护装置运行异常信号	18	自动装置	保护动作信号 保护装置故障信号
9	500kV 母线保护	母线差动保护动作信号 母线差动保护装置故障信号 母线差动保护装置运行异常信号	19	低周减载装置	装置动作信号 装置告警信号 装置 TV 断线信号
10	220kV 线路保护	线路保护动作信号 线路保护装置故障信号 线路保护装置运行异常信号 线路保护通道故障信号	20	其他	消防报警信号 图像监控及安全警卫系统信号 电源系统信号 同步时钟系统信号 ……

（3）500kV 变电站遥控内容见表 3.13

表 3.13　　　　　　　　　　　　　500kV 变电站遥控内容

序号	遥控内容	序号	遥控内容
1	500kV 断路器	4	主变压器中性点接地开关
2	220kV 断路器	5	高频保护通道起信和停信
3	35kV 断路器	6	强油循环风冷变压器冷却器的起动和停用

（4）500kV 变电站遥调内容见表 3.14。

表 3.14　　　　　　　　　　　　　500kV 变电站遥调内容

序号	遥调内容	序号	遥调内容
1	有载调压变压器有载分接头调整（升、降控制）	2	有载调压变压器调压机构急停

6. 综合自动化系统网络图

500kV 变电站综合自动化系统网络图如图 3.5 所示。

（五）防误操作系统

配置独立专用微机五防系统。远方操作时通过五防系统和监控系统软件逻辑闭锁实现全站的防误操作闭锁功能，就地操作时则由电脑钥匙和锁具来实现，同时在受控设备的操作回路中串接本间隔的闭锁回路。专用微机五防系统与变电站监控系统应共享采集的各种实时数据，不应独立采集。

（六）直流电源系统

500kV 变电站操作直流电源系统采用 220V 或 110V。宜装设 2 组蓄电池，采用阀控式密封铅酸蓄电池。蓄电池容量按照 1h 事故放电时间考虑，具体工程应根据变电站规模、直流负荷和直流系统运行方式，对蓄电池个数、容量以及充电装置容量进行计算确定。

500kV 变电站直流系统宜采用两段单母线接线，两段直流母线之间应设置联络断路器。每组蓄电池及其充电装置应分别接入不同母线段。500kV 变电站直流系统接线图如图 3.6 所示。

500kV 变电站二次设备分散布置，直流系统采用主分柜两级供电方式。各继电器小室内放入保护、测控等设备，采用辐射状供电方式。

蓄电池应采用框架安装方式布置于专用蓄电池室内。直流系统主馈柜和充电装置应靠近负荷中心，布置在专用直流室或继电器小室内。

（七）其他二次系统

1. 全站时间同步系统

变电站宜配置一套公用的时间同步系统，高精度时钟源宜双重化配置。时钟源宜布置在计算机室，在各继电器小室配置扩展柜。时间同步系统对时范围包括监控系统站控层设备、保护及故障信息管理子站、保护装置、测控装置、故障录波装置、故障测距装置、相量测量装置及站内其他智能设备等。

2. 图像监视及安全警卫系统

为了便于变电站运行管理，保证变电站的安全运行，在 500kV 变电站内设置一套图像监视及安全警卫系统，实现全站的防火、防盗功能，但不应考虑对设备运行状态的监视。

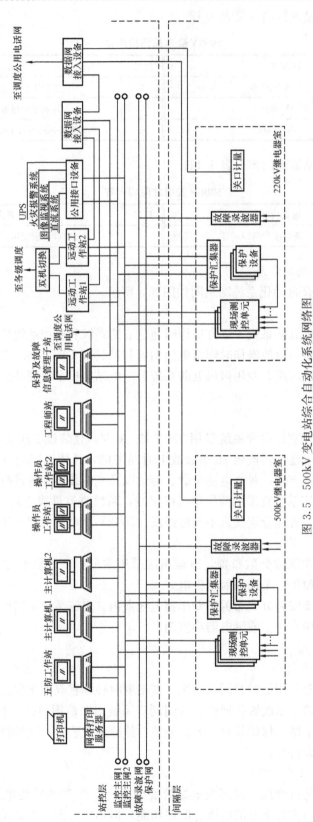

图 3.5 500kV 变电站综合自动化系统网络图

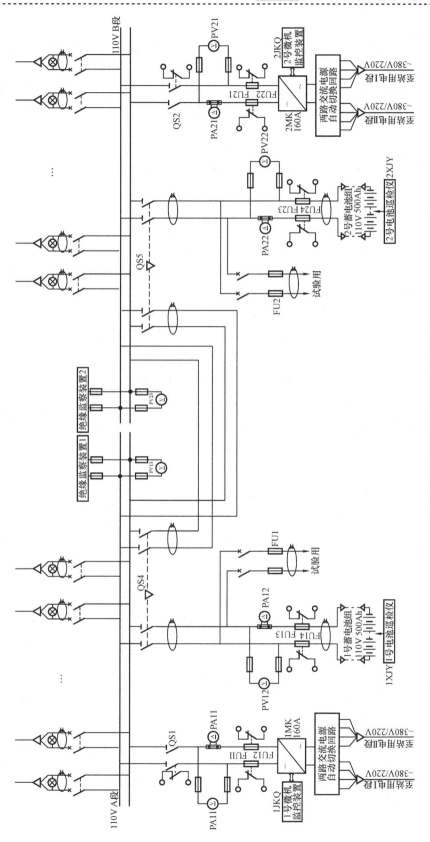

图 3.6　500kV 变电站直流系统接线图

3. 火灾报警系统

500kV 变电站应设置一套火灾报警系统，包括火灾报警控制器、探测器、控制模块、信号模块和手动报警按钮等。火灾报警系统应取得当地消防部门的认证。其探测区域应按独立房间划分，根据所探测区域的不同，配置不同类型和原理的探测器。火灾报警控制器应设置在门卫室靠近门口处。当发生火灾时，火灾报警控制器可及时发出声光报警信号，显示发生火警的地点。

4. 二次系统安全防护

按照"安全分区、网络专用、横向隔离、纵向认证"的基本原则，配置变电站二次系统安全防护设备。

（八）布置方式与组柜方案

1. 布置方式

全站综合自动化设备采用集中布置方式，设有主控室、计算机室、500kV 继电器室、220kV 继电器室以及蓄电池室和通信机房等。同时，应预留 10%～15% 的备用屏位。二次设备室内设备屏柜结构、外形尺寸及颜色均应统一。

2. 组柜方案

根据 500kV 变电站的建设规模及主接线形式，结合相应设计技术原则，500kV 变电站综合自动化设备组柜方案见表 3.15～表 3.18。

表 3.15　　　　　　　　　　　　主控制室、计算机室设备组柜方案

序号	名称	数量	备注	序号	名称	数量	备注
1	监控系统主机柜	2		10	工程师站	1	不组柜
2	远动设备接口柜	1		11	五防工作站（可选）	1	不组柜
3	电能量数据采集终端柜	1		12	操作员站 1	1	不组柜
4	保护及故障信息管理柜	1		13	操作员站 2	1	不组柜
5	图像监控系统主机柜	1		14	图像监视终端	1	不组柜
6	火灾报警系统柜	1		15	调度台	1	
7	数据网接入设备柜	1		16	操作台	2	
8	UPS柜	2		17	打印机	3	
9	备用	2		18	打印机台	1	

表 3.16　　　　　　　　　　　　500kV 继电器小室设备组柜方案

序号	名称	数量	备注	序号	名称	数量	备注
1	500kV Ⅰ 母线保护柜	2		9	网络设备柜	1	
2	500kV Ⅱ 母线保护柜	2		10	站公用设备测控柜	1	
3	母线故障录波器柜	1		11	500kV 母线及公用测控柜	1	
4	故障录波器柜（一）	1		12	500kV 高压电抗器测控柜	1	
5	故障录波器柜（二）	1		13	第一串测控柜	2	
6	500kV 故障测距柜	1		14	第二串测控柜	2	
7	安全自动装置柜	2		15	第三串测控柜	2	
8	公用接口设备柜	1		16	4 号主变压器保护柜	3	

续表

序号	名称	数量	备注	序号	名称	数量	备注
17	第一串断路器保护柜	3		36	光配线架	1	
18	1 号出线保护柜	2		37	故障录波器柜（三）	1	预留
19	第一串高压电抗器保护柜	2		38	故障录波器柜（四）	1	预留
20	2 号出线保护柜	2		39	保护及故障信息采集柜	1	
21	第二串断路器保护柜	3		40	500kV 电能表柜（一）	1	
22	3 号出线保护柜	2		41	500kV 电能表柜（二）	1	
23	第二串高压电抗器保护柜	2	预留	42	第四串测控柜	2	预留
24	4 号出线保护柜	2		43	5 号出线保护柜	2	预留
25	第三串断路器保护柜	3		44	第四串断路器保护柜	3	预留
26	3 号主变压器保护柜	3	预留	45	2 号主变压器保护柜	3	预留
27	直流电源充电柜	3		46	第五串测控柜	2	预留
28	直流电源配电柜	2		47	8 号出线保护柜	2	预留
29	直流电源馈线柜	2		48	第五串断路器保护柜	3	预留
30	直流电源馈线分柜	4		49	1 号主变压器保护柜	3	预留
31	逆变电源柜	1		50	第六串测控柜	2	预留
32	同步时钟柜	1		51	6 号出线保护柜	2	预留
33	相量测量柜	1	预留	52	第六串断路器保护柜	3	预留
34	交流分柜	1		53	7 号出线保护柜	3	预留
35	试验电源柜	1		54	备用	11	

表 3.17　　　　　　　　　　220kV 继电器小室设备组柜方案

序号	名称	数量	备注	序号	名称	数量	备注
1	220kV 母线保护柜	4		16	主变压器电能表柜	4	3 面预留
2	220kV 故障录波器柜	3	2 面预留	17	220kV 电能表柜	3	1 面预留
3	保护及故障信息采集柜	1		18	TV 切换柜	2	
4	光配线架	1		19	1、2 号主变压器 220kV 操作柜	1	
5	网络设备柜	1		20	3、4 号主变压器 220kV 操作柜	1	预留
6	同步时钟系统扩展柜	1		21	主变压器测控柜	4	3 面预留
7	主变压器 35kV 无功设备保护柜	4	3 面预留	22	主变压器 35kV 无功设备测控柜	4	3 面预留
8	220kV 母线及公用测控柜	2		23	站用电测控柜	1	
9	220kV 线路测控柜	6		24	站用电保护柜	1	
10	220kV 线路保护柜	16		25	站用变压器电能表柜	1	
11	220kV 母联 1 保护柜	1		26	220kV 线路保护柜	16	
12	220kV 分段 1 保护柜	1		27	220kV 母联 2 保护柜	1	预留
13	直流电源馈线分柜	4		28	220kV 分段 2 保护柜	1	预留
14	试验电源柜	1		29	备用	18	
15	交流分柜	1					

表 3.18 通信机房设备组柜方案

序号	名称	数量	备注	序号	名称	数量	备注
1	通信电源系统	8		5	系统调度程控交换机	1	
2	光纤通信系统	14		6	综合数据通信网设备	1	
3	保护接口柜	3		7	备用		
4	电力线载波线	6					

【思考与练习题】

1. 根据 10kV 开闭所综合自动化系统工程设计实例规模：①画出通信网络拓扑图；②画出远动信息配置图；③画出继电保护及自动装置配置图。

2. 根据 35kV 变电站综合自动化系统工程设计实例规模：①画出通信网络拓扑图；②画出远动信息配置图；③画出继电保护及自动装置配置图；④画出一体化站用电源系统接线图。

3. 根据 110kV 变电站综合自动化系统工程设计实例规模：①画出远动信息配置图；②画出继电保护及自动装置配置图。

4. 在 110kV 变电站综合自动化系统工程设计实例中，安全警卫系统是如何配置的？

5. 表 3.5 110kV 变电站综合自动化设备组柜方案中，各柜的作用是什么？

6. 表 3.10 220kV 变电站综合自动化设备组柜方案中，各柜的作用是什么？

7. 表 3.15～表 3.18 500kV 变电站综合自动化设备组柜方案中，各柜的作用是什么？

8. 某变电站规模：110kV 两圈有载调压变压器三台，110kV 电气主接线为内桥＋线路变压器组接线，10kV 电气主接线为单母线接线，出线 18 回、10kV 无功补偿 3 回。对该变电站进行变电站综合自动化系统初步设计。

第 4 章

变电站综合自动化系统工程调试

本章学习任务

对变电站综合自动化系统工程调试的内容、方法等有较全面的了解，通过了解变电站综合自动化系统工程调试过程，从而加深理解变电站综合自动化系统中各个子系统的功能、配置及其实现的方法。对一个 35kV（或 110 kV）变电站综合自动化系统完成数据库定义、监控画面编辑，并制定调试方案。

知 识 点

1. 变电站综合自动化系统数据库定义
2. 变电站综合自动化系统监控画面编辑
3. 监控系统在线操作
4. 变电站综合自动化系统调试

重点、难点

1. 变电站综合自动化系统数据库定义、监控画面编辑
2. 变电站综合自动化系统调试

模块 1　变电站综合自动化系统工程调试概述

模块描述

本模块包含了变电站综合自动化系统工程调试概述。通过原理介绍，掌握变电站综合自动化系统工程调试概况。

【正文】

在完成变电站综合自动化系统施工设计后，就要进行安装调试工作，变电站综合自动化系统的调试工作主要包括变电站综合自动系统数据库定义、变电站综合自动化系统监控画面编辑、变电站综合自动化系统调试，系统数据库定义、监控画面编辑也就是对变电站综合自动化系统进行组态。

变电站综合自动化系统数据库定义就是生成系统数据，通过编译系统将系统数据库编译生成的数据文件提供给监控系统在线运行实现对变电站的实时监控。后台监控系统在线运行的变电站一次系统接线图、电压曲线图、电压棒图、保护一览表、遥测数据表、遥信数据表、索引表等都是由专用的画面编辑软件编辑绘制的，它们的数据来源于所定义的数据库，

它们之间是相互关联的。

变电站工程调试按时间大致分为前期准备阶段、调试阶段、试运行阶段、调试收尾阶段。前期准备阶段主要是对变电站一次设备、二次设备进行初步了解，全面掌握综合自动化系统的性能、具体装置、保护屏功能，达到进行系统调试的要求。调试阶段即结合设计要求和系统功能进行全面细致的试验，以满足变电站的试运行条件。试运行阶段即在所有一、二次设备投入运行的情况下检查保护装置、后台、远动信息是否正确。调试收尾阶段即对试运行中发现的问题进行处理，并对整个工作整理收尾的阶段。

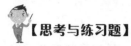

【思考与练习题】

变电站工程调试分哪几个阶段？各阶段作哪些工作？

模块 2　变电站综合自动化系统数据库定义

模块描述

本模块包含了系统数据库结构、基本数据定义、数据处理以及系统数据定义。通过要点归纳、原理介绍、图表举例，掌握变电站综合自动化系统数据库定义。

【正文】

一、系统数据库结构

系统数据库用于存放现场实时数据及实时数据运算参数，它是在线监控系统数据显示、报表打印、界面操作等的数据来源，也是前置规约解释数据的最终存放地点。数据生成系统是离线定义系统数据库的工具，而在线监控系统运行时，由系统数据管理模块负责系统数据库的操作，如进行统计、计算、产生报警、处理用户命令（如遥控、遥调等）。

数据库的组织是层次加关系型的。层次体现在监控系统在线运行时系统对数据库的读写访问上，由站（对应 RTU 即测控保护装置）、点类型（点所在子系统的类型，即遥测子系统、遥信子系统、电能子系统等）、点（对应具体的采集点）三层形成数据库的访问层次；层次也体现在系统数据库的定义上，系统数据库的定义分为站定义、子系统定义、点定义三级，站和点都有一系列属性。数据库的关系型结构体现在系统中的点是有关的，如监控系统在线运行时，判断遥控是否成功要看其对应的遥信是否按要求变位。

系统数据库的数据可以分成两级，即基本数据和高级数据。基本数据指遥测、遥信、脉冲的基本属性，高级数据则是指在上述基本数据基础上的电压、电流、功率、断路器、隔离开关、电能的属性。基本数据可以在数据生成系统中进行定义，而高级数据是监控系统在线运行时产生的。

二、基本数据定义

数据生成系统分三级定义系统的基本数据，即站定义、子系统定义、点定义。

STS360 把 RTU（测控保护装置）描述成站，并分配一个 0～66535 之间的整数作为站号。

站下面可以包含多个子系统，STS360 变电站综合自动化系统支持的子系统有遥测子系统、遥信子系统、遥调子系统、遥控子系统、脉冲子系统，分别描述如下：

（1）遥测子系统。用来描述遥测量，如电压、电流、有功功率、无功功率等。

（2）遥信子系统。用来描述开关量，如隔离开关、断路器等。

（3）遥调子系统。用来描述连续控制量，与遥测值对应。

（4）遥控子系统。用来描述开关控制量，与遥信值对应。

（5）脉冲子系统。用来描述脉冲记数值，如电能量。

点是系统最基本的描述单位，它分属于各种子系统。点属性描述是系统数据库描述的主要内容，各点属性依子系统的不同而不同，有些用于定义常量数据，例如：站名、点名、类型、单位等；有些用于定义实时处理参数，例如：遥测报警的限值、脉冲电能的峰谷时段划分等；有些用于设置处理方式，例如：各种处理允许标记、存储标记（存储标记设置后，在线监控系统将按相应标志对该值进行历史存储）。另外，点还有一些属性是用于统计计算的，例如：电压合格率、最大值、最小值、电能峰谷平段的统计等，是系统数据库的在线属性，系统在线运行时按实际数值进行填写，离线数据生成中无需定义。

三、数据处理

系统数据库的数据分成基本数据和高级数据两级，系统数据管理模块对系统数据库的数据的处理也相应也分为基本数据处理和高级数据处理。

1. 基本数据处理

（1）遥测点属性及处理。每一个遥测点有点名、单位、类型、存储标记、系数、偏移量、预警限值对、报警限值对、有效值限值对、允许标记、报警声音、遥调、计算公式及事故发生的相关有功功率、相关无功功率、相关电流等可以在数据生成系统中定义的属性，还有原始值、工程值、最大值、最小值等实时属性。在线运行时，系统数据管理模块根据原始值、变比及偏移量计算工程值，如果工程值越过报警限，则产生报警；记录最大值、最小值及最大值、最小值发生的时刻；判断历史记录标记，记录历史数据。

（2）遥信点属性及处理。每一个遥信点有点名、类型、报警等级、允许标记、字符显示、遥控点、报警声音、计算公式等可以在数据生成系统中定义的属性，还有原始值、变位次数等实时属性。在线运行时，系统数据管理模块计算遥信工程值，如果遥信变位，则查看事故状态，判断是正常变位或事故变位，并产生相应报警信息；进行变位次数统计等。

（3）脉冲点属性及处理。每一个脉冲点有点名、类型、变比、峰谷平时段系数、偏移量、存储标记、允许标记等可以在数据生成系统中定义的属性，还有原始脉冲数等实时属性。在线运行时，系统数据管理模块根据原始脉冲数，计算脉冲的各统计量；进行越限判断。

（4）遥控点属性及处理。每一个遥控点有点名、遥控条件等可以在数据生成系统中定义的属性。在线运行时，调度员进行遥控选择、遥控执行时，发送相应的命令；处理超时，产生超时事件；记录遥控执行成功与否。

2. 高级数据处理

（1）电压处理。

1）计算电压合格率

$$电压合格率 = NT/(NT + HT + LT) \qquad (4-1)$$

式中　NT——正常时间；

　　　HT——越上限时间；

　　　LT——越下限时间。

2）电压在一天中的最大值、最小值及出现的时刻。

3）电压全月合格小时数、合格率、超上限率、越下限率、最大值、最小值、平均值。

4）电压最大值、最小值出现时刻的相关有功功率、无功功率、电流（按日保存，按月统计）。

（2）有功功率处理。计算负荷率。

$$负荷率 = 一天有功功率平均值／最大值 \qquad (4-2)$$

（3）电能处理。

1）按 1min、15min、1h、1 天、1 月进行电能累计，全天化为四个峰、平、谷时段；按天统计峰电能、谷电能、平电能、最大值、平均值、全日电能；按月统计峰电能、谷电能、平电能、最大值、平均值、全月电能。

2）产生报警。按日峰越限、日总越限、月总越限三种事件进行报警。

四、系统数据定义

1. 系统数据定义界面

当后台软件安装完成后，在桌面上双击快捷方式图标，出现数据生成系统界面，如图 4.1 所示。

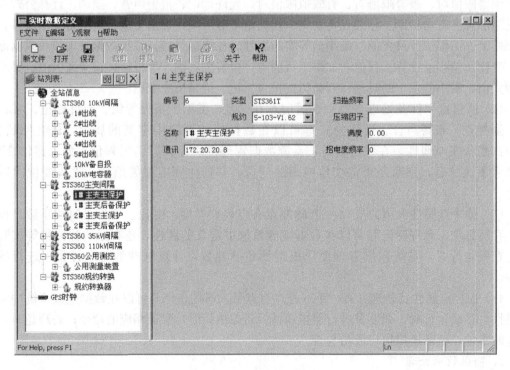

图 4.1　数据生成系统界面

这是一个已经定义好的 110kV 变电站综合自动化系统的数据库，双击"全站信息"，界面窗口左侧出现树形列表，第一层按间隔类型列表，每类间隔名前以 🜷 符号标记，该变电站有 10kV 间隔、主变间隔、35kV 间隔、110kV 间隔，其中也把公用测控、规约转换也列为间隔；双击 🜷 打开该间隔下所有的站列表，例如：双击"STS360 主变间隔"，可以看见有 1♯主变主保护、1♯主变后备保护、2♯主变主保护、2♯主变后备保护四个站名（保护装置名）；第三层按各个子系统列表，双击 🜷 符号标记打开该站下所有的子系统列表，有遥测子系统、遥控子系统、遥信子系统、脉冲子系统。

界面窗口的上方是工具条和菜单。如果想关各层列表，双击该层符号标记即可。

2. 定义系统数据结构

在完成变电站综合自动化系统施工设计后，该变电站有多少种电气间隔，每种间隔下有多少站（测控保护装置），每个站（测控保护装置）中的每个子系统（遥测子系统、遥控子系统、遥信子系统、脉冲子系统）各有多少个点（模拟量数量、开入数量、开出数量、电能量）都一一确定了，然后要把它们定义在数据库中。

图 4.2　增加新间隔

（1）增加新间隔。单击 🔳 按钮新建新间隔，系统弹出如图 4.2 所示对话框，输入间隔名称，如某某变电站 10kV 间隔，将 STS 改为某某变电站，按确定即可。

（2）增加新站。单击左侧的列表窗口上方的 🔳 按钮，系统弹出如图 4.3 所示的对话框。在增加框中，选择 RTU 选项。用户在编号框中输入新站的编号，注意编号不能重复。在类型框中选择 RTU 的类型，即设计中所选用的装置的类型。在名称框中输入编了号的该站名，然后单击"确定"按钮。

（3）增加子系统。在增加新站后，该站遥测子系统、遥控子系统、遥信子系统、脉冲子系统将自动生成。

（4）删除间隔或站。选择要删除站或间隔的名，然后单击 ✖ 按钮。系统弹出对话框，单击"是"删除该站，单击"否"则取消删除。

3. 属性定义

（1）站属性定义。站属性定义就是定义每个测控保护装置的编号、装置的型号、与后台系统通信的规约、该装置配给该间隔的名称和通信地址。在左侧列表中单击要属性定义的站名，在窗口右侧出现站属性定义对话框，如图 4.4 所示。

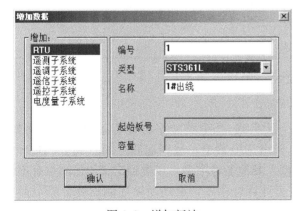

图 4.3　增加新站

图 4.4　站属性定义

（2）点属性定义。在左侧列表中单击站名，在站名下将列出该站中所有的子系统（遥测子系统、遥控子系统、遥信子系统、脉冲子系统），选择任意一个子系统，右侧属性定义窗口中将显示该子系统点列表。

每一个点的属性占用一行，每行的行首为点的编号，以按钮形式显示。如果当前的属性窗口无法显示所有的点，可以通过垂直的卷滚条滚动属性窗口查看后续的点。

每一列为点的一个属性，属性的名称列在列首，以按钮形式显示。如果当前的属性窗口无法显示所有的属性，可以通过水平的滚动条滚动属性窗口来查看后续的属性，水平滚动属性窗口时，点名属性始终保持在属性窗口左侧，以便于修改、查看。

列表中可以做如下操作：①修改行高度和列宽度。将鼠标移到行首编号，当鼠标光标变为 ╪ 时，拖动鼠标以改变行高度；将鼠标移到列首属性名称，当鼠标光标变为 ╬ 时，拖动鼠标以改变列宽度。②修改属性。属性的修改分为三类：可由键盘输入的，如点名、限值；只能鼠标选择的，如类型、标记；不需定义的，用户无需修改，只作显示。修改属性时，选择要修改属性的目标点，被选中的点以亮条方式显示。对单个点，直接使用鼠标点中其属性即可修改。

1）遥测点属性定义。

在左侧列表中，单击遥测子系统，在右侧属性定义得到该站的遥测点列表，遥测点属性定义如图 4.5 所示，该测控保护装置有 10 个遥测点，也就是有 10 路模拟量，它们是三路电流、三路电压、有功功率、无功功率、功率因数和频率；每个点有多项属性，它们是点名、类型、单位、偏移量 CC1、系数 CC2、允许标记、存储标记、报警等级、预警限、报警限、有效值、越上限报警声、越下限报警声、恢复正常报警声、遥调和计算公式。

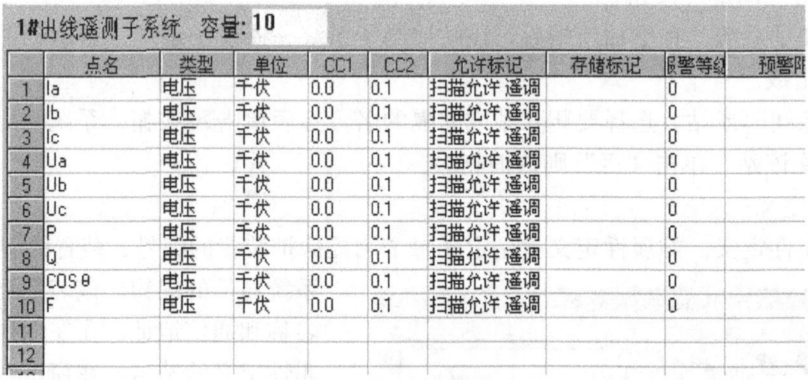

	点名	类型	单位	CC1	CC2	允许标记	存储标记	报警等级	预警阝
1	Ia	电压	千伏	0.0	0.1	扫描允许 遥调		0	
2	Ib	电压	千伏	0.0	0.1	扫描允许 遥调		0	
3	Ic	电压	千伏	0.0	0.1	扫描允许 遥调		0	
4	Ua	电压	千伏	0.0	0.1	扫描允许 遥调		0	
5	Ub	电压	千伏	0.0	0.1	扫描允许 遥调		0	
6	Uc	电压	千伏	0.0	0.1	扫描允许 遥调		0	
7	P	电压	千伏	0.0	0.1	扫描允许 遥调		0	
8	Q	电压	千伏	0.0	0.1	扫描允许 遥调		0	
9	COSθ	电压	千伏	0.0	0.1	扫描允许 遥调		0	
10	F	电压	千伏	0.0	0.1	扫描允许 遥调		0	
11									
12									

1# 出线遥测子系统 容量：10

图 4.5 遥测点属性定义

遥测点属性定义方法如下：

①点名。遥测点名，用户可以键入 16 个汉字或 32 个英文字符作为遥测点名，例如："×××线路 Ia"。②类型。单击类型区域，弹出选项菜单，选择遥测点的点类型，共有电流、电压、有功功率、无功功率、周波、温度、其他七种类型。点类型定义使遥测点有不同的实时属性及处理功能，例如：电压遥测点要计算合格率，有功功率遥测点要计算负荷率等。③单位。根据定义遥测点的点类型定义其单位，例如：点类型为电流，单位可选安或千

安（缺省为安）；点类型定义为电压，单位可选伏或千伏（缺省为千伏）。④CC1。CC1 为偏移量，缺省值为 0。⑤CC2。CC2 为系数，缺省值为 1。定义遥测点的工程值时，将使用偏移量、系数对原始值进行计算，即工程值＝系数×原始值＋偏移量。⑥允许标记。对该遥测点设定是否允许该项目，单击允许标记区域，弹出允许标记对话框，可选的允许标记有扫描允许（定义系统是否接收来自该测控保护装置的该点数据）、报警允许（是否允许该遥测点产生报警）、遥调允许（是否能对该遥测点进行遥调操作）、事故追忆（是否对该遥测点进行事故追忆。如果允许，该站发生事故时，则该遥测点记入事故追忆数据库；如果不允许，该站发生事故时，则该遥测点不记入事故追忆数据库）、绝对值（是否对该遥测点工程值取绝对值。如果允许，该遥测点工程值恒正）、语音报警（是否对该遥测点设定语音报警）。⑦存储标记。选择遥测点存储类型、存储时间间隔等。⑧报警等级。定义报警信息的等级，可以是 0～255。⑨预警限。设置预警限，预警限可以防止遥测点工程值在限值附近波动时，产生大量报警信息。⑩报警限。设置报警限，当遥测点的工程值落到报警限之外时，产生遥测越限报警。⑪有效值。设置有效值，当遥测点的工程值落到有效值范围之外时，认为遥测点处于停止状态。⑫越上限报警声、越下限报警声、恢复正常报警声。定义报警的声音类型。⑬遥调。与遥测点对应的遥调点。

2）遥信点属性定义。在左侧列表中，单击站下的遥信子系统，在右侧属性定义得到该站的遥信点列表，遥信点属性定义如图 4.6 所示。遥信点属性定义方法如下：

	点名	类型	保护类型	允许标记	报警等级	字符显示	遥控	开报警声	合报警声	事故报警声	计算公式
1	事故总信号	事故总信号	0		255						

图 4.6 遥信点属性定义

①点名。遥信点名，用户可以键入 16 个汉字或 32 个英文字符作为遥信点名。②类型。单击类型区域，弹出选项菜单，可选事故总信号（当有事故发生时，该信号置位，系统通过该信号判断事故）、断路器（遥信点为断路器辅助触点，可产生事故变位）隔离开关（遥信点为隔离开关辅助触点，只产生正常变位）。③保护类型。选择所属遥信点的保护类型。④允许标记。单击允许标记区域，弹出允许标记对话框，其中扫描允许、报警允许、语音报警与

遥测点属性定义类似，遥控允许定义是否能对该遥信点进行遥控操作。⑤字符显示。定义在报警信息中遥信状态的显示方法。⑥遥控。选择遥信点对应的遥控点。遥控操作时，系统通过其对应遥信点的变位情况来判断遥控操作是否成功。因此，遥控点必须与唯一的一个遥信点对应。单击遥控区域，弹出遥控点列表对话框，如图 4.7 所示。在遥控点列表对话框中，选择遥控点所在的站，该站

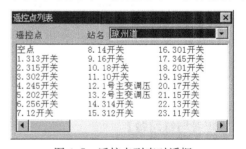

图 4.7 遥控点列表对话框

的遥控点显示在下面的列表中（列表中的遥控点为没有与任何遥信点相对应的遥控点，以保证遥控点与遥信点一一对应），遥控点以"编号 . 点名"格式显示，在列表中选择点名，双击选中的遥控点确认，按 Esc 键或单击☒按钮取消操作，所选择的遥控点显示在遥控属性区域。⑦开报警声、合报警声、事故报警声。单击遥信点开报警声、合报警声、事故报警声的区域，弹出对话框，在对话框中选择声音文件，即 *.wav 文件，单击打开按钮，所选择

声音文件的文件名显示在相应的区域中。

3）遥控点属性定义。在左侧列表中单击遥控子系统，在右侧属性定义得到该站的遥控点列表，遥控点属性定义如图 4.8 所示，遥控点属性定义方法如下：

	点名	类型	遥信	条件
1	标准件836断路器	遥控	刘安压,标准件836断路器	

图 4.8　遥控点属性定义

①点名。遥控点名，用户可以键入 16 个汉字或 32 个英文字符作为遥控点名。②类型。选择遥控点类型，选遥控或调压。③遥信。该属性在遥信点的"遥控"属性处定义，不需在此处定义。所有遥控点必须定义该属性，否则无法执行遥控操作。④条件。定义遥控点的执行条件。条件为一个逻辑表达式，如果表达式的结果为真，则可以继续执行，否则不执行。单击条件属性区域，弹出公式定义对话框，如图 4.9 所示。在公式定义对话框中定义可以是实时数据也可以是常数，运算符除四则运算：＋、－、＊、／外，还有比较运算：＞、＜、＝、＜＝、＞＝、！＝和逻辑运算：And、Or、Not，另外还提供了几个系统函数：Max、Min、x^y（x 的 y 次方）。公式中可以含有括号，括号可嵌套使用。公式定义对话框类似于计算器，公式显示在上方的窗口中，可以使用鼠标选择输入，也可以使用键盘直接输入。公式编辑完成后，单击"OK"返回。需要注意的是，遥测量和电能量即可进行逻辑运算，也可进行算数运算，而对于遥信量则只能进行逻辑运算。

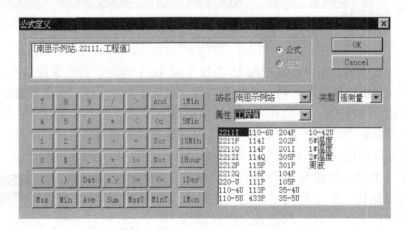

图 4.9　公式定义

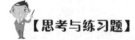

【思考与练习题】

1. 变电站综合自动化系统数据库定义的目的是什么？

2. 系统数据库的定义分为哪三级？什么是站属性和点属性？

3. 遥测点属性定义有哪些？

4. 遥信点属性定义有哪些？

5. 遥控点属性定义有哪些？

模块 3 变电站综合自动化系统监控画面编辑

模块描述

本模块包含了界面编辑器、界面编辑器的工具条、画面和图元的属性、菜单及监控画面制作。通过要点归纳、图解示意，掌握监控画面制作。

【正文】

一、界面编辑器

界面编辑器是专用的生成监控系统的重要工具，地理图、接线图、列表、报表、棒图、曲线等画面都是在界面编辑器中生成的。由界面编辑器生成的画面都能被在线系统调出显示。地理图、接线图、列表是查看数据、进行操作的主要界面，而报表、曲线则主要用于打印。

画面上可以制作两类图元：一类是背景图元，另一类是前景图元。背景图元在线运行时不会发生变化，如画面中的线段、字符、位图以及报表的边框等都是背景图元。前景图元又分为两种：数据前景图元和操作前景图元。数据前景图元根据其代表的实时或历史数据的值的变化而变化；操作前景图元则代表一个操作，当用户使用鼠标点中该图元时，执行这一操作，如调出画面、修改数据、进行遥控等。一般数据前景图元也都是操作前景图元。使用操作前景图元可以把系统使用的画面组织成一个网状或树状结构，在线运行时，用户可以方便地在各画面之间漫游。画面的大小几乎可以无限，一般以一整屏为最好，在线运行时不需滚动就可以看到整幅画面。画面分为八层，可以作出详细程度不同的画面，在线运行的初始画面为第一层，如果放大画面，根据放大比例依此显示画面的其余层。界面编辑器提供了方便的编辑功能，提高了作图效率。同时又提供了报表、列表自动生成工具，加快作图速度。

对于画面中经常使用的符号，例如断路器、隔离开关、接地、变压器等，可以使用界面编辑器制成图符，在编辑画面时直接调出使用。使用多个图符交替显示，用来代表断路器、隔离开关的不同状态。在桌面上双击快捷方式█图标即可起动界面编辑器，界面编辑器屏幕如图 4.10 所示。

（1）标题条。位于最上端，显示界面编辑器的名称、版本及当前编辑画面的名称，标题条的左端是系统菜单，右端分别为最小化按钮、恢复按钮和关闭按钮。

（2）菜单条。位于标题栏下边，界面编辑器菜单，编辑器编辑画面或编辑图符时提供的编辑功能不同，菜单的内容也不相同。

（3）工具条。排列各工具，工具条可以出现在窗口的四边，如编辑工具条、字体工具条；也可以浮动在窗口中，如作图工具条。

（4）状态条。位于底部，显示各种状态信息。

二、界面编辑器的工具条

工具条由一组功能相近的工具组成。界面编辑器中有六种工具条：作图工具条、调色工具条、字体工具条、编辑工具条、画面工具条和文件工具条。

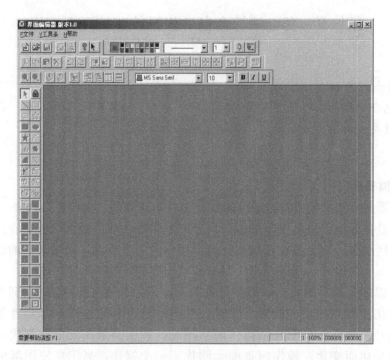

图 4.10　界面编辑器屏幕

工具条中的某些工具对应有菜单项，如画面工具条、文件工具条，选取菜单项也可以完成相同功能，但使用工具条可加快操作速度。

工具条可以显示也可以隐藏。通过选取工具条菜单的菜单项，或者在工具条上右击，然后选取弹出菜单的菜单项，都可以使指定的工具条显示或隐藏。

（1）作图工具条。用作图工具条制作不变化的背景图元和实时变化的前景图元，作图工具条如图 4.10 左侧所示。作背景图元时，用 ╲ 线工具制作直线、用 ▢ 矩形工具制作矩形、用 ◯ 椭圆工具制作椭圆、用 ab 字符串工具制作一个字符串（文字）；作前景图元时，用 ▨ 模拟量工具制作一个模拟量（遥测量）、用 ▥ 数字量工具制作一个数字量（遥信量）、用 ▨ 操作点工具制作一个操作点（如弹出画面）等。

（2）调色工具条。设定图元的颜色和线型。

（3）字体工具条。选择当前图元的字体。

（4）编辑工具条。编辑修改图元，拷贝、粘贴、移动等。

（5）画面工具条。对画面放大、缩小等操作。

（6）文件工具条。打开画面、保存画面、打印画面等。

三、画面和图元的属性

用属性窗来显示和修改画面上图元的各个参数。在画面或图元上双击都可以打开画面或图元属性窗，当前被选中图元的属性显示在属性窗中。对于所有的背景图元，只有普通属性；对于画面，除普通属性外还有打印属性；对于模拟量、数字量、脉冲量、历史量前景图元，除普通属性外还有数据属性。

（1）画面普通属性和打印属性。画面属性窗如图 4.11 所示，图 4.11（a）为普通属性，其中：名称为当前画面名称，如果该画面是主接线图就填写主接线图，默认为新画面；父画面为在由画面组成的树形结构中，该画面的上一级画面，在下拉菜单中选择；根画面属性定义当前画面是否为根画面，根画面是在线系统起动后自动调入的第一幅画面，系统中只有一幅根画面，通常为主接线图，在选项框中打"√"定义；宽度为当前画面的宽度，高度为当前画面的高度，由系统自动计算画面的宽度和高度，画面大小对画面的打印输出及在线时画面的滚动范围有影响；弹出条件用来定义弹出画面的条件，如事故推画面的弹出条件是事故总信号变为 1 时，推出事故画面；刷新频率按指定的频率刷新画面，以百毫秒为单位。图 4.11（b）为打印属性，定义当前画面是否定时自动打印以及自动打印的时间，自动打印一般用于报表。其中，类型为选择画面类型，可选类型有接线图、遥测列表、遥信列表、报表等。

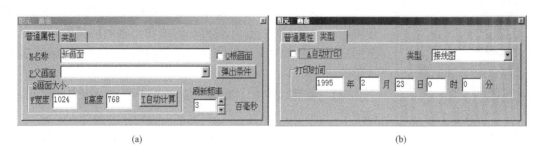

(a) (b)

图 4.11 画面属性窗
(a) 普通属性；(b) 打印属性

（2）背景图元属性。背景图元只有普通属性，矩形图元普通属性如图 4.12（a）所示，其中：左上角 X、Y、宽度、高度定义该图元显示形状的位置和大小，效果属性选择图元的显示方式（正常、凸起或凹陷），颜色属性在调色板对话框中选择图元的颜色，线型属性在线型对话框中选择图元的线型、线宽，形状属性选择矩行图元的形状是普通还是圆角。

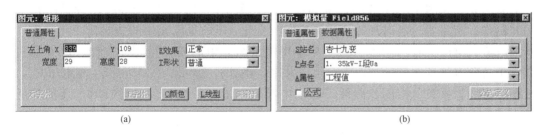

(a) (b)

图 4.12 图元的普通属性和数据属性
(a) 矩形图元普通属性；(b) 模拟量图元数据属性

（3）前景图元属性。前景图元有普通属性和数据属性，前景图元的普通属性与背景图元的普通属性类似，定义该图元显示形状的大小、显示方式、选择图元的颜色等。前景图元的数据属性用来定义该图元获取实时数据的站名（测控保护装置）、点名等，模拟量图元数据属性如图 4.12（b）所示，它与数据库定义是相关联的。

四、菜单

进入界面编辑器系统时，初始画面中只有"文件"、"工具条"、"帮助"三个菜单项。当打开一幅画面或新建一幅画面时，系统显示所有菜单项，即"文件"、"编辑"、"工具

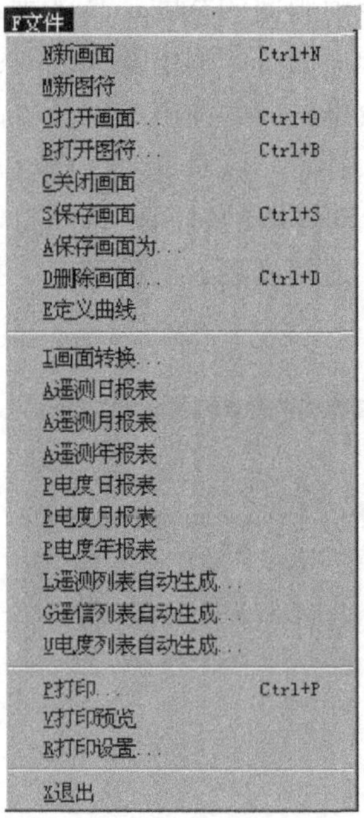

F文件	
N新画面	Ctrl+N
M新图符	
O打开画面	Ctrl+O
B打开图符	Ctrl+B
C关闭画面	
S保存画面	Ctrl+S
A保存画面为…	
D删除画面…	Ctrl+D
E定义曲线	
I画面转换	
A遥测日报表	
A遥测月报表	
A遥测年报表	
P电度日报表	
P电度月报表	
P电度年报表	
L遥测列表自动生成	
G遥信列表自动生成	
U遥控列表自动生成	
P打印…	Ctrl+P
V打印预览	
R打印设置	
X退出	

图 4.13　"文件"菜单

条"、"图元"、"画面""视窗"、"帮助"菜单。菜单项也有其适用范围，当不适用时，菜单项及其对应的工具都变成灰色，例如：打开图符进行编辑时，于画面编辑无关的菜单项都以灰色显示（为不可用）。系统中除了固定在菜单条上的菜单外，还有浮动菜单，在工具条上右击、在画面中图元或背景上右击，将弹出不同的浮动菜单。下面简单介绍菜单使用方法。

（1）"文件"菜单。"文件"菜单如图 4.13 所示，主要功能有编辑一幅新画面、打开编辑好的画面、将当前编辑画面存盘、按用户要求定义曲线、自动生成遥测报表、自动生成调度报表、打印等。

（2）"编辑"菜单。"编辑"菜单用于编辑画面中的图元，进行拷贝、粘贴等操作。

（3）"工具条"菜单。"工具条"菜单用于显示或隐藏文件工具条。

（4）"图元"菜单。"图元"菜单用于对图元进行移动、旋转等操作。

（5）"画面"菜单。"画面"菜单用于缩放画面。

（6）"视窗"菜单。"视窗"菜单用于安排画面铺放方式。

（7）"帮助"菜单。"帮助"菜单用于提供帮助信息。

五、监控画面制作

监控系统的接线图、列表、报表、棒图、曲线等画面都是在界面编辑器中用背景图元、前景图元等作图工具生成的。例如：主接线图中的母线、连接导线用背景图元中的线图元制作；断路器、隔离开关的位置要实时变化，用前景图元中的数字量图元制作；要显示的电流、电压、有功功率、无功功率用前景图元中的模拟量图元制作。定义到实时数据库中的所有信息在各种画面中都可以共享，例如：变电站 35kV 母线 a 相电压 U_a，在接线图、列表、报表、棒图、曲线等画面中都可以重复使用，实时运行时，其值都是相同的。

1. 背景图元的制作

（1）线图元的制作。①在作图工具条上选择画线工具。②在调色工具条上选择线图元的颜色、线型及线宽。③在画面上线的起始位置单击，移动鼠标会看到一条伸缩线跟随鼠标移动，在线的结束位置点单击。如果要画一条水平线、垂直线或 45°角斜线，在移动鼠标时请按住 Shift 键。

（2）矩形图元的制作。①在作图工具条上选择矩形（填充矩形）工具。②在调色工具条上选择矩形图元的颜色、线型及线宽。③在画面上矩形的一个端点位置单击，移动鼠标会看到一个伸缩矩形跟随鼠标移动，在矩形的另一个端点单击，固定该矩形。

（3）椭圆图元的制作。①在作图工具条上选择椭圆（填充椭圆）工具。②在调色工具条上选择椭圆图元的颜色、线型及线宽。③在画面椭圆圆心的位置单击，移动鼠标会看到一个伸缩椭圆跟随鼠标移动，当椭圆的大小合适时单击，固定该椭圆。如果要画一个正圆，在移动鼠标的同时请按住 Shift 键。

（4）矢量字符串图元的制作。①在作图工具条上选择矢量字符串工具。②在调色工具条上选择画图的颜色，在字体工具条上选择字体名称和字号。③在画面上矢量字符串的一个端点位置单击，移动鼠标会看到一个伸缩矩形跟随鼠标移动，在矩形的另一个端点单击，固定矩形，该矩形代表该矢量字符串的位置。④拖动矩形右上角，可以旋转矢量字符串。⑤双击矩形打开属性对话框，在属性对话框内输入字符串的内容。⑥单击属性对话框内的边框修改矢量字符串的边框颜色。

2. 前景图元的制作

（1）遥测量图元的制作。①在作图工具条上选择遥测量工具。②在调色工具条上选择画图的颜色，在字体工具条上选择字体名称和字号。③在画面上遥测量的一个端点位置单击，移动鼠标会看到一个伸缩矩形跟随鼠标移动，在矩形的另一个端点单击，该矩形代表遥测量显示的位置。④在属性窗内选择显示方式。遥测量可以以数字方式、电压棒图方式、母线方式、潮流方式四种方式显示。对于数字方式，其显示的小数点位数可以通过选择显示格式来指定 0～3 位；对于电压棒图方式，在属性窗内可指定是以水平方向还是竖直方向显示；对于潮流方式，可指定其正方向。⑤在遥测量数据属性窗内，定义遥测量的数据源，如果是实时数据，选择其站、点，如果是计算公式的结果，则在公式框中输入公式。

（2）遥信量图元的制作。①在作图工具条上选择遥信量工具。②在调色工具条上选择画图的颜色和线型。③在画面上遥信量的一个端点位置单击，移动鼠标会看到一个伸缩正方形跟随鼠标移动，在正方形的另一个端点单击，固定正方形，该正方形区域代表遥信量显示的位置。④在属性窗内选择显示方式。遥信量可以以图符方式、数值方式和字符串方式三种方式显示。对于图符方式，选择各种状态所对应的图符（普通遥信量两个、双位遥信量四个）；对于字符串方式，选择显示所使用的字符串。⑤在遥信量数据属性窗内，定义遥信量的数据源，如果是实时数据，选择其站、点，如果是计算公式的结果，则在公式框中输入公式。

（3）操作点图元的制作。①在作图工具条上选择操作点工具。②在调色工具条上选择画图的颜色。③在画面上操作点的一个端点位置单击，移动鼠标会看到一个伸缩矩形跟随鼠标移动，在矩形的另一个端点单击，固定矩形，该矩形区域为操作点区域。④在操作点属性对话框内定义操作内容。

（4）报表自动生成。以生成遥测日报报表为例，选择"遥测日报报表"菜单项，系统弹出如图 4.14 所示的对话框。用户自己在对话框标题处填写报表的名称；通过站和点选择遥测日报报表中所需要的模拟量，左侧列表框中列出了数据库中保存的日报历史所有点的点名，右侧列表框列出已经选中的点，通过中间的四个按钮，将参加报表的点名，选择到右侧列表框中；通过标题字体定义报表中标题使用的字体及大小，数据字体定义报表中数据使用的字体及大小；通过方向选择报表的纵横排列格式；单击创建按钮将生成报表。

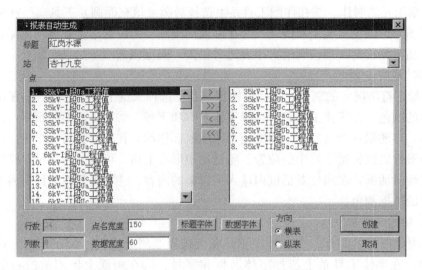

图 4.14　生成遥测日报报表对话框

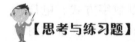【思考与练习题】

1. 界面编辑器的作用是什么?
2. 什么是背景图元? 什么是前景图元?
3. 如何作背景图元和前景图元?

模块4　监控系统在线操作

模块描述┄┄

本模块包含了用户界面,接线图、列表和报表,曲线,事件列表,事故追忆,保护设备以及保护信息。通过要点归纳、原理讲解、图解示意、图表举例,掌握监控系统的构成、工作原理、配置。

【正文】

在线监控软件是为调度所调度人员、变电站值班人员提供的监控终端,实现对变电站的监控。它的主要功能如下:

(1)显示一次设备状态,并可以人工打印图形。

(2)显示事件信息。事件信息包括:遥测越限报警、遥测越限恢复正常、遥信正常变位、事故变位、SOE、遥调、遥控结果等事件信息。

(3)显示信息列表,并提供查询手段以及保护设备运行管理。

(4)显示实时曲线和历史曲线。

(5)显示历史报表,进行人工打印。

(6)自动打印历史报表。

(7)监视系统报文,包括串口报文、网络报文等。

一、用户界面

1. 桌面

桌面用于放置各个操作窗口，在桌面的空白区域右击，弹出桌面的快捷菜单，如图 4.15（a）所示。

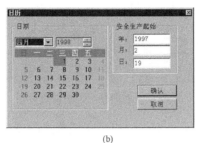

图 4.15　桌面操作窗口

（a）桌面的快捷菜单；（b）日历窗口；（c）修改密码窗口

单击"打开监视窗口"可以打开报文监视窗口，用于系统的调试，选中每个 IP 地址，就可以看见选中装置的报文。单击"系统日历"打开日历窗口，如图 4.15（b）所示，调整安全生产起始时间后，安全运行天数显示在状态条中。单击"新窗口"打开一个新操作窗口，系统显示下一级菜单，在菜单中可以打开接线图窗口、实时列表窗口、历史报表窗口、报警事件窗口、保护信息操作窗口、实时曲线窗口、历史曲线窗口。单击"修改操作卡密码..."打开修改密码窗口，如图 4.15（c）所示，可修改调度员密码，单击"管理..."，进入调度员管理界面，可以增加、删除调度员。单击"系统设置"，可对数据目录、进程设置、网络设置进行设置。

2. 控制面板

在线运行控制板如图 4.16 所示，它是一个可显可隐的在线监控菜单，由于计算机监控屏幕小所以不能同时看到所有监控画面。单击控制面板的按钮可以激活接线图、实时报表、历史报表、实时曲线、历史曲线、报警事件、事故追忆、保护信息、保护设备、操作票、网络监视等模块，查看相应的监视画面，进行相应的运行操作；单击画面操作按钮，可返回根画面，放大、缩小、复原画面，全屏幕、恢复窗口等操作。

3. 状态条

用于激活显示控制板、显示在线信息事件、显示当前时间及安全运行天数。

二、接线图、实时报表和历史报表

1. 接线图

调度员可以通过接线图，查看变电站当前的实时状态，如遥测点实时值的变化是否正确、遥信点的变位情况、近期的报警信息以及是否确认当前报警状态。在接线图上还可以对遥测点、遥信点进行数据操作。单击遥测点（遥信点），即可弹出相应的操作对话框，并且当鼠标在遥测点（遥信点）上停留时，系统会自动弹出显示该遥测点（遥信点）所对应该点名称的提示信息方框，如图 4.17 所示。

图 4.16　在线运行控制板

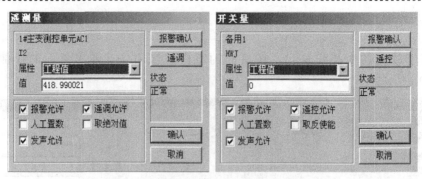

图 4.17　遥测点（遥信点）提示信息方框

遥测量主要用于实时数据的显示，不仅可以显示遥测点的测量值，而且还可以用于显示该点的工程值、日最大值及日最大值时间等属性。

遥信量主要用于开关状态的显示，由于接线图中的遥信量与实际运行中的开关状态相对应。因此，在开关变位时，接线图上的遥信量也将以两种不同的方式显示。

用户可根据需要设置该对话框，设置完毕后，单击"确认"按钮。例如：设置了遥控允许，则允许对该设备进行遥控。如果选中该项，"遥控"按钮变为可用，但是否进行遥控还必须依赖是否有相应的遥控点。当处于未选中状态时，开关量对话框上的"遥控"按钮以灰色显示。进行遥控操作时，单击"遥控"按钮，弹出密码对话框，如图 4.18 （a）所示，用户填写调度员名称（如 SuperUser）和输入密码，然后单击"确定"按钮。如果在系统配置文件里定义了监护人，则在输入调度员名称和密码后出现如图 4.18 （b）所示的对话框，要求输入监护人名称（如 STS360）名称和密码，并且调度员和监护人不能为同一个人。在输入正确的监护人名称和密码后，单击"确定"按钮，出现遥控选择对话框，如图 4.18 （c）所示，进行遥控选择。如果此点设置了遥控确认，在单击"遥控选择"按钮后会出现如图 4.18 （d）所示遥控确认对话框，要求用户输入此开关的设备编号。如果输入的需要遥控的设备编号等于此开关的设备编号，则可以进行遥控选择，否则，就不能进行遥控。

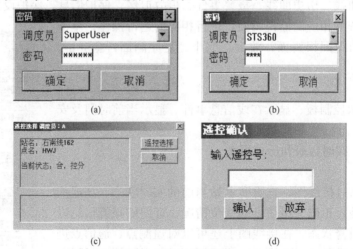

图 4.18　遥控操作过程说明

(a) 输入调度员名称和密码；(b) 输入监护人名称和密码；
(c) 遥控选择；(d) 遥控确认

2. 实时报表

实时报表显示遥测量、遥信量、脉冲量的当前值的列表。实时报表外观如图 4.19 所示。

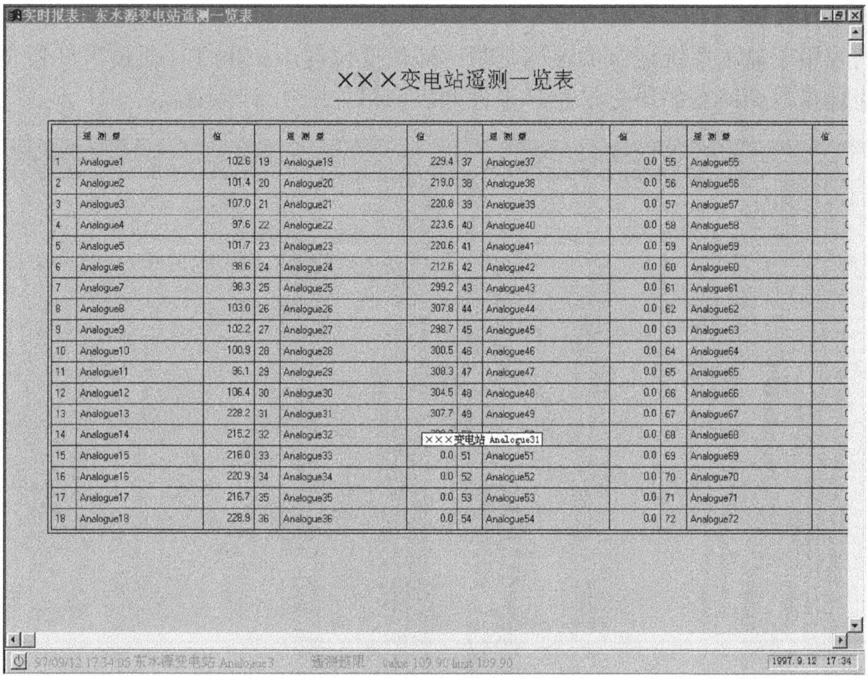

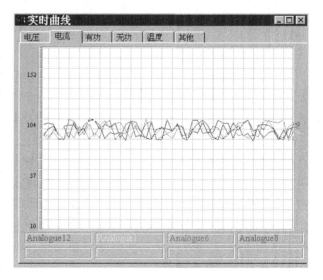

图 4.19　实时报表

3. 历史报表

历史报表可显示日报表、月报表、年报表等的历史报表信息。调度员通过历史报表，便于查看整个变电站一天（一月、一年）中每个时段的运行情况以及变电站的负荷率、总有功功率等信息量。

三、曲线

变电站运行曲线分实时曲线和历史曲线。

实时曲线用于显示遥测量的实时变化趋势，实时曲线按遥测类型分电压、电流、有功功率、无功功率、温度和其他曲线。每一类型的量可以同时显示八条曲线，各条曲线所代表的

图 4.20　实时曲线

遥测量的名称，显示在曲线下方的方框内。实时曲线如图 4.20 所示，单击实时曲线的标题框，即电压、电流、有功、无功、温度、其他，可改变显示曲线的类型。

显示一段时间内数据点变化趋势的曲线称为历史曲线。同一趋势图中可以同时绘制八条历史曲线。历史曲线的上方为标题，下方为当前显示的时间范围，可以修改起止时间改变曲

线显示的密度及时间区段，也可通过使用在下方的按钮来滚动时间区段。不同曲线的颜色，代表不同的历史数据曲线，它们的名称在界面编辑器中定义。

四、事件列表

事件列表用于显示系统记录的遥测越限、遥信变位等历史事件，通过事件列表调度员可以方便快捷地查找到所需的历史信息，事件列表窗口如图 4.21 所示。

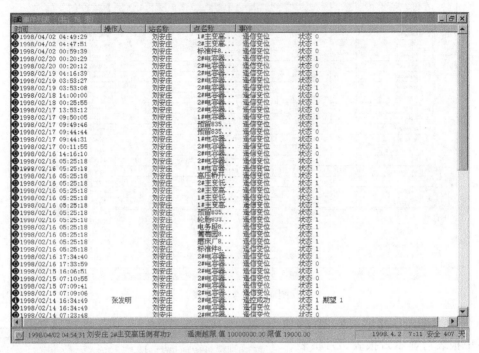

图 4.21　事件列表窗口

当历史事件发生时，事件信息在监控平台的信息条上以闪烁方式显示，同时该信息自动加入事件列表窗口中，事件列表为用户提供了一个历史事件的查询界面，调度员可以在事件列表窗口中根据时间、操作人、站名称、点名称及事件类型对历史事件进行查询。

历史事件以时间先后顺序在列表中排序，最近产生的历史事件在列表窗口的最上方显示。每条事件分为时间、操作人、站名称、点名称及事件类型等几个部分。时间部分的格式为年/月/日 时:分:秒，如果是 SOE 事件信息将还有一个三位数的毫秒信息；站、点名称指明事件发生的数据点；事件类型分为遥测越限（遥测数据越上下限）、遥信变位（遥信正常变位）、电能越限（电能量越限）、遥控遥调（遥控、遥调事件，调度员发遥控或遥调命令将产生这类事件）、事件信息（SOE 事件信息）、事故变位（遥信事故变位）、其他事件（除上述事件外的其他所有事件）。

单击事件列表窗口上的"时间"、"操作人"、"站名称"、"点名称"和"事件"按钮，调度员可以对事件进行查询。

五、事故追忆

事故追忆窗口用于追忆事故点历史，单击在线运行控制板上的事故追忆按钮，系统弹出事故追忆窗口，如图 4.22 所示，窗口中列出了系统的事故追忆数据库目录下的所有事故追忆数据文件，文件以数字编号命名，编号最大的代表最近一次事故的追忆数据。用鼠标在列表窗中选择事故追忆文件，该文件对应的事故点及发生时间列在对话框下方的列表中。单击"打开"按钮，系统打开一个新的操作窗口，窗口中显示追忆文件中的数据。

在事故追忆操作窗口的左侧列出事故点及追忆点的树形目录，双击"事故点"，可以看到发生事故的点及发生事故的时间；双击"追忆点"，可以看到追忆点，单击追忆点可使右侧该点追忆数据滚动到首列，以便于快速查看。事故追忆操作窗

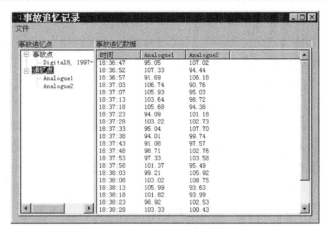

图 4.22　事故追忆窗口

口的右侧列出事故追忆点的追忆数据。如果有几个事故同时发生则追忆保存第一个事故前规定点数的数据，直至最后一个事故后规定点数的数据。

六、保护设备

调度员通过保护设备窗口，方便地查看某一保护设备的保护定值，并对该设备进行上装保护定值、下载保护定值、参看保护设备压板状态、投退保护压板、读取保护设备的故障录波数据、录波数据的波形显示、查看保护设备的模拟量值、对保护设备进行广播对时、事故总信号的信号复归等操作。保护设备窗口如图 4.23 所示。

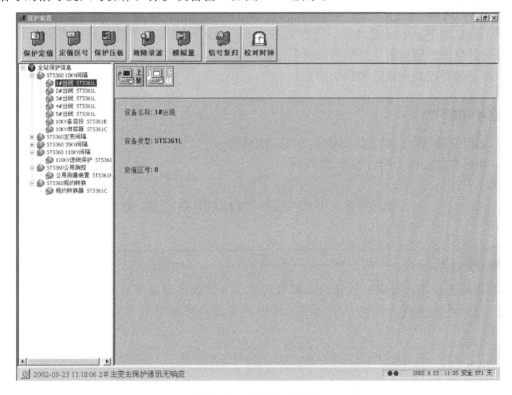

图 4.23　保护设备窗口

保护设备窗口共分为三个部分，窗口的上方是功能选择按钮，分别是"保护定值"、"定值区号"、"保护压板"、"故障录波"、"模拟量"、"信号复归"和"校对时钟"；窗口的左边是保护设备列表；窗口的右边是保护信息输入、输出窗口。

（1）保护定值。在此功能选项下，操作员可以查看、修改和打印保护设备的保护定值。

（2）定值区号。区号切换在上装定值区号后，单击"下载"按钮，弹出对话窗口，调度员输入所要切换到的定值区号值，单击"确定"，系统要求调度员输入用户名和用户密码，如果权限允许，则系统将保护设备的定值区切换到新的定值区。

（3）保护压板。在此功能选项下，调度员可以查询保护设备的当前保护压板的状态，并允许用户进行保护压板的投退。

（4）故障录波。在此功能选项下，允许调度员下载故障录波数据，打印数据波形，读入、保存故障录波数据。

（5）模拟量。在此功能选项下，允许调度员查看某个保护装置的模拟量的值。调度员单击"模拟量"按钮，然后从窗口左边的保护设备列表中选择所查询的保护设备，再单击窗口右边的"上装"按钮，如果网络通信正常，在窗口的右边将会列出此保护设备的模拟量列表。

（6）信号复归。在此功能选项下，当发生事故时，允许调度员对所有的保护装置进行信号复归，清除事故信号报警（事故总信号报警）。

（7）校对时钟。在此功能选项下，允许调度员对所有的保护装置进行广播对时。调度员单击"校对时钟"按钮，如果网络通信正常，则对所有的保护装置进行广播对时。

七、保护信息

保护信息用于显示保护设备的动作信息，由于保护信息的重要性，只要有保护信息发生，即可弹出保护信息窗口。如果该窗口存在，则弹到屏幕窗口最上层来，使用该窗口调度员可以用各种手段查询以往的保护信息。

【思考与练习题】

1. 如何作接线图、列表、报表、棒图、曲线画面？
2. 如何在监控机上执行远方遥控命令？

模块5 变电站综合自动化系统调试

模块描述

本模块包含了检验项目、试验仪器精度要求及检验过程应注意的事项，调试内容及方法。通过要点归纳、原理介绍、图表举例，掌握变电站综合自动化系统调试的内容及方法。

【正文】

一、检验项目、试验仪器精度要求及检验过程应注意的事项

（1）检验项目。对于新安装的变电站综合自动化系统调试检验项目见表4.1。

表 4.1 检 验 项 目 表

序号	检验项目	序号	检验项目
1	铭牌参数	8	操作员工作站功能测试
2	外观及接线检查	9	遥测校验
3	绝缘检验	10	遥信校验
4	装置上电检查	11	控制试验
5	软件版本号检查	12	同期试验
6	时钟核对及整定值失电保护功能检查	13	远动通信检查
7	遥信光耦动作电压和返回电压测试	14	系统检查

（2）试验仪器精度要求。变电站综合自动化系统调试试验仪器精度要求见表 4.2。

表 4.2 试 验 仪 器 精 度 要 求

序号	试验仪器	精度
1	标准功率源（或综合自动化系统测试仪）	0.05
2	继电保护微机型试验装置	0.5
3	绝缘电阻表	10
4	万用表	0.5
5	精密电阻	分辨率 0.01Ω
6	毫安发生器	0.05
7	秒表	分辨率 0.01s

（3）检验过程应注意的事项。

1）断开直流电源后才允许插、拔插件，插、拔交流插件时应防止交流电流二次回路开路，交流电压二次回路短路。

2）检验人员如需接触插件或更换芯片时，应采用人体防静电接地措施并带棉质手套，并应注意不要将插件插错位置。

3）因检验需要临时短接或断开的端子，应逐个记录，并在检验结束后及时恢复。

4）检验过程中应注意不要误控、误碰运行中的设备。

二、调试内容及方法

（1）铭牌参数记录。按表 4.3 所列项目记录测控装置的铭牌参数。

表 4.3 测 控 装 置 的 铭 牌 参 数

序号	项　目	主要技术参数
1	装置型号	
2	制造厂家	
3	装置工作电压	
4	TA 变比	
5	TV 变比	
6	所属屏体	
7	测控对象	
8	出厂编号	
9	装置地址	

（2）外观及接线检查。按表 4.4 所列项目进行测控装置的外观及接线检查。

表 4.4　　　　　　　　　　　　外 观 及 接 线 检 查

序号	项 目	检查结果
1	屏体固定良好，无明显变形及损坏现象，各部件安装牢固	
2	电缆的连接与图纸相符，压接可靠，导线无裸露现象，屏内布线整齐美观，出屏网络线应加防护套管等防护措施	
3	切换开关、按钮、键盘等应操作灵活、手感良好，液晶显示屏清晰完好	
4	所有单元、连接片、导线接头、网络线、电缆及其接头、信号指示等应有正确的标示，标示的字迹清晰	
5	测控装置的硬件配置、逆变电源额定工作电压符合现场实际	
6	各部件清洁良好	
7	核查装置、屏柜、TA 及 TV 接地符合要求	

（3）绝缘检验。使用 500V 绝缘电阻表按表 4.5 所列项目进行有关回路的绝缘检验，绝缘检验时应断开装置电源，断开遥信回路与装置遥信板的连接，并做好相关防护措施。

表 4.5　　　　　　　　　　　　绝 缘 检 验

序号	项 目	绝缘电阻（MΩ）
1	交流电压回路对地	
2	交流电流回路对地	
3	遥控分合回路对地及出口各触点之间	
4	交流电压与交流电流回路之间	
5	交流电压与直流回路之间	
6	交流电流与直流回路之间	
7	结论	
备注	绝缘电阻应大于 10MΩ	

（4）装置上电检查。按表 4.6 所列的项目进行装置上电运行情况检查。

表 4.6　　　　　　　　　　　　装置上电运行情况检查

序号	项 目	检查结果
1	装置上电自检	装置自检正常，无异常信号（　）
2	拉合直流电源	装置无异常信号（　）
3	测控装置的参数设置检查	参数设置符合招标技术条件要求（　）
结论		

（5）软件版本号检查。从测控装置的液晶屏幕上将软件版本号记录到表 4.7。

表 4.7　　　　　　　　　　　　测控装置软件版本号

序号	装置或插件名称或编号	版本号
1		
2		

（6）时钟核对及整定值失电保护功能检查。按表 4.8 所列项目进行测控装置时钟核对及整定值失电保护功能检查。

表 4.8　　　　　　　　　　　　时钟核对及整定值失电保护功能检查

序号	项　　目	检查结果
1	时钟整定好后，通过断、合装置电源的方法，检验在直流失电一段时间的情况下，走时仍准确，整定值不发生变化	
2	装置对时准确度测试	
备注	断、合装置电源至少有 5min 的时间间隔；可用综合自动化系统测试仪测对时准确度，要求误差不大于 1ms	

（7）遥信光耦动作电压测试。遥信光耦的动作电压与遥信的抗干扰能力有密切关系，因此，每个测控装置抽取 3 路遥信进行光耦动作电压测试，动作电压应在额定电压的 55%～70%。将试验结果记录到表 4.9。

表 4.9　　　　　　　　　　　　遥信光耦动作电压检查

序号	遥信信号	加压端子	动作值（V）
1			
2			
3			
结论			
备注	光耦动作电压应在额定电压的 55%～70%		

（8）操作员工作站功能测试。逐个对操作员工作站提供的功能进行测试，例如：调用、显示和拷贝各图形、曲线和报表，发出操作控制命令，查看历史数据，图形和报表的生成、修改，报警点的退出/恢复等。将测试结果记录到表 4.10。

表 4.10　　　　　　　　　　　　操作员工作站功能测试

序号	项　　目	测试结果
1	操作员工作站应能支持各种图形、表格、曲线、棒图、饼图等表达方式	
2	画面拷贝功能	
3	综合自动化系统应采用铃声报警，禁止采用语音报警，铃声报警根据三类事件采用不同的铃声	
4	设备状态异常报警	
5	测量值越限报警	
6	通信接口故障和网络故障报警	
7	检查报警信号和保护信号满足分类要求	
8	开关跳闸、保护动作时，声、光报警功能检查	
9	报警确认前和确认后，报警闪烁和闪烁停止功能检查	
10	告警解除功能检查	

序号	项　目	测试结果
11	具有综合自动化系统网络拓扑图，并实时显示系统通信状态	
12	装置、间隔检修功能。当间隔检修时，能屏蔽相关间隔信号的报警，从而不干扰运行人员监盘	

（9）遥测校验。对遥测的检验采用离线状态下的虚负荷法，其检验装置应可模拟输出单、三相交流电压、电流、功率、相位、频率的标准功率源（或综合自动化系统测试仪），标准检验装置的基本误差应不超过 0.5％。

先用标准检验装置给测控装置的电流、电压回路分别加不同大小的输入量，以核查操作员工作站各变量关联是否正确。然后按下列各表的要求，给测控装置加三相对称的电流和三相对称的电压。

基本误差按下式计算

$$E = \frac{V_X - V_I}{A_F} \times 100\% \qquad (4-3)$$

式中　E——基本误差；

　　　V_X——综合自动化系统（装置）显示值；

　　　V_I——标准检验装置输入值；

　　　A_F——基准值（指被测输入量的额定值）。

1）电流幅值检验。按表 4.11 的要求进行电流幅值检验，其中 I_N 为 1A 或 5A。

表 4.11　　　　　　　　电　流　幅　值　检　验　　　　　　　TA 变比：

二次电流	测控装置显示值			操作员工作站显示值		
	I_A (A)	I_B (A)	I_C (A)	I_A (A)	I_B (A)	I_C (A)
0						
$0.2I_N$						
$0.4I_N$						
$0.6I_N$						
$0.8I_N$						
I_N						
$1.2I_N$						
最大基本误差（％）						
结论						
备注	最大基本误差为各测点基本误差的最大值，最大基本误差绝对值应小于 0.2%					

2）电压幅值检验（母线三相电压和线路同期电压 U'）。母线测控装置按表 4.12 的要求进行电压幅值检验，其他测控装置按表 4.13 的要求进行电压幅值检验，没设计同期回路的装置，同期电压 U' 可不校验。

表 4.12   电压幅值检验（母线测控装置）   TV 变比：

二次电压	测控装置显示值				操作员工作站显示值				
	U_A (V)	U_B (V)	U_C (V)	U' (V)	U_{AB} (kV)	U_{BC} (kV)	U_{CA} (kV)	U' (kV)	U 计算值 (kV)
0									
11.54V（20%U_N）									
23.08V（40%U_N）									
34.62V（60%U_N）									
46.16V（80%U_N）									
57.70V（100%U_N）									
69.24V（120%U_N）									
最大基本误差（%）									
结论									
备注	最大基本误差为各测点基本误差的最大值，最大基本误差绝对值应小于0.2%								

表 4.13   电压幅值检验（普通测控装置）   TV 变比：

二次电压	测控装置显示值				操作员工作站显示值				
	U_A (V)	U_B (V)	U_C (V)	U' (V)	U_A (kV)	U_B (kV)	U_C (kV)	U' (kV)	U 计算值 (kV)
0									
11.54V（20%U_N）									
23.08V（40%U_N）									
34.62V（60%U_N）									
46.16V（80%U_N）									
57.70V（100%U_N）									
69.24V（120%U_N）									
最大基本误差（%）									
结论									
备注	最大基本误差为各测点基本误差的最大值，最大基本误差绝对值应小于0.2%								

3）功率测量检验。

（a）加三相对称额定电压 $U_A = U_B = U_C = 57.7V$，相位角 $\varphi = 0°$，按表 4.14 的要求进行检验。

表 4.14 功率测量检验（相位角 $\varphi=0°$）

二次电流	测控装置显示值				操作员工作站显示值			
	P (W)	P 计算值 (W)	Q (var)	Q 计算值 (var)	P (MW)	P 计算值 (MW)	Q (Mvar)	Q 计算值 (Mvar)
0								
$0.2I_N$								
$0.4I_N$								
$0.6I_N$								
$0.8I_N$								
I_N								
$1.2I_N$								
最大基本误差（%）	—		—		—		—	
结论								
备注	最大基本误差为各测点基本误差的最大值，最大基本误差绝对值应小于0.5%							

（b）加三相对称额定电压 $U_A=U_B=U_C=57.7V$，相位角 $\varphi=90°$，按表 4.15 的要求进行检验。

表 4.15 功率测量检验（相位角 $\varphi=90°$）

二次电流	测控装置显示值				操作员工作站显示值			
	P (W)	P 计算值 (W)	Q (var)	Q 计算值 (var)	P (MW)	P 计算值 (MW)	Q (Mvar)	Q 计算值 (Mvar)
0								
$0.2I_N$								
$0.4I_N$								
$0.6I_N$								
$0.8I_N$								
I_N								
$1.2I_N$								
最大基本误差（%）	—		—		—		—	
结论								
备注	最大基本误差为各测点基本误差的最大值，最大基本误差绝对值应小于0.5%							

（c）加三相对称额定电压 $U_A=U_B=U_C=57.7V$，相位角 $\varphi=60°$，按表 4.16 的要求进行检验。

表 4.16   **功率测量检验（相位角 $\varphi = 60°$）**

二次电流	测控装置显示值				操作员工作站显示值			
	P（W）	P 计算值（W）	Q（var）	Q 计算值（var）	P（MW）	P 计算值（MW）	Q（Mvar）	Q 计算值（Mvar）
I_N								
最大基本误差（%）		—		—		—		—
结论								
备注	最大基本误差为各测点基本误差的最大值，最大基本误差绝对值应小于 0.5%							

（d）加三相对称额定电压 $U_A = U_B = U_C = 57.7V$，相位角 $\varphi = 210°$，按表 4.17 的要求进行检验。

表 4.17   **功率测量检验（相位角 $\varphi = 210°$）**

二次电流	测控装置显示值				操作员工作站显示值			
	P（W）	P 计算值（W）	Q（var）	Q 计算值（var）	P（MW）	P 计算值（MW）	Q（Mvar）	Q 计算值（Mvar）
I_N								
最大基本误差（%）		—		—		—		—
结论								
备注	最大基本误差为各测点基本误差的最大值，最大基本误差绝对值应小于 0.5%							

4）母线测控装置频率测量检验。按表 4.18 的要求进行频率测量检验。

表 4.18   **母线测控装置频率测量检验**

所加二次电压频率（Hz）	测控装置显示值（Hz）	操作员工作站显示值（Hz）
48.00		
49.00		
49.50		
50.00		
50.50		
51.00		
52.00		
最大基本误差（Hz）		
结论		
备注	最大基本误差为各测点基本误差的最大值，最大基本误差绝对值应小于 0.01Hz	

5）主变压器油温（绕组温度）测量检验。主变压器油温（绕组温度）通常由主变压器

本体测控装置进行测量，按表 4.19 进行主变压器油温（绕组温度）测量检验。

表 4.19　　　　　　　　　　主变压器油温（绕组温度）测量检验

_____号主变压器油温　　　测温电阻类型：_____

所加电阻（Ω）/ 毫安信号（mA）	对应温度标准值（℃）	测控装置显示值（℃）	操作员工作站显示值（℃）
	20		
	40		
	60		
	80		
	100		
最大基本误差（%）	——		
结论			
备注	最大基本误差为各测点基本误差的最大值， 最大基本误差绝对值应小于 0.5%		

（10）遥信校验。对于动合触点，在遥信触点所在设备的端子排上短接触点，模拟触点闭合；对于动断触点，在遥信触点所在设备的端子排上断开遥信回路，模拟触点断开，从而进行综合自动化系统遥信功能的校验。当断路器（隔离开关）进行操作时，其返回的触点信号应正确无误地在操作员工作站上反映；测控屏上的远方/就地切换开关及开入量的连接片也应进行核对；对于新安装的设备，应结合保护试验，对保护装置的各个软报文信号进行校验。可按表 4.20 记录遥信试验的情况。

表 4.20　　　　　　　　　　　遥　信　试　验

回路号	开入量（或软报文）名称	测控装置变位	操作员工作站变位

（11）控制检验。从操作员工作站上进行控制操作，对新安装设备试验时要对断路器、隔离开关、主变压器中性点隔离开关和主变压器分接头升、降、急停遥控进行传动试验；首次检验和定期检验时，要对运行许可遥控的对象（如断路器）进行遥控试验。当就地/远控切换开关或连接片处于就地位置时，或隔离开关遥控投退切换开关或连接片处于退出位置时，遥控不应出口。可按表 4.21 记录遥控试验的情况。

表 4.21   遥 控 试 验

遥控路号	遥控对象	控制性质	遥控出口返回记录	就地/远控切换开关位置	
				就地（退出）	远控（投入）
		分			
		合			
		分			
		合			
		分			
		合			
		分			
		合			
		分			
		合			
		分			
		合			
结论					

（12）同期试验。模拟断路器并网时的现场运行条件，检验测控装置的同期功能是否符合要求。

1）整定值检查。测控装置的同期定值按照调度规程的规定或定值单执行。按表 4.22 记录测控装置的同期定值，确保与规程或定值单相符。

表 4.22   同 期 定 值 检 查

序号	名称	定值
1	检无压定值 U_{wy}	
2	检同期的低电压闭锁定值	
3	同期控制字	
4	最大压差 ΔU_{max}	
5	最大频差 Δf_{max}	
6	最大角差 φ_{max}	

2）压差闭锁试验。按表 4.23 的要求进行最大压差 ΔU_{max} 闭锁断路器合闸试验，通常母线侧电压取 57.7V。先做线路侧电压高于母线侧电压，当线路侧电压为母线侧电压 $+0.95 \times \Delta U_{max}$ 时，断路器应可靠合闸，当线路侧电压为母线侧电压 $+1.05 \times \Delta U_{max}$ 时，断路器应可靠闭锁合闸；再做线路侧电压低于母线侧电压，当线路侧电压为母线侧电压 $-0.95 \times \Delta U_{max}$ 时，断路器应可靠合闸，当线路侧电压为母线侧电压 $-1.05 \times \Delta U_{max}$ 时，断路器应可靠闭锁合闸。校验检同期的低电压闭锁定值时，母线侧电压应根据定值取比 57.7V 低的适当值。

表 4.23　　　　　　　　　　压 差 闭 锁 试 验　　　　　整定值（ΔU_{max}）：_____ V

母线侧电压（V）	线路侧电压（V）		备注
	可靠合闸	可靠闭锁合闸	
			线路侧电压高于母线侧电压
			线路侧电压低于母线侧电压
			在压差满足条件的情况下，校验检同期的低电压闭锁定值
结论			
备注	压差为 $0.95 \times \Delta U_{max}$ 时应可靠合闸，压差为 $1.05 \times \Delta U_{max}$ 时应可靠闭锁合闸		
试验条件：母线侧相角＝线路侧相角＝0°，母线侧频率＝线路侧频率＝50Hz			

3）频差闭锁试验。按表 4.24 的要求进行最大频差 Δf_{max} 闭锁断路器合闸试验，先做线路侧频率高于母线侧频率，当线路侧频率为母线侧频率＋$0.90 \times \Delta f_{max}$ 时，断路器应可靠合闸，当线路侧频率为母线侧频率＋$1.10 \times \Delta f_{max}$ 时，断路器应可靠闭锁合闸；再做线路侧频率低于母线侧频率，当线路侧频率为母线侧频率－$0.90 \times \Delta f_{max}$ 时，断路器应可靠合闸，当线路侧频率为母线侧频率－$1.10 \times \Delta f_{max}$ 时，断路器应可靠闭锁合闸。

表 4.24　　　　　　　　　　频 差 闭 锁 试 验　　　　　整定值（Δf_{max}）：_____ Hz

母线侧频率（Hz）	线路侧频率（Hz）		备注
	可靠合闸	可靠闭锁合闸	
50.00			线路侧频率高于母线侧频率
			线路侧频率低于母线侧频率
结论			
备注	频差为 $0.90 \times \Delta f_{max}$ 应可靠合闸，频差为 $1.10 \times \Delta f_{max}$ 时应可靠闭锁合闸		
试验条件：母线侧电压＝线路侧电压＝57.7V，母线侧相角＝线路侧相角＝0°			

4）角差闭锁试验。按表 4.25 的要求进行最大相角差 φ_{max} 闭锁断路器合闸试验，以母线侧电压为参考（即母线侧电压相角为 0°），先做线路侧电压超前母线侧电压，当线路侧电压相角为母线侧电压相角＋φ_{max}－3°时，断路器应可靠合闸，当线路侧电压相角为母线侧电压相角＋φ_{max}＋3°时，断路器应可靠闭锁合闸；再做线路侧电压滞后母线侧电压，当线路侧电压相角为母线侧电压相角－φ_{max}＋3°时，断路器应可靠合闸，当线路侧电压相角为母线侧电压相角－φ_{max}－3°时，断路器应可靠闭锁合闸。

表 4.25　　　　　　　　　　角 差 闭 锁 试 验　　　　　整定值（φ_{max}）：_____°

母线侧电压相角（°）	线路侧电压相角（°）		备注
	可靠合闸	可靠闭锁合闸	
0			线路侧电压超前母线侧电压
			线路侧电压滞后母线侧电压
结论			
备注	角差为（φ_{max}－3）应可靠合闸，角差为（φ_{max}＋3）应可靠闭锁合闸		
试验条件：母线侧电压＝线路侧电压＝57.7V，母线侧频率＝线路侧频率＝50Hz			

5）检无压试验。按表 4.26 的要求进行检无压闭锁断路器合闸试验，通常母线侧电压取 57.7V，当线路侧电压为 $0.95 \times U_{wy}$ 时，断路器应可靠合闸，当线路侧电压为 $1.05 \times U_{wy}$ 时，断路器应可靠闭锁合闸。

表 4.26　　　　　　　　检 无 压 试 验　　　　　整定值（U_{wy}）：_____ V

母线侧电压（V）	线路侧电压（V）		备注
	可靠合闸	可靠闭锁合闸	
57.7			——
结论			
备注	线路侧电压为 $0.95 \times U_{wy}$ 时应可靠合闸，线路侧电压为 $1.05 \times U_{wy}$ 时应可靠闭锁合闸		

试验条件：母线侧相角＝线路侧相角＝0°，母线侧频率＝线路侧频率＝50Hz

6）同期切换模式检查。进行同期切换模式检查，将检查结果记到表 4.27。

表 4.27　　　　　　　　同 期 切 换 模 式 检 查

序号	项目	检查结果
1	禁止检同期和检无压模式自动切换	
2	同期电压回路断线报警和闭锁同期功能	

（13）远动通信检查。本部分包含远动通信设备以及各主站通信功能的检查验证。远动通信设备的检测工作应在综合自动化系统当地监控调试完成且与主站通信调通后进行，与主站技术人员共同完成。检测包含以下内容：

1）通信软件版本检查。支持各种远动协议的通信软件，必须通过有关部门认证测试。检查时必须确认所有远动通信设备支持各协议的所有通信软件的版本与认证测试报告上的一致。检查结果记到表 4.28。

表 4.28　　　　　　　　通 信 软 件 检 查 表

序号	设备名称	协议名称	软件版本	认证测试报告	检查结果
1					
2					

2）遥测传输检测。检查综合自动化系统与主站遥测传输的设置和通信的正确性，正确性检查要针对每个通信连接进行。本项检查包含：① 遥测索引表（遥测信息表）检查，确认系统内索引表设置与设计要求一致。②遥测系数检查，确认遥测系数与实际相符。③实际值核对，按照信息表与主站进行所有遥测值的核对。本项检测结果记到表 4.29。

表 4.29　　　　　　　遥测传输检测表（每主站填写一张）

主站名：_____　　　　　　　规约：

遥测点号	遥测远动点名	加入到测控装置的二次值	对应一次计算值	主站显示值（一次值）

遥测点号	遥测远动点名	加入到测控装置的二次值	对应一次计算值	主站显示值（一次值）
结论				

3）遥信传输检测。检查综合自动化系统与主站遥信传输的设置和通信的正确性，正确性检查要针对每个通信连接进行。本项检查包含：①遥信索引表（遥信信息表）检查，确认系统内索引表设置与设计要求一致。②实际值核对，按照信息表与主站进行所有遥信值的核对。③SOE 信息核对，所有开关变位都有 SOE 信息，主站和当地显示的 SOE 时间相同且与实际相符。检测结果记到表 4.30。

表 4.30 遥信传输检测表（每主站填写一张）

主站名：_____ 规约：

遥信点号	遥信远动点名	主站状态量变位	主站 SOE 变位
结论			

4）集控系统遥控功能检验。由集控系统调试（维护）人员从集控系统上进行遥控操作，各遥控点上的控制对象均应进行传动试验，将试验结果记录到表 4.31。

表 4.31 集控系统遥控功能检验记录表

集控站名：_____ 规约：

遥控点号	遥控点名	遥控性质	遥控结果
		合	
		分	
		合	
		分	
		合	
		分	
结论			

5）远动通信切换功能检查。通过试验检查远动通信切换时与主站通信的工作情况。检

查方法：在试验时通过中断远动通信主机与综合自动化系统的网络连接，观察并记录与主站通信中断时间和恢复情况。每台远动机均需进行试验。将检查结果记录到表 4.32。

表 4.32　　　　　　　　　　远动通信切换功能检查

序号	主站名称	通信协议	试验主机	断开时间（通信机）	中断时间（主站）	恢复时间（主站）	检查结果
1							
2							
3							
4							
5							
6							

（14）系统检查。按表 4.33 所列项目进行综合自动化系统的功能（性能）检查。

表 4.33　　　　　　　　　　系　统　检　查

序号	项　　目	检查结果
1	具备集控系统/操作员工作站/就地手动的控制切换功能，三种控制级别间应相互闭锁，同一时刻只允许一级控制	
2	操作员工作站 CPU 正常负载率低于 30%	
3	现场遥信变位到操作员工作站显示所需时间	
4	现场遥测变化到操作员工作站显示所需时间	
5	具有计算机防病毒软件，并按时更新病毒库	
6	系统内各装置时间应与 GPS 时间一致	
7	主、备远动机以及双网络切换检查，当出现单台远动机或单网络故障时，综合自动化系统运行仍应正常	
8	测控装置、远动机、交换机和双网络结构出现单网络等故障时报警在操作员工作站显示	
9	测控装置的定值修改及就地操作等应设置密码保护	
10	当测控装置故障或电源消失时，综合自动化系统自动诊断和告警	
11	交换机断电重启后，整个综合自动化系统运行应正常；远动主机及操作员工作站断电重启后，系统应能自动加载	

【思考与练习题】

1. 变电站综合自动化系统工程调试试验需要哪些仪器？精度有什么要求？
2. 变电站综合自动化系统工程调试检验过程应注意哪些事项？
3. 变电站综合自动化系统工程调试的主要内容有哪些？
4. 测控装置绝缘检查项目有哪些？

5. 如何进行遥信光耦动作电压和返回电压测试?

6. 操作员工作站功能测试项目有哪些?

7. 简述遥测校验方法。

8. 简述遥信校验方法。

9. 简述同期试验方法。

10. 如何进行遥测传输检测、遥信传输检测?

第 5 章

变电站综合自动化系统的运行管理与故障处理

本章学习任务

掌握变电站综合自动化系统的运行管理与故障处理的基本知识，正确进行变电站综合自动化系统的运行管理及故障处理。

知 识 点

1. 变电站综合自动化系统的运行管理
2. 变电站综合自动化系统的故障处理

重点、难点

1. 变电站综合自动化系统的运行管理
2. 变电站综合自动化系统的故障处理

模块 1　变电站综合自动化系统的运行管理

模块描述

本模块包含了变电站综合自动化系统的运行管理、运行规定以及技术管理。通过要点归纳，掌握变电站综合自动化系统的运行管理。

【正文】

一、变电站综合自动化系统的运行管理

变电站综合自动化系统的运行管理正由传统管理模式，向着实现调度、监视、操作一体化，集约化，精益化的"大运行"目标模式转变，实行调控一体化的管理模式。调控一体化即采取电网调度监控中心＋运维操作站的管理模式。这将显著提高电网故障处理效率和日常操作效率，保证运行人员统筹调配，实现人力资源的充分合理利用。

1. 调度人员的职责

调度人员的职责包括以下方面：

（1）了解综合自动化系统的构成原理。

（2）批准和监督直接管辖范围内的各种综合自动化装置的正确使用与运行。

（3）应按有关规程、规定处理事故或在系统运行方式改变时，变更装置的使用方式。

（4）在系统发生事故等不正常情况时，调度人员应根据断路器及综合自动化装置的动作情况处理事故，并作好记录，及时通知有关人员。根据装置测距结果，给出巡线范围，及时通知

有关单位。

(5) 参加综合自动化系统调度运行规程的审核。

2. 运维操作人员的职责

运维操作人员的职责包括以下方面：

(1) 了解综合自动化装置的原理及二次回路。

(2) 负责与调度人员核对综合自动化装置的整定值并进行装置的投入、停用等操作。

(3) 负责记录并向上级主管调度汇报综合自动化装置的运行情况及打印报告等。

(4) 执行上级颁发的有关综合自动化装置的规程和规定。

(5) 掌握综合自动化系统打印出的各种信息的含义。

(6) 根据主管调度命令，对已输入装置内的各套保护定值，允许现场人员用规定的方法来改变定值。

(7) 现场运行人员应掌握综合自动化装置的时钟校对、采样值打印、定值清单打印、报告复制、按规定的方法改变定值、保护的停投和使用打印机等操作。

(8) 在改变微机继电保护的定值、程序或接线时，要有主管调度的定值、程序及回路变更通知单方可允许工作。

(9) 对综合自动化装置和二次回路进行巡视。

二、变电站综合自动化系统的运行规定

变电站综合自动化系统的运行规定包括以下方面：

(1) 现场运行人员应定期对综合自动化装置进行采样值检查和时钟校对。

(2) 综合自动化装置在运行中需要改变已固化好的成套保护定值时，或由现场运行人员按规定的方法改变定值时，不必停用装置，但应立即打印出新的定值清单，并与主管调度核对定值。

(3) 综合自动化装置动作后，现场运行人员应按要求作好记录和复归信号，并将动作情况和测距结果立即向调度汇报，然后复制总报告和分报告。

(4) 综合自动化装置出现异常时，运行人员应根据该装置的现场运行规程进行处理，并立即向主管调度汇报，检修人员应立即到现场处理。

(5) 综合自动化装置的插件出现异常时，检修人员应采用备用插件更换，在更换备用插件后应对综合自动化系统进行必要的检验，不允许现场修理插件后再投入运行。

(6) 在综合自动化装置使用的交流电压、交流电流、开关输入、开关输出回路作业时，及综合自动化装置内部作业时，应停用装置。

(7) 远方更改综合自动化装置定值或操作装置时，应根据现场有关运行规定，并有保密和监控手段，以防止误整定和误操作。

(8) 运行中的综合自动化装置直流电源恢复后，时钟不能保证准确时，应校对时钟。

三、变电站综合自动化系统的技术管理

变电站综合自动化系统的技术管理包括以下方面：

(1) 综合自动化系统投运时，应具备如下的技术文件：

1) 合格证明和出厂试验报告等技术文件，竣工原理图、安装图、电缆清册等设计资料。

2）商家或制造厂提供的装置技术说明书或使用说明书，包括装置的硬件说明、调试大纲、运行维护注意事项、用户手册、故障检测手册等和装置插件原理图、背板端子图、背板布线图。

3）新安装检验报告和验收报告。

4）保护装置定值和程序通知单。

5）制造厂提供的软件框图和有效软件版本说明。

6）装置的专用检验规程。

（2）运行资料应由专人管理，并保持齐全、准确。

（3）运行中的装置作改进时，应有书面改进方案，按管辖范围经主管机构批准后方允许进行；改进后应做相应的试验，并及时修改图样资料和作好记录。

（4）对所管辖自动化装置的动作情况，应按照《电力系统继电保护及电网安全自动装置评价规程》进行统计分析，并对装置本身进行评价；对不正确的动作应分析原因，提出改进对策，并及时报主管部门。

（5）对直接管辖的自动化装置，应统一规定检验报告的格式；要求检验报告应完整，内容包括被试设备的名称、型号、制造厂、出厂日期、出厂编号，装置的额定值，检验类型，检验条件和检验工况，检验结果及缺陷处理情况，有关说明和结论，使用的主要仪器、仪表的型号和出厂编号，检验日期，检验单位的试验负责人和试验人员名单，试验负责人签字。

（6）为了便于运行管理和装置检验，同一电业局、变电站的自动化装置型号不宜过多。

（7）各电业局、变电站对每一种型号的保护装置和监控装置应配备必要的备用插件。

（8）投入运行装置应有专责维护人员，建立完善的岗位责任制。

【思考与练习题】

1. 变电站综合自动化系统的运行管理指的是什么？何谓调控一体化？

2. 调度人员的职责是什么？运维操作人员的职责是什么？

3. 变电站综合自动化系统运行规定的内容是什么？

4. 变电站综合自动化系统的技术管理内容什么？

模块 2　变电站综合自动化系统的故障处理

模块描述

本模块包含了变电站综合自动化系统使用注意事项、故障分析和检查的几种常用的方法以及故障分析和检查的案例。通过要点归纳、原理讲解、案例分析，掌握变电站综合自动化系统故障分析和处理方法。

【正文】

一、变电站综合自动化系统使用注意事项

变电站综合自动化系统使用注意事项包括以下方面：

（1）使用每一种新设备前要求详细地阅读其说明书，清楚地了解其工作原理及工作性能，确认无问题时再投入使用。

（2）变电站整个接地系统应可靠遵循电力系统运行要求。

1）所有二次设备的接地端应可靠接地，包括屏体、柜体、计算机外壳、打印机外壳、UPS外壳等。

2）接地电阻要求一般小于4Ω。

（3）变电站防鼠措施应完善，以免对变电站安全运行造成威胁；在腐蚀性气体浓度较大的环境中应将二次设备与腐蚀性气体可靠地进行隔离，以免损坏设备。

（4）在温差较大及湿度较大的环境中应做好温度及湿度的控制，以保证设备的正常运行。

（5）用户可购买精度适中的多功能测试表，用于在调试和维护过程中方便地测试二次设备的输入电压、电流、功率、相角、TA的极性和相序、TV的极性和相序等。

（6）在变电站辅助设备的定购中，若采用通信方式与主控设备连接，则需考虑通信规约问题；为接口方便和规约的规范管理，对于直流屏、五防系统、小电流接地系统、综合无功调压、消谐装置等设备要求采用DL 451—1991《循环式远动规约》，对于电能表要求采用全国电能表统一标准规约。

（7）若无特殊说明，所有的通信系统之间的连线及弱信号远传均要求采用双芯或多芯屏蔽电缆，以免影响测量的精度、系统数据的正常传输以及控制命令的正常下发。

（8）替换硬件或检查运行硬件故障时，要求：①必须对相应线路采取有效的安全措施。②必须严格按照以下步骤操作：关掉子系统（如测控保护装置）时，切记先将该子系统通用I/O插件的24V电源（保护出口电源）关掉；打开子系统（如测控保护装置）时，切记最后将该子系统通用I/O插件的24V电源（保护出口电源）打开，以免引起误动作。

（9）带插件的芯片需可靠安装，防止接触不良引起插件工作不正常，如程序芯片EPROM及部分存储器。

（10）断开直流电源后才允许插、拔插件。

（11）芯片的插、拔应注意方向。

（12）若元件损坏等原因需使用烙铁时，应使用内热式带接地线的烙铁。

后台机是完成整个系统监测和控制的重要环节，为了保证整个系统的正常运行，特对后台机的使用提出以下要求：

（1）严禁直接断电。对于Windows操作系统，关闭系统有严格的操作顺序，若直接断电，则有可能造成计算机硬件部分损坏，系统文件或其他文件丢失。

（2）严禁乱删除或移动文件。Windows操作系统中各文件及文件夹都有特定的位置，若随意删除或移动文件，则会造成系统不能起动或运行变得不稳定。

（3）严禁使用盗版光盘或来历不明的软件，防止病毒造成系统文件或其他文件丢失，使系统无法正常运行。

（4）严禁带电插拔计算机主机所有外围设备插头。计算机主机外围设备插头如果不断电插拔，就会造成设备接口电路损坏，使系统无法运行。

（5）计算机主机机壳、显示器外壳、打印机外壳一定要可靠接地。

二、故障分析和检查的几种常用的方法

在处理异常问题时要做到思路清晰，熟悉什么信息反映什么问题，掌握一些基本方法有利于快速准确地查找故障点。现推荐几种在实际工作中常用的故障分析和检查的方法。

（1）系统分析法。利用系统工程的相关性和综合性原理，分析判断自动化系统故障的方法，即系统分析法。该方法要求对自动化系统有一个清晰的了解：系统由哪些子系统组成，每个子系统的作用原理，每个子系统均由哪些主要设备组成，每台设备的功能等。

如知道了系统中某设备的功能，就会知道如果该设备失效将会给系统带来什么后果，那么反过来，就可以判断系统发生什么样的故障可能是哪台（哪些）设备的原因。

（2）排除法。简单地说，排除法就是"非此即彼"的判断方法。因为自动化系统较为复杂，而且它还与变电站的一、二次设备有关联，因而应先用排除法判断究竟是自动化设备还是相关联的其他设备故障。

如操作员在对某台断路器进行遥控操作时，屏幕显示遥控返校正确，但始终未能反映该断路器变位（位置信号不变）。对于这种情况，可先利用系统分析法，检查该断路器在当地操作合分闸时其位置触点是否正确。如果断路器无论在合闸或分闸时，其位置触点状态始终不变，则证明问题出在位置触点上，而自动化系统无问题，可以排除。如位置触点状态正确且相关电缆完好，则可以认为问题出在遥信方面，其他可以排除。此例是对于自动化系统中自动化设备与相关设备以及自动化设备内部的排除判断法。

排除法也不能绝对化，因为事情也可能存在"此"和"彼"同时发生。这就需要多积累经验。

（3）电源检查法。一般来说，运用一段时间以后的自动化系统已进入稳定期，设备本身发生故障的情况会比较少，若这时设备出现故障，查找故障时应首先检查电源电压是否正常，如有熔断器熔断、线路板接触不良等都会造成工作电源不正常，因而导致设备故障。这种方法适用于通过系统分析法、排除法已确定故障出在哪台设备后进行。

（4）信号追踪法。自动化系统是靠数据通信来完成其功能的，可通过示波器、毫伏表追踪信号是否正常，来判断故障点。

（5）换件法。自动化系统应该是连续工作的，如发生故障应尽快恢复。为做到这点，应配备适当数量的备品备件，以应急用。

三、故障分析和检查的案例

下面以 SL300 变电站综合自动化系统为例：

（1）直流（或一般模拟量）处理值不对。此时，要检查测控装置的接收值是否正确，再检查远动装置和后台的接收值是否正确，检查远动装置和后台的处理系数是否正确。

（2）后台事故总信号不正确。此时，要检查远动装置遥信、虚遥信参数的"事故总触发"或者"预告总触发"参数，事故总信号、预告总遥信的"去颤时间"参数即为信号时限为（单位为秒，当有事故总信号或预告总信号时，经过信号时限所规定的时间后，事故总信号或预告总信号自动复归）。

（3）SL200 与 SL300 后台连接故障。串口连接（注意：串口连接要加长线收发器），"通道设置"中添加一个串口通道，规约选择"转入扩展 CDT451—91 规约"，"二次设备配置"中添加一个 SL200 虚拟设备，"系统类型"选择"自定义"，"设备类型"选择"自定义设备"，"数据源"选择相应的串口通道，"节点号"中必须填 255。如果 SL200 还接有

CAN2000 保护装置，为了能从 SL300 后台召唤定值，就必须从"二次设备配置"中添加相应的 CAN2000 保护装置。具体添加办法如下："系统类型"选择"串口 CAN2000 保护系统"，"设备类型"中选择相应的 CAN2000 保护装置，"数据源"必须选择和 SL200 虚拟设备数据源一致的串口通道；对于连接在 0 号 CAN 网卡上的装置，"节点号"必须与装置实际节点号一致；对于连接在 1 号 CAN 网卡上的装置，"节点号"＝装置实际节点号＋50；对于连接在 2 号 CAN 网卡上的装置，"节点号"＝装置实际节点号＋100；后面的"遥测量"、"遥信量"等参数不需要填。这样就可以在 CCSEdit 中对相应的 CAN2000 装置进行召唤保护定值的操作了。

（4）维护软件与 SL200 通信控制器的连接故障。若维护软件与 SL200 通信控制器连接失败，按照如下步骤进行检查：若 PC 与 SL200 直接连接，检查网线是否是交叉网线；检查 PC 与 SL200 的网络设置，应保证两者在同一个网段内；检查 SL200 的 5 个网口设置，应保证任意两个网口不能在同一个网段内；版本更新后，维护软件与 SL200 通信控制器可能连接失败，此时要检查 SL200 网口 4 的 IP 地址、子网掩码。

（5）通过路由器与主站进行网络通信的故障。在网络配置中正确设置"本机 IP 地址"、"子网掩码"、"远方 IP/子网"、"默认网关"参数，"远方 IP/子网"设为主站的 IP，"默认网关"设为路由器的网口 IP（该网口连接 SL200），这些 IP 应由用户提供，注意"本机 IP 地址"与"默认网关"必须在同一个网段内。与主站进行网络通信应采用 DL/T 634.5104—2009《远动设备及系统 第 5－104 部分：传输规约 基本远动任务配套标准》。

（6）频率数据的处理有误。有的用户为了提高频率数据的精度（循环式远动规约），要求实际频率减去 45 后再发送至主站，为此在"交流参数"中找到频率参数项，将其中的"方式"参数设为 1 即可满足要求。此时主站相应的系数应设为 0.01，偏移量应设为 45，这样就可还原实际频率。但对于 DL/T 634.5101—2002《远动设备及系统 第 5101 部分：传输规约 基本远动任务配套标准》不必如此处理。

（7）遥控失败。在现场对断路器进行跳合闸操作，会遇到使用控制开关就地操作时一切正常，但是遥控操作（尤其是合闸）却失败的情况。在确认外部接线无误的情况下，应注意以下问题：

查看装置记录的"遥控事项"，若显示"执行正确"，则装置的遥控输出正常。检查外部回路（操作转换开关应在"远方"，而非"就地"位置），若外部回路没有发现问题，可调整测控装置"测控参数"→"遥控参数"中的"输出保持时间"，适当增大该参数，再尝试遥控。

若装置记录的"遥控事项"显示"返校错误"或"执行错误"或"自检错误"，则装置的遥控异常。进入测控装置"装置状态"→"自检状态"，查看出口板自检"M－OUT"是否异常。后台监控微机或远方调度系统进行遥控操作时，从返校正确到确认遥控执行之间的间隔时间不要超过"遥控等待时间"，该时间参数一般可以进行调整。

（8）功率测量偏差大。首先查找模拟量输入的相序及极性是否符合要求。在测量用 TA 只有 A、C 两相的情况下，若 TV 为三相接入，则装置测量的功率将由于缺少 B 相电流而只有正常数值的三分之二。此时，可将装置 A、C 相电流的输出端并接后，引至装置 B 相的输出端，而将 TA 的 I_N 接至装置 B 相的输入端。

（9）以太网通信异常。首先排除以太网通信参数的设置问题、接线问题。电接口时，水晶头与双绞线的连接应符合标准，接触应良好；可使用万用表或专用仪器测试网线是否存在问题。光接口时，装置的发送口应与 HUB（或交换机）的接收口连接，而装置的接收口应与 HUB（或交换机）的发送口连接。

【思考与练习题】

1. 变电站综合自动化系统故障分析和检查的方法有哪些？

2. 不能遥控如何处理？

3. 如何处理通信网络类故障？

第 **6** 章

智 能 变 电 站

本章学习任务

对变电站综合自动化系统的新发展，数字化变电站的特点、优点有较全面的了解；了解数字化变电站的基本构架体系；了解非常规互感器及智能断路器的特点；掌握数字化变电站中的 IEC 61850、数字化变电站中的通信网络的基本知识；熟悉数字化变电站实例。

知 识 点

1. 数字化变电站的特点
2. 数字化变电站的基本构架体系
3. 数字化变电站的非常规互感器及智能断路器
4. 数字化变电站中的 IEC 61850

重点、难点

1. 数字化变电站的基本构架体系
2. 数字化变电站的非常规互感器及智能断路器

模块1 智能变电站概述

模块描述

本模块包含了建设智能变电站的背景、智能变电站的概念和特征、智能变电站的系统结构、智能高压设备和智能变电站发展现状。通过要点归纳、原理讲解、图解示意，掌握智能变电站的结构和特点，熟悉智能变电站的建设背景和发展方向。

【正文】

一、建设智能变电站的背景

1. 数字化变电站的建设

"十一五"期间，国内数字化变电站已由理论研究走向工程实践，并且发展很快。在这期间，各网省电力公司积极探索数字化变电站的相关技术应用及数字化变电站建设，相继投运了一批数字化变电站，这些数字化变电站的数字化及智能化程度参差不齐，归纳起来主要有如下几类：

(1) 在过程层采用电子式互感器和合并单元，实现交流电流、电压信号的数字化。

(2) 在间隔层和站控层采用 DL/T 860《变电站通信网络和系统》通信标准（等同于国际

标准 IEC 61850)。

（3）在已建的变电站对一个或几个间隔进行数字化改造，主要是更换常规互感器为电子式互感器，改造间隔层和站控层设备使其支持 DL/T 860 通信标准。

（4）有些变电站，为了验证 DL/T 860 通信标准的可靠性，在保留原 DL/Z 634《远动设备与系统》（等同于国际标准 IEC 60870）通信系统基础上，增加了支持 DL/T 860 通信标准新系统，两种系统同时运行。

在国内各网省电力公司尝试建设数字化变电站的过程中，积累了 DL/T 860 通信标准、电子式互感器及过程层智能设备等新技术设计应用、运行维护的经验，这些都将为建设智能变电站提供强有力的技术支撑。但是，与智能变电站要求相比，还是存在如下局限性：

（1）缺乏统一的指导建设标准、规范。各网省电力公司在数字化变电站建设中，采用新技术和新设备的配置不尽相同，在规划设计过程中更多是借助于二次设备厂家的技术力量。

（2）过程层/间隔层设备与一次设备接口不规范。在已建的数字化变电站中，过程层合并单元至间隔层设备之间采用的通信标准主要有 IEC 60044—8/7《电子式电流互感器/电子式电压互感器》、DL/T 860.91—2006《变电站通信网络和系统 第 9-1 部分：特定通信服务映射（SCSM）单向多路点对点串行通信链路上的采样值》和 DL/T 860.92—2006《变电站通信网络和系统 第 9-2 部分：特定通信服务映射（SCSM）映射到 ISO/IEC 8802—3 的采样值》，而且在设备建模上各设备厂家的做法不尽相同，存在很多自定义的内容，为实现各厂家设备互联、互通，需要在出厂联调和现场调试做大量的测试和修改。

（3）没有充分实现信息共享，还存在多个信息子系统，如电能量采集系统、保护及故障录波管理系统等独立配置。

（4）没有开发基于变电站统一信息平台的高级应用，如站域保护、站域控制、智能告警、分析决策等功能。

2. 建设统一坚强智能电网

2009 年 5 月，国家电网公司提出了立足自主创新，以统一规划、统一标准、统一建设为原则，建设以特高压电网为骨干网架，各级电网协调发展，具有信息化、自动化、互动化特征的统一坚强智能电网的发展目标。

国家电网公司规划建设统一坚强智能电网的内涵可以简要概括为一个目标、两条主线、三个阶段、四个体系、五个内涵和六个环节。

（1）一个目标。构建以特高压电网为骨干网架，各级电网协调发展的统一坚强智能电网。包括"三华"（华北—华中—华东）同步电网、西北和东北电网，涵盖全部电压等级。

（2）两条主线。技术上体现信息化、自动化、互动化，管理上体现集团化、集约化、精益化、标准化。信息化、自动化、互动化是智能电网的基本技术特征。

信息化是坚强智能电网的实施基础，实现实时和非实时信息的高度集成、共享与利用；自动化是坚强智能电网的重要实现手段，依靠先进的自动控制策略，全面提高电网运行控制自动化水平；互动化是坚强智能电网的内在要求，实现电源、电网和用户资源的友好互动和相互协调。

(3) 三个阶段。根据国家电网公司总体部署，统一坚强智能电网建设分三步走：

1) 2009 年～2010 年为规划试点阶段。重点开展电网智能化发展规划工作，制定技术标准和管理标准，开展关键技术研发和设备研制，开展各环节的试点工作。

2) 2011 年～2015 年为全面建设阶段。加快特高压电网和城乡配电网建设，初步形成智能电网运行控制和互动服务体系，关键技术和装备实现重大突破和广泛应用。

3) 2016 年～2020 年为引领提升阶段。全面建成统一坚强智能电网，使电网的资源配置能力、安全水平、运行效率，以及电网与电源、用户之间的互动性显著提高。

(4) 四个体系。电网基础体系、技术支撑体系、智能应用体系、标准规范体系。

电网基础体系是坚强智能电网的物质载体，是实现"坚强"的重要基础；技术支撑体系是指先进的通信、信息、控制等应用技术，是实现"智能"的技术保障；智能应用体系是保障电网安全、经济、高效运行，提供用户增值服务的具体体现；标准规范体系是指技术、管理方面的标准、规范，以及试验、认证、评估体系，是建设坚强智能电网的制度依据。

(5) 五个内涵。坚强可靠、经济高效、清洁环保、透明开放、友好互动。

坚强可靠是指具有坚强的网架结构、强大的电力输送能力和安全可靠的电力供应；经济高效是指提高电网运行和输送效率，降低运营成本，促进能源资源和电力资产的高效利用；清洁环保是指促进可再生能源发展与利用，降低能源消耗和污染物排放，提高清洁电能在终端能源消费中的比重；透明开放是指电网、电源和用户的信息透明共享，电网无歧视开放；友好互动是指实现电网运行方式的灵活调整，友好兼容各类电源和用户接入与退出，促进发电企业和用户主动参与电网运行调节。

(6) 六个环节。

1) 发电环节。引导电源集约化发展，协调推进大规模能源基地的开发；强化网厂协调，提高电网安全运行水平；优化电源结构和电网结构，促进新型能源的大规模科学利用。

2) 输电环节。加快建设以特高压电网为骨干网架、各级电网协调发展的坚强智能电网；集成应用新技术、新材料、新工艺；全面实施输电线路状态检修和全寿命周期管理；广泛采用灵活交流输电技术，提高线路输送能力和电压、潮流控制的灵活性，技术和装备全面达到国际领先水平。

3) 变电环节。设备信息和运行维护策略与电力调度全面互动，实现基于状态的全寿命周期综合优化管理；枢纽及中心变电站全面建成或改造成为智能化变电站；实现电网运行数据的全面采集和实时共享，支撑电网实时控制、智能调节和各类高级应用，保障各级电网安全稳定运行。

4) 配电环节。建成高效、灵活、合理的配电网络，具备灵活重构、潮流优化和可再生能源接纳能力，紧急状况时支撑主网安全稳定运行；实现集中/分散储能装置及分布式电源的兼容接入与统一控制；供电可靠性和电能质量显著提高；全面推广智能配电网示范工程应用成果，主要技术装备达到国际领先水平。

5) 用电环节。构建智能用电服务体系，实现营销管理的现代化运行和营销业务的智能化应用。全面推广应用智能电能表、智能用电管理终端等智能用电设备。开展双向互动服务，实现电网与用户的双向互动，提升用户服务质量。建设智能用电小区和电动汽车充放电站，推动智能家电和电动汽车等领域的技术创新和应用，改善终端用户用能模式，提高用电效率。

6）调度环节。以服务特高压大电网安全运行为目标，开发建设新一代智能调度技术支持系统，实现运行信息全景化、数据传输网络化、安全评估动态化、调度决策精细化、运行控制自动化、网厂协调最优化，形成一体化的智能调度体系，确保电网运行的安全可靠、灵活协调、优质高效、经济环保。

通信信息平台全面支撑坚强智能电网发展，服务智能电网建设全过程。构建坚强的智能通信信息平台，贯通发电、输电、变电、配电、用电、调度六个环节，实现生产与控制、企业经营管理、营销与市场交易三大领域的业务与信息化的融合，全面支撑坚强智能电网发展。建设信息高度共享、业务深度互动、国际领先的国家电网资源计划系统，实现资源配置集团化、电网运营集约化、管理控制精益化、业务处理标准化、信息采集自动化、客户服务互动化、分析决策智能化。

二、智能变电站的概念和特征

在数字化变电站建设的基础上，在国家电网公司建设统一坚强智能电网战略目标的指引下，提出了智能变电站的概念，其主要作用是为智能电网提供标准的、可靠的节点（包含一、二次设备和系统）支撑设备信息和运行维护策略，与电力调度实现全面共享互动，实现基于状态的全寿命周期综合优化管理，实现全网运行数据的统一采集、实时信息共享以及电网实时控制和智能调节，支撑各级电网的安全稳定运行和各类高级应用。

智能变电站是采用先进、可靠、集成、低碳、环保的智能设备，以全站信息数字化、通信平台网络化、信息共享标准化为基本要求，自动完成信息采集、测量、控制、保护、计量和监测等基本功能，并可根据需要支持电网实时自动控制、智能调节、在线分析决策、协同互动等高级功能的变电站。

智能变电站能够完成比常规变电站范围更广、层次更深、结构更复杂的信息采集和信息处理，变电站内、站与调度、站与站之间、站与大用户和分布式能源的互动能力更强，信息的交换和融合更方便快捷，控制手段更灵活可靠。与常规变电站相比，智能变电站设备具有信息数字化、功能集成化、结构紧凑化、状态可视化等主要技术特征，符合易扩展、易升级、易改造、易维护的工业化应用要求。智能变电站概念示意图如图 6.1 所示。

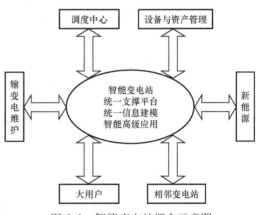

图 6.1　智能变电站概念示意图

三、智能变电站的系统结构

DL/T 860《变电站通信网络和系统》是针对变电站系统和网络的电力行业标准，等同于国际电工委员会（IEC）发布的 IEC 61850《变电站通信网络和系统》。根据 DL/T 860，智能变电站的系统结构从逻辑上可划分为 3 层，分别是站控层、间隔层和过程层。智能变电站的系统结构示意图如图 6.2 所示。

（1）站控层。站控层包含自动化系统、站域控制系统、通信系统、对时系统等子系统，实

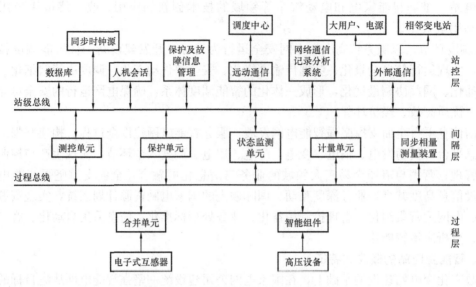

图 6.2　智能变电站的系统结构示意图

现面向全站或一个以上一次设备的测量和控制功能，完成数据采集和监视控制（SCADA）、操作闭锁以及同步相量采集、电能量采集、保护信息管理等相关功能。

站控层功能高度集成，可在计算机或嵌入式装置中实现，也可分布在多台计算机或嵌入式装置中实现。

（2）间隔层。间隔层设备一般指继电保护装置、测控装置、监测功能组的主智能电子装置（Intelligent Electronic Device，IED）等二次设备，实现使用一个间隔的数据并且作用于该间隔一次设备的功能，即与各种远方输入/输出、智能传感器和控制器通信。

（3）过程层。过程层包含由一次设备和智能组件构成的智能设备、合并单元和智能终端。

四、智能高压设备

智能高压设备体现了智能变电站的重要特征，是智能变电站的重要组成部分，需要满足高可靠性和尽可能免维护的要求。

1. 智能组件

智能组件是若干个智能电子装置的集合，安装于宿主设备旁，承担宿主设备相关的测量、控制和监测等功能。满足相关标准要求时，智能组件还可以集成于相关的继电保护功能。智能组件内部及对外支持网络通信。

智能组件集成宿主设备相关的测控、监测和控制等基本功能，完成变电站电能分配、变换、传输及其测量、控制、保护、计量、状态监测等相关功能，可灵活配置，可包含测量功能组、控制功能组、保护功能组、计量功能组、状态监测功能组中的一个或几个功能，测控装置、保护装置、状态监测功能组等均可作为独立的智能组件。智能组件安装方式是外置或者内嵌，也可以两种形式共存。同一间隔电子式互感器的合并单元、传统互感器的数字化测量与合并单元以及继电保护装置可作为智能组件的扩展功能。

智能组件的通信包括过程层网络通信和站控层网络通信，均遵循 DL/T 860 通信标准，智能组件的结构与通信示意图如图 6.3 所示。智能组件内的所有 IED 都应接入过程层网络，同时需要与站控层网络有信息交互需要的 IED，还要接入站控层网络，如监测功能组主 IED，继电保护装置 IED 等。根据实际情况，智能组件内可以有不同的交换机配置方案，通信采用优先级设置、流量控制、虚拟局域网（Virtual Local Area Network，VLAN）划分等技术优化过程层网络，可靠、经济地满足智能组件过程层和站控层等网络通信要求。

2. 智能高压设备

智能高压设备是一次设备与其智能组件的有机结合体，具有测量数字化、控制网络化、状态可视化、功能一体化和信息互动化等特征。智能控制和状态可观测是高压设备的智能化的基本要求，其中运行状态的测量和健康状态的监测是基础。高压设备的智能化是不可能一蹴而就的，而是一个渐进的过程，高压智能设备的演化过程如图 6.4 所示。

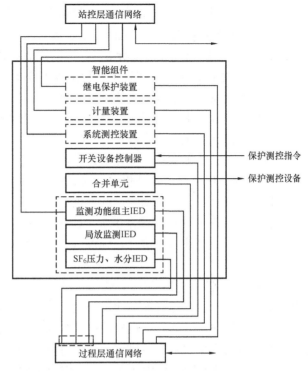

图 6.3　智能组件的结构与通信示意图

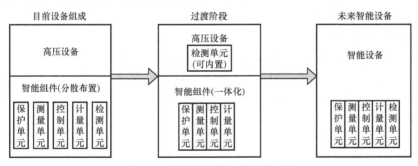

图 6.4　智能高压设备的演化过程

（1）构成。高压智能设备由 3 个部分构成：①高压设备。②传感器或控制器，内置或外置于高压设备本体。③智能组件，通过传感器或控制器，与高压设备形成有机整体，实现对宿主设备相关的测量、控制、计量、监测、保护等全部或部分功能。

（2）技术特征。

1）测量数字化。对高压设备本体或部件进行智能控制，所需设备参量进行就地数字化，测量结果可根据需要发送至站控层网络或过程层网络。设备参量包括变压器油温，有载分接开关分接头位置，开关设备的分、合闸位置等。

2）控制网络化。对有控制需求的设备或设备部件实现基于网络的控制。如变压器冷却器，有载分接开关，开关设备的分、合闸操作等。

3）状态可视化。基于自监测信息和经由互动获得的设备其他信息，通过智能组件的自诊断和站控层状态监测系统主机集成的专家系统软件分析推断宿主设备健康状况，以智能电网其他相关系统可辨识的方式表达诊断结果，为设备全寿命周期综合优化管理提供技术数据支撑。

4）功能一体化。功能一体化主要包括以下 3 个方面：①在满足相关标准要求的情况下，将传感器或控制器与高压设备本体或部件进行一体化设计，以达到特定的监测或控制目的。②在满足相关标准要求的情况下，将互感器与变压器、断路器等高压设备进行一体化设计，以减少变电站占地面积。③在满足相关标准要求的情况下，在智能组件中，将相关测量、控制、计量、监测、保护进行一体化融合设计。

5）信息互动化。信息互动化主要包括以下两个方面：①与调度系统互动。智能设备将状态诊断结果报送（包括主动和应约）到调度系统，使其成为调度决策和制定设备事故预案的基础信息之一。②与外部系统互动。具有与外部大用户、电源等外部系统信息交换功能，能转发线路运行情况等相关信息，确保电源—电网—用户全过程的信息互动，确保电网安全稳定运行。

（3）状态监测与状态检修。智能高压设备通过先进的状态监测、评价和寿命预测来判断一次设备的运行状态，并且在一次设备运行状态异常时进行状态分析，对异常的部位、严重程度和发展趋势作出判断，可识别故障的早期征兆。根据分析诊断结果在设备性能下到一定程度或故障将要发生之前进行维修，从而降低运行管理成本，提高电网运行可靠性。

（4）设备内部结构可视化技术。设备内部结构可视化技术主要是采用新型可视化技术及手段（可移动探头、X 射线等），提高电气设备内部结构可视化程度，满足智能电网运行需要，同时针对不同电压等级、不同内部结构的电气设备，开发适用于不同类型设备的可视化检测仪，总结天气、运行条件等影响因素对可视化清晰度的影响规律，提出相应的现场检测方法，并使检测方法及诊断与评估标准化、规范化。

五、智能变电站发展现状

目前，智能变电站是国内电力行业最热门的话题之一，在国家电网公司建设统一坚强智能电网战略目标的指引下，国内掀起了智能变电站的建设高潮。国内各网省电力公司在其智能电网发展规划报告中均提出了智能变电站建设目标，并有一批真正意义上的智能变电站建成通电。

1. 制定了一批智能变电站建设的技术导则和规范

国家电网公司有关部门组织专家，编写了一批指导智能变电站建设的规程和标准，主要有：

（1）Q/GDW 383—2009《智能变电站技术导则》。《智能变电站技术导则》作为智能变电站建设与在运变电站智能化改造的指导性规范，规定了智能变电站的相关术语和定义，明确了智能变电站的技术原则和体系结构，对智能变电站的设计、调试验收、运行维护、检测评估等环节作出了规定。

（2）Q/GDW 393—2009《110（66）kV～220kV 智能变电站设计规范》和 Q/GDW 394—2009《330kV～750kV 智能变电站设计规范》。这两个规范针对智能变电站的特点，重点规范了 66kV～750kV 智能变电站中智能设备、电子互感器、设备状态监测、变电站自动化系统、二次设备组柜、二次设备布置、光/电缆选择、防雷接地和抗干扰、变电站总布置、土建与建筑物、辅助设施功能、高级功能等技术要求，指导和规范国内各电力设计单位从事智能变电站的设计。

（3）Q/GDW Z 410—2010《高压设备智能化技术导则》。高压设备智能化是智能电网的重要组成部分，也是区别传统电网的主要标志之一，《高压设备智能化技术导则》主要对变压器、组合电器、高压断路器及避雷器等设备智能化提出指导意见，对智能组件配置、变电站状态监测范围及状态监测量技术要求作出规定，该导则既考虑当前智能高压设备的实际情况，也考虑未来智能高压设备发展的方向。

（4）Q/GDW 441—2010《智能变电站继电保护技术规范》。该规范对智能变电站的继电保护装置，包括电子互感器的传感头、采集器及合并单元，智能终端及网络交换设备配置等作了规定。考虑到继电保护装置在电网稳定运行方面所发挥的重要作用，提出保护直接采样直接跳闸的规定，虽然与《智能变电站技术导则》的控制网络化要求不一致，但是因为现今智能变电站相关技术还没有经历长时间考验，网络交换设备还没有经历电力网安全稳定的检验，因此《智能变电站继电保护技术规范》对直接采样直接跳闸的规定还是很有必要的。

2. 建设智能变电站试点

从 2009 年底开始，国家电网公司先后推出第一批建设的试点智能变电站 7 座，第二批建设的试点智能变电站 42 座，这些智能变电站试点分布于全国各网省电力公司，主要是为了积累智能变电站设计建设的成功经验，以便大面积推广。

这些智能变电站试点在设计上有如下技术特点：

（1）互感器的配置基本采用上罗氏线圈＋低功率线圈为主的电子式电流互感器和分压原理的电子式电压互感器，有少数变电站采用全光纤电流互感器和光学原理的电压互感器。

（2）站控层、过程层网络通信均采用 DL/T 860 通信标准。部分变电站在站控层采用三网合一方案，及 MMS（Manufacturing Message Specification，制造报文规范）、SNTP（Simple Network Time Protocol，简单网络对时协议）和 GOOSE（Generic Object Oriented Substation Event，通用面向对象变电站事件）三网合一。220kV 及以上变电站采用过程层 GOOSE 和 SV（Sampling Value，采样值）分别组网，或者 GOOSE 组网，SV 采用点对点通信方式；110kV 变电站多数采用 GOOSE＋SV＋IEC 61588《网络测量和控制系统的精密时钟同步协议》网络对时的三网合一设计，SV 采用 DL/T 860－9－2 标准。站控层和过程层网络均采用星型结构。

（3）间隔保护和测控装置配置方面，220kV 及以上电压等级采用保护测控分开配置，110kV 及以下电压等级采用保护测控合一配置。

（4）配置统一的状态监测系统，统一配置状态监测后台。但是在状态监测范围和监测状态量的设计上，各试点智能变电站各不相同。

（5）对变电站辅助设备，如图像监视和安全警卫、SF_6 环境监测、变压器消防、采暖通风及照明等采用一体化设计，统一配置智能监测及辅助控制系统，实现对辅助设备远程、自动及联动控制。

（6）在站用电源方面，基本上都采用交直流及不间断电源一体化智能站内电源系统，通信电源采用独立的 DC/DC 变换器供电，智能一体化电源监控主模块通过 DL/T 860 通信标准实现与站内自动化系统互联。

3. 政策支持

在建设统一坚强智能电网战略目标的号召下，存在如下有利于智能变电站建设的政策：

（1）将"发展智能电网"写入国民经济和社会发展第十二个五年规划中，使智能电网建设由电力行业战略上升为国家战略。

（2）国家电网公司及其下属的各网省电力公司均制定了智能电网发展规划，对智能变电站建设作出规划，智能变电站的建设遵循"试点－推广－普及"三个阶段的发展过程，目前智能变电站的建设还处于试点阶段。

（3）国家电网公司基建部 2010 年 371 号文和 2011 年 58 号文，提出了在常规变电站的建设中引入智能变电站的相关成熟技术，如自动化系统通信采用 DL/T 860 标准，配置一次设备状态监测系统，实现一次设备的状态检修，配置覆盖站内照明、视频监控、火灾报警、消防通信等智能辅助控制系统。

【思考与练习题】

1. 国家电网公司规划建设统一坚强智能电网的内涵是什么？
2. 什么是智能变电站？智能变电站设计的特点是什么？
3. 智能变电站是变电站综合自动化发展的方向，其主要体现在哪些方面？
4. 智能组件的用途是什么？
5. 高压智能设备由哪些部分组成？其技术特征是什么？
6. 智能变电站建设规程和标准有哪些？
7. 智能变电站试点在设计上有哪些技术特点？

模块 2　智能变电站的关键技术

模块描述

本模块包含了高压设备智能化、电子式互感器、站内全景数据统一信息平台、时钟同步系统和网络技术。通过要点归纳、原理讲解、图解示意，掌握智能变电站的关键技术。

【正文】

智能变电站是新型传感技术、以太网通信技术以及状态监测技术等发展的必然结果，在智能变电站的建设中，引入了许多智能化设备、先进的变电站网络通信标准 DL/T 860，引入了信息数字化、信息互动化、通信网络化以及全周期寿命的理念，引入了先进的精密网络对时方式，这些新技术、新设备和新理念给变电站的建设带来了革命性的变化。

一、高压设备智能化

因为现有的一次设备制造技术有限，真正意义的智能高压设备目前还处于研发和实验阶段，当前智能变电站采用的高压设备是借助于增加二次设备实现其智能化的，即采用高压设备加智能组件的方式。这里智能组件有多种表现形式，智能终端和状态监测组件是当前主要两种智能组件。

（一）智能变压器

1. 智能变压器的原理

智能变压器的构成包括：变压器本体，内置或外置于变压器本体的传感器和控制器，实现对变压器进行测量、控制、计量、监测和保护的智能组件。

变压器的冷却器控制器和有载控制器具有可连接智能组件的接口，并可以响应智能组件的控制。变压器非电气量保护下放至智能组件（或独立配置本体智能终端）来实现。智能组件和状态监测功能 IED 设备可以附属于变压器本体外壳上，也可以就地组柜装于变压器旁。

智能变压器的结构示意图如图 6.5 所示。从图中可以看出，变压器的状态监测主要包括局部放电监测、油中溶解气体监测、光纤绕组测温监测、侵入波监测、变压器振动波谱和噪声监测等。

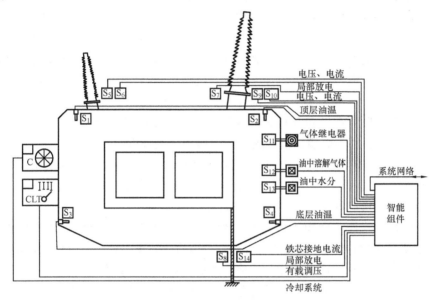

图 6.5　智能变压器的结构示意图

S_1、S_2—顶层油温；S_3、S_4—底层油温；S_5、S_6、S_9、S_{10}—电压、电流；
S_7、S_8—局部放电；S_{11}—气体继电器；S_{12}—油中溶解气体；S_{13}—油中水分；
S_{14}—铁芯接地电流；C—冷却系统；CLT—有载调压系统

2. 变压器主要状态监测项目的实现原理

（1）油中溶解气体监测。变压器油中溶解气体监测目前主要采用色谱分析法来实现。色谱分析法是通过安装在变压器现场的色谱分析装置实现的，由脱气、混合气体分离、传感器检测三部分组成，溶解于变压器油中的故障特性气体经脱气装置后，在载气的推动下通过色谱柱，由于色谱柱对不同的气体具备不同的亲和作用，导致故障特性气体被逐步分离出来，传感器对故障特性气体（H_2、CO、CO_2、CH_4、C_2H_6、C_2H_4、C_2H_2）按出峰顺序分别进行检测，并将气体的浓度特征转换成电信号，数据采集器将采集的电信号智能处理并转换为数字信号，通过工业现场总线通信至数据处理器进行定量分析，分别计算出故障特性气体各组分和总烃的含量。油中溶解气体监测原理示意图如图 6.6 所示。

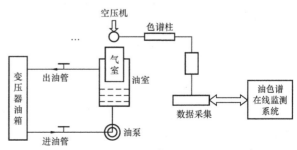

图 6.6　油中溶解气体监测原理示意图

（2）局部放电监测。变压器局部放电是反映高压电气设备状态的一个重要标志。变压器在投入运行之后，其内部绝缘的各种不良缺陷在强电场应力的作用下，可能发生局部绝缘的击穿，形成持续或间歇性的放电。放电本身及其生成物都会危害周围的绝缘，发展到一定程度会引起设备整体绝缘的击穿，导致重大电网事故的发生。因而变压器局部放电在线绝缘诊断系统具有十分重要的现实意义。

目前生产厂家普遍采用的是基于天线接收技术的超高频法。

超高频局部放电的检测原理：当变压器内部铁芯、线圈及绝缘油纸等发生局部放电，由超高频传感器收集由局部放电脉冲发出的数百甚至数千兆赫兹的超高频电磁波信号，而变电站现场的干扰信号的频谱范围一般在 150MHz 以下，且在传播过程中衰减很大，采用基于超高频电磁波测量的局部放电技术，检测局部放电产生的数百兆赫兹以上的超高频电磁波信号，可有效地避开各种电晕等干扰信号，因此通过采用超高频天线检测及接收变压器局部放电产生的超高频信号可实现对变压器局部放电信号的在线监测。

变压器局部放电监测系统包括内置超高频传感器（UHF）、现场监测单元（LCU）、中央控制单元（MCU）、高频电缆、机械附件以及局部放电分析软件。

（3）光纤绕组测温监测。运行中的变压器，电流长期流过绕组，引起绕组发热。如果材料选用不当及油流控制不适当，将会导致绕组温升异常，影响变压器运行寿命，更严重时会造成内部绝缘降低，形成内部闪络，使变压器无法工作，危及电力系统供电。

光纤绕组测温监测仪主要由光纤探头和光纤信号调节仪两部分组成。光纤探头由一个 $400\mu m$ 外径的固态晶体元件与光纤组成，外包具有透油性的聚四氟乙烯护套，适应温度范围为 $-80℃\sim250℃$。由光纤探头固态晶体元件检测的温度信号经光纤传输到光纤信号调节仪，经过分析处理得到实际的温度测量值。光纤信号调节仪可显示和存储各个测量点的温度值，并带有 $4\sim20mA$（或 $0\sim5V$）模拟输出、MODBUS 通信接口、RS-232 和 RS-484 通信接口。

（二）智能断路器和组合高压电器

在 IEC 62063《高压开关设备和控制设备：开关设备和控制设备的辅助设备中电子与相关工艺的使用》中对智能断路器设备的定义为"具有较高性能的断路器和控制设备，配有电子设备、传感器或执行器，不仅具有断路器的基本功能，还具有附加功能，尤其是在监测和诊断方面"。DL/T 860 定义了智能开关的逻辑节点（XCBR），对于在物理设备上实现了 XCBR 的断路器，称为智能断路器；同样，实现了按 DL/T 860 要求规定的隔离开关的逻辑节点（XSWI），称为智能隔离开关。

1. 智能断路器分合闸控制新技术

智能断路器的重要功能之一是实现重合闸的智能操作，即能够根据监测系统的信息判断故障是永久性的还是瞬时性的，进而确定断路器是否重合，以提高重合闸的成功率，减少对断路器的短路合闸冲击以及对电网的冲击。

智能断路器的另一个重要功能是分、合闸相角控制，实现断路器选相合闸和同步分断。选相合闸指控制断路器不同相别的弧触头在各自相电流为零或特定电压相位时刻合闸，避免系统的不稳定，克服容性负荷的合闸涌流和过电压。断路器同步分断指控制断路器不同相别的弧触头在各自相电流为零时实现分断，从根本上解决过电压的问题，并大幅度提高断路器的开关能力。断路器选相合闸和同步分断首先要求实现分相操作，对于同步分断还应具备以下 3 个条件：

（1）有足够高的初始分闸速度，动触头在 $1\sim 2ms$ 内达到能可靠灭弧的开距。

（2）触头分离时刻应在过零前某个时刻，对应原断路器首开相最小燃弧时间。

（3）过零点监测及时可靠。

2. 智能断路器及高压组合电器状态监测实现原理

智能断路器及高压组合电器的状态监测主要包括高压组合电器局部放电监测、高压组合电器 SF_6 气体密度及微水监测、操动机构特性监测和储能电机工作状态监测等。

（1）高压组合电器局部放电监测。高压组合电器局部放电监测方法可以分为电测法和非电测法两大类。电测法主要有耦合电容法和超高频法，非电测法主要有超声波监测法、化学监测法和光学监测法。对高压组合电器局部放电信号的监测而言，超高频法和超声波监测法较实用可行。

超高频法的主要优点是灵敏度高，并通过放电源到不同传感器的时间差对放电源精确定位。但对传感器的要求很高，此法成本昂贵。超高频法高压组合电器局部放电监测系统主要由内置式和外置式传感器、节点处理单元（OCU）、光电转换单元、工业控制计算机、分析和诊断软件及远程网络组成。内置式和外置式传感器（超高频传感器）安装在高压组合电器封孔盖内侧或绝缘子敞开边缘上，接收放电源传来的电磁波信号，灵敏度小于等于 5pC；测量带宽 $300MHz\sim 1.5GHz$；传感器装有前置放大器与过压保护装置；传感器具有密封和屏蔽结构，能在室外与强电磁场恶劣环境下正常运行。

超声波监测法原理：由于高压组合电器内部产生局部放电时会产生冲击振动及声音，因此可用腔体外壁上安装的超声波传感器测量局部放电量。它是目前除超高频法最成熟的局部放电监测方法，抗电磁干扰性能好，但由于声音信号在 SF_6 气体中的传输速率很低（约 $140m/s$），信号通过不同物质时传播速率不同，不同材料的边界处还会产生反射，因此信号模式很复杂，且其高频部分衰减很快。它要求操作人员必须有丰富的经验或受过良好的培训，另外长期监测时需要的传感器较多，现场使用很不方便。

（2）高压组合电器 SF_6 气体密度及微水监测。目前，高压组合电器多数是气体绝缘组合电器，绝缘气体多为 SF_6 气体。高压组合电器微水监测是通过在开关设备上加装微水传感器进行测量的。微水传感器利用阻容法，其结构为一个高纯铝棒，表面氧化成一层氧化铝薄膜，其外镀一层网状金膜，金膜与铝棒之间形成电容，由于氧化铝薄膜的吸水特性，导致电容值随样气水分的多少而发生改变，测量出该电容值及可得到样气的湿度。

SF_6 气体密度监测是通过在开关设备上安装数字式密度监测单元进行测量的。数字式密度监测单元的核心包括一只数字式压力传感器和一只温度传感器，数据经内部模数转换处理后直接输出数字信号，送到监测 IED。数字式密度监测单元与机械式指针密度继电器最大的不同是后者通过机械方式测量 SF_6 气体压力，并通过温度补偿转换为 20℃时的压力作为密度指示。而数字式密度监测单元采用电子式压力和温度传感器，测得气体的压力和温度值，而且可以随时监控到 SF_6 气体的压力和温度值，有利于更全面地了解设备的工作状况。

二、电子式互感器

电子式互感器是实现变电站运行实时信息数字化的主要设备之一，在电网动态观测、提高继电保护可靠性等方面具有重要作用。准确的电流、电压动态测量，为提高电力系统运行控制的整体水平奠定了测量基础。

1. 电子式互感器的分类

电子式互感器根据其高压部分是否需要工作电源，可分为有源式和无源式两大类；根据是否电流电压组合，可分为电流电压组合式电子互感器、独立的电子式电流互感器和独立的

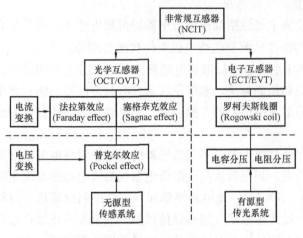

图 6.7　电子式互感器的分类

电子式电压互感器；根据用途，可分为保护用电子互感器、测量计量用电子互感器。电子式互感器的分类如下图 6.7 所示。电子式电流互感器根据工作原理可分为罗式线圈（空芯线圈）原理、低功率线圈原理和光学原理（全光纤原理和磁光玻璃原理）电子式电流互感器；电子式电压互感器根据工作原理可分为分压（电容分压、电阻分压和电感分压）原理电子式电压互感器和光学原理（Pockles 效应原理、逆压电效应原理和电光克尔效应原理）电子式电压互感器。

2. 电子式互感器的实现原理

（1）有源式电流电压组合式电子互感器的基本原理。有源式电流电压组合式电子互感器的原理框图如图 6.8 所示，利用电磁感应原理的 Rogowski 线圈（也称罗氏线圈）和低功率线圈实现保护电流和测量电流的变换，利用串行感应分压器实现交流电压的变换。传感头部件包括串行感应分压器、罗氏线圈、低功率线圈及采集器等。传感头部件与电力设备的高压部分等电位，传变后的电压和电流模拟量由采集器就地转换成数字信号。采集器与合并单元间的数字信号传输及激光电源的能量传输全部通过光纤来进行。

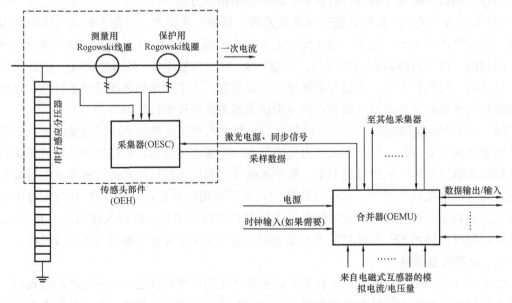

图 6.8　有源式电流电压组合式电子互感器的原理框图

（2）光学原理电子式电流互感器的基本原理。光学原理电子式电流互感器主要有磁光玻璃型及全光纤型两类电子式电流互感器。这两类均为无源式电子式电流互感器，其实现原理图如图 6.9 和图 6.10 所示。

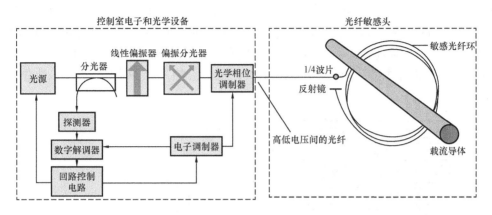

图 6.9　全光纤原理的电子式电流互感器实现原理图

（3）光学原理电子式电压互感器的基本原理。目前，光学原理电子式电压互感器主要采用 Pockles 效应原理来实现电压变换。在外加电场的作用下，电光晶体折射率随外加电压呈线性变化的现象称为线性电光效应，即 Pockels 效应。由于 Pockels 效应，在电场的作用下，一束线性偏振光经过电光晶体后发生双折射，从电光晶体出射的两束光发生相位差，该相位差和电场强度（电压）成正比，利用光检偏器检测相位大小，从而可测量出电压值。Pockels 效应有两种工作方式：一种是通光方向与被测电场方向重合，称为纵向 Pockels 效应；另一种是通光方向与被测电场方向垂直，称为横向 Pockels 效应。Pockels 效应电子式电压互感器的工作原理如图 6.11 所示。

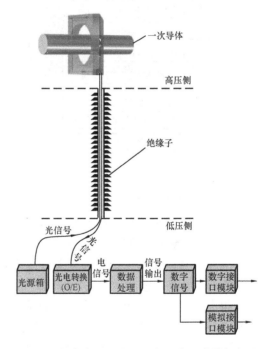

图 6.10　磁光玻璃原理的电子式电流互感器实现原理图

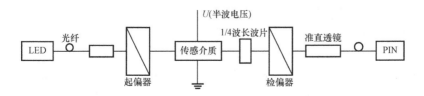

图 6.11　Pockels 效应电子式电压互感器的工作原理

3. 电子式互感器的合并单元

合并单元是用以对来自一次转换器（采集器）的电流和电压数据进行时间相关组合的物理单元。合并单元可以是互感器的一个组成件，也可以是一个分立单元。合并单元信号输入、输出示意图如图 6.12 所示。其主要功能是同步采集多路 ECT/EVT 输出的数字信号并按照标准规定的格式发送给保护测控设备。合并单元的主要特点：①合并单元到 IED 设备之间采用高速单向数据连接。②采用 32 位 CRC 的数字电路实现采样数据校验。③具有高速采样频率，每周波采样频率可达 80 点或 256 点。④物理层采用光纤。⑤数据层支持100Mbit/s 以太网。

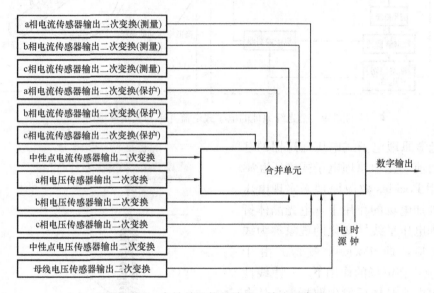

图 6.12　合并单元信号输入、输出示意图

4. 电子式互感器的优点

电子式互感器与常规互感器相对而言，也称为非常规互感器，是智能变电站的关键设备之一。目前国内多数已建的数字化变电站或智能变电站均弃常规互感器而选用电子式互感器，电子式互感器较常规互感器具有无可比拟的优点，主要有以下优点：

（1）电子式电流互感器采用罗氏线圈、低功率线圈或光学原理的电流传感器实现大电流传变，使得电子式电流互感器具有无磁饱和、频率响应范围宽、精度高、暂态特性好等优点，有利于新型保护原理的实现及提高保护性能。电子式电流互感器的计量测量准确度达到0.2S 或更高级，保护准确度达到 5TPE 级或更高级。

（2）电子式电压互感器采用分压原理或光学原理的电压传感器实现将高电压转换为数字量或模拟小信号，输出测量准确度达到 3P 和 0.2 级或更高级，并解决了传统电压互感器可能出现铁磁谐振的问题。

（3）对于远距离传输电流、电压信号的电子式互感器，均采用数字量输出光缆传输，大大增强了抗电磁干扰性能，数据可靠性大大提高，二次连接线缆成本大幅度降低。

（4）电子式互感器通过光纤连接互感器的高低压部分，绝缘结构大为简单。以绝缘酯替代了传统互感器的油或 SF_6 气体，互感器性能更加稳定，同时避免了传统充油互感器渗漏油现象，也避免了 SF_6 互感器的 SF_6 气体对环境的影响。无需检压检漏，运行过程中免维护。

（5）在 AIS 布置的高压配电装置，电子互感器均采用无油设计，彻底避免了充油互感器可能出现的燃烧爆炸等事故；高低压部分的光电隔离，使得电流互感器二次开路、电压互感器二次短路可能导致危及设备或人身安全等问题不复存在。

几种不同原理的电子式电流互感器的技术性能对比一览表见表 6.1，几种不同原理的电子式电压互感器的技术性能对比一览表见表 6.2。

表 6.1　　　　　　　不同原理的电子式电流互感器的技术性能对比一览表

电流互感器		有源式	无源式	
		线圈式	磁光玻璃型	全光纤型
传感原理		法拉第电磁感应原理	法拉第磁光效应	赛格耐克效应
高压侧测量元件		罗氏线圈及低功率线圈	磁光玻璃	光纤环
性能对比	高压侧是否需要供能	需要	不需要	不需要
	高压侧是否需要屏蔽	需要金属屏蔽	不需要	不需要
	敏感头安装适应性	弱	较强	强
	光路结构	简单	较复杂	较简单
	光波长影响	无	大	大
	线性双折射（震动及应力双折射影响）	无	大	小
	直流量与非周期量	不可测量	可测量	可测量
	满足测量精度下的测量动态范围	小	大	大
	线性度	一般	好	好
	电磁干扰	易受干扰	不受干扰	不受干扰
	温度影响	小	大	大
	主要技术瓶颈	（1）高压侧采集单元电子线路板的供能问题、抗干扰问题以及寿命问题等。 （2）合并单元激光器的功耗、寿命问题。 （3）采集单元内积分环节带来的电流波形"拖尾"问题。 （4）高压侧采集单元故障带来的停电更换问题	（1）测量精度的温漂问题。 （2）小电流时测量精度问题	（1）测量精度的温漂问题。 （2）小电流时测量精度问题

表 6.2　　　　　　　不同原理的电子式电压互感器的技术性能对比一览表

电压互感器		有源式			无源式	
		电容分压	电阻分压	电感分压	Pockels 效应	逆压电效应
性能对比	暂态特性	电容分压有俘获电荷现象，电压过零误差大			好	
	温度影响	不太敏感			敏感	
	电磁干扰	电容分压有对地杂散电容			影响小	
	光电结构	简单			复杂	
	高压侧工作电源	需要			不需要	
	运行经验	很多			很少	
	投运情况	投运时间较长，站点较多，技术较成熟			投运时间短，站点较少，均在试运行阶段	

目前有源式电子式互感器的应用已日臻成熟，目前国内投运的智能变电站和数字化变电站中95％以上均为有源式电子式互感器，无源式电子式互感器的主要优势在于电磁兼容性能优异。无源式电子式互感器的技术门槛、制造工艺及成本均明显高于有源式电子式互感器，且目前无源式电子式互感器只有电子式电流互感器，没有电子式电压互感器，无源式电子式互感器在小负荷时的测量精度还往往难以保证，这些都限制了其在智能变电站中的大规模实际应用。就成本而言，纯光学电子式互感器的造价约为同电压等级有源式电子式互感器的1.5～2倍左右。

有源式电子式互感器利用在传统TA工作原理基础上改进的罗氏线圈、低功率线圈，同时结合了数字化通信技术，因此其实用化速度很快，现已在多家站点投运，积累了丰富的运行经验。无源式电子式互感器与传统TA的工作原理完全不同，其基于光电传感技术，一次侧无需工作电源，目前正在进行实用化研究。从技术角度看，无源式电子式互感器良好的测量品质及供电可靠性都是有源式电子互感器无法比拟的，若能继续完善解决好传感头的线性双折射问题、对温度和震动敏感等问题，会成为电力系统互感器的理想选择和未来发展趋势。

三、站内全景数据的统一信息平台

站内全景数据的统一信息平台是智能电网全网信息系统的关键组成部分，它将统一和简化变电站的数据源，形成基于统一断面的唯一性、一致性基础信息，以统一标准的方式实现变电站内外信息交互和信息共享，形成纵向贯通、横向导通的电网信息支撑平台。

智能变电站内全景数据的统一信息平台利用先进的测量技术获得数据并将其转换成规范的信息，包括功率因数、电能质量、相位关系、设备健康状态和能力、表计的损坏、故障定位、变压器和线路负荷、关键元件的温度、停电确认、电能消费和预测等，为电力系统运行相关决策提供数据支持。该平台的数据记录功能主要包括实时数据采集和分布式处理、智能电子设备资源的动态共享、大容量高速存取、冗余备用精度数据对时等。智能变电站内全景数据的统一信息平台示意图如图6.13所示。

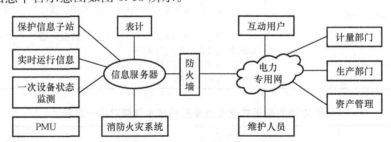

图6.13 智能变电站内全景数据的统一信息平台示意图

站内全景数据的统一信息平台实现变电站三态数据（稳态、暂态、动态）、设备状态、图像等全景数据综合采集技术；根据全景数据的统一建模原则，实现各种数据品质处理技术及数据接口访问规范。开发满足各种实时性需求的数据中心系统，为智能化应用提供统一的基础数据。

需要整合和存储的信息包括：

（1）电网运行数据。反映电网运行状态的电压、电流、开关状态等一次设备的数据，反映用户用电状态的数据。

（2）变电站高压设备状态数据。反映站内高压设备运行状态的状态监测数据，反映与变电站相邻的运行设备（如输电线路）的状态监测数据。

（3）相邻变电站的状态监测数据。反映本站与相邻变电站的沟通过程和沟通状态的数据。

（4）变电站保护控制设备等其他设备的运行状态或控制状态数据及动作信息。

（5）保证变电站正常运行的环境数据，如站内火警监测数据、烟警监测数据、视频监测信息等。

站内全景数据的统一信息平台的建设将形成满足智能变电站高实时性、高可靠性、高自适应性、高安全性需求的变电站信息库，作为站内各种高级应用功能的基础，为智能变电站基于统一信息平台的一体化监控互动系统提供基本的测量数据。

信息一体化和数据共享可以促进电量测量、相量测量、故障录波、故障测距、保护及控制等功能的融合，使变电站不仅向 SCADA/EMS 提供稳态的测量数据，也可以向广域测量系统提供动态的同步向量数据，为电网的动态状态预测、低频振荡、电力参数校核、故障分析提供分析数据。在变电站的内部实现数据的整合和规范处理，提供基于 Web 的安全网络技术，对信息进行远程访问，为系统安全运行提供重要参考。

四、时钟同步系统

在智能变电站，保护测控装置的输入信号均为数字化的 GOOSE 报文和 SV 报文，参与保护逻辑和测量计算的信号必须是基于同一时点的数据，尤其是涉及多间隔的保护，如母线保护，对数据时标的要求很高。因此，智能变电站需要配置高精度、高可靠性的时钟同步系统。

目前，自动化系统解决同步的方法主要有硬件同步时钟法和软件时钟同步法。硬件同步时钟是利用一定的硬件设施，如 GPS 和国产北斗二代卫星接收机实现同步，可获得良好的同步精度，但需要应用专用的硬件时钟同步设备，这使得时钟同步的代价较高，且操作不便；软件时钟同步是利用算法实现时钟同步，同步灵活，成本较低，但是由于采用软件对时，需要 CPU 干预，且时钟信号延时具有不确定性，同步精度较低。智能变电站多采用硬件同步法。

DL/T 860 将智能变电站的时钟精度根据不同的应用要求划分为 5 级，分别用 T1~T5 表示，智能变电站的时钟同步要求见表 6.3。其中，T1 要求最低，为 1ms；T5 要求最高，为 $1\mu s$。为保证全网设备和系统的时间一致性，以及智能变电站的正常运行，站内必须配置满足 DL/T 860 要求的时钟系统。

表 6.3 智能变电站的时钟同步要求

时间精度级别	精度	目的
T1	$\pm 1ms$	用于事件时标
T2	$\pm 0.1ms$	用于分布同期的过零和数据时标
T3	$\pm 25\mu s$	采样值传输的时钟同步要求（共有3级）
T4	$\pm 4\mu s$	
T5	$\pm 1\mu s$	

1. 同步脉冲方式

同步脉冲由统一时钟源提供，在现场应用较多是的基于 GPS 或国产北斗二代卫星的变电站统一时钟。同步时钟每隔一定时间间隔输出一个精确的同步脉冲，接受装置在接收到同步脉冲后进行校时，消除装置内部时钟的走时误差。脉冲对时主要有秒脉冲、分脉冲和小时脉冲三种方式。脉冲同步对时方式对时精度是毫秒极。

2. 简单网络时钟协议 (Simple Network Time Protocol，SNTP) 方式

SNTP 是使用最普遍的国际互联网时间传输协议，也是 DL/T 860 中选用的站内对时规范，属于 TCP/IP 协议族，是一种基于软件协议的同步方式。SNTP 以客户机和服务器方式进行通信，根据客户机和服务器之间数据包所携带的时间戳确定时间误差，并通过一系列算法来消除网络传输不确定性的影响，进行动态延时补偿。时间准确度范围：100～1000ms（广域网）、10～100ms（城域网）、200μs～10ms（局域网）。SNTP 组网方式技术成熟，适用于电力系统 IP 网络已覆盖的站点，但是由于 IP 网络的固有属性，其对时精度较低，一般仅用于变电站的站控层设备的对时。

SNTP 实现系统时间同步的原理如下：

(1) 客户端发送一个 SNTP 数据包给时间服务器，该包带有它离开客户端的时间戳，该时间戳为 T_1。

(2) 当此 SNTP 数据包到达时间服务器时，时间服务器加上自己的时间戳，该时间戳为 T_2。

(3) 当此 SNTP 数据包离开时间服务器时，时间服务器再次加上自己的时间戳，该时间戳为 T_3。

(4) 当客户端收到该响应包时，加上新的时间戳，该时间戳为 T_4。

至此，客户端已经拥有足够的信息计算两个重要的参数：SNTP 数据包来回一个周期的时延 d 以及客户端与时间服务器的时间偏移 t。

$$d = (T_4 - T_1) - (T_3 - T_2)$$
$$t = [(T_2 - T_1) + (T_3 - T_4)]/2$$

通过这两个参数，客户端能够设定自己的时钟与时间服务器同步。

3. IEC 61588 的对时方式

为了解决分布式网络时钟同步需求，相关领域的技术人员共同开发了精确时间协议 (Precision Time Protaocol，PTP)，后得到 IEEE 的赞助，于 2002 年 11 月获得 IEEE 批准，形成 IEEE 1588《网络测量和控制系统的精密时钟同步协议标准》（版本 1），并转化为 IEC 61588（版本 1），2009 年 2 月形成了 IEC 61588（版本 2）。PTP 集成了网络通信、局部计算和分布式对象等多项技术，适用于所有通过支持多播的局域网进行通信的分布式系统，特别适合于以太网，但不局限于以太网，能够实现亚微秒级同步。其在硬件上要求每个网络节点必须有 1 个包含实时时钟的网络接口卡，可实现基于 PTP 协议栈的相关服务。PTP 将时标打在硬件层，根据网络客户端和时间服务器的时间标签，计算两者之间的传输延时和时间偏差，其精度高于 SNTP。利用同步数字系列 (SDH) 通信网络传输时间同步信号的实测精度已达 $1\mu s$。

一个精密时钟系统的 PTP 包括多个节点，每一个都代表一个时钟，时钟之间经过网络连接。时钟可分为普通时钟和边界时钟两种，两者的区别是普通时钟只有一个 PTP 端口，而边界时钟包括多个 PTP 端口。每一个时钟都可以处于下面 3 种状态：从属时钟（Slave）、

主时钟（Master）和原主时钟（Passive），每个时钟所处的状态是根据最优化的时钟算法决定的。

PTP 的体系结构的特别之处在于硬件部分与协议的分离，以及软件部分与协议的分离，因此运行时对处理器的要求很低。PTP 的体系结构是一种完全脱离操作系统的软接结构，其体系结构图如图 6.14 所示。硬件部分由一个高精度的实时时钟和一个用来产生时间戳的时间戳单元（TSU）组成，软件部分通过与实时时钟和时间戳单元的联系来实现同步。根据抽象程度不同，PTP 可分为三层结构：协议层、OS 抽象层和 OS 层，PTP 软件组成模型如图 6.15 所示。

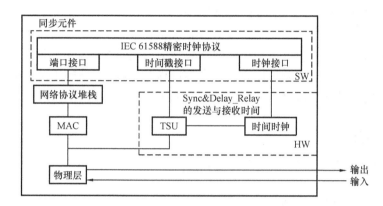

图 6.14　PTP 体系结构图

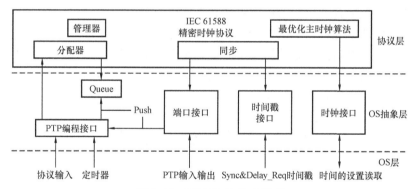

图 6.15　PTP 软件组成模型

IEC 61588 协议采用分层的主从式（Master-Slave）模式进行时钟同步，主要定义了四种多点传送的信息类型：同步信息，简称 Sync；Sync 之后的信息，简称 Follow_Up；延时要求信息，简称 Delay_Req；Delay_Req 的回应信息，简称 Delay_Resp。IEC 61588 时钟同步过程是不断测量时钟偏移量和时钟延迟量，从而不断校正装置接受的同步时钟信号的过程。

五、网络技术

通信环节是变电站自动化系统的关键，对智能变电站具有重要影响的网络技术包括：

（1）交换式以太网技术。传统以太网采用随机的网络仲裁机制（Carrier Sense Multiple Access/Collision Detection，CSMA/CD），其传输的不确定性是以太网进入实时控制领域的主要障碍。而交换式以太网具有微网段和全双工传输的特性，从本质上保证了通信的确定性，为数字化变电站采用过程总线提供了技术基础。

（2）IEEE 802.1p 排队特性。实时数据和非实时数据在同一个网络中传输时，容易发生竞争服务资源的情况。IEEE 802.1p 排队特性采用带 IEEE 802.1Q 优先级标签的以太网数据帧，使得具有高优先级的数据帧获得更快的响应速度。另外，采用该技术还可将数字化变电站中的过程总线和变电站总线合并为一个物理网络。

（3）虚拟局域网（Virtual Local Area Network，VLAN）技术。VLAN 利用现代交换技术，将局域网内的设备按照逻辑关系（而不是物理关系）划分成多个网段，这样就可以从逻辑上划分变电站中的控制网段和非控制网段，而不需依赖物理的组网方式以及设备的安装位置，从而有效地保证了控制网段的实时性和安全性。

（4）快速生成树协议（IEEE 802.1w rapidspanning tree protocol）。传统的以太网拓扑结构中不能出现环路，因为由广播产生的数据包会引起无限循环而导致阻塞，该问题可依靠生成树算法解决。快速生成树协议使算法的收敛过程从 1min 降低到 1～10s，这样在变电站网络中就可以采用多种冗余链路设计来保证网络的可靠性。

【思考与练习题】

1. 智能变电站的关键技术是什么？目前怎样实现的？
2. 什么是智能变压器、智能断路器？
3. 电子式互感器是如何分类的？
4. 什么是有源电子式互感器？什么是无源电子式互感器？举例说明其工作原理。
5. 电子式互感器的合并单元的作用是什么？
6. 电子式互感器的优点是什么？
7. 什么是智能变电站内全景数据的统一信息平台？其作用是什么？
8. 智能变电站时钟同步方式有哪些？何谓 SNTP 时钟同步方式、IEC 61588 对时方式？
9. 智能变电站采用了哪些网络技术？

模块 3　智能变电站通信网络

模块描述

本模块包含了基于 IEC 61850 标准的信息建模以及基于 DL/T 860 标准的智能变电站自动化系统网络结构。通过原理讲解、图表举例，掌握智能变电站的通信网络。

【正文】

智能变电站采用基于 DL/T 860 标准的自动化系统网络，DL/T 860 标准等同于 IEC 61850 标准，是迄今为止最为完善、最为严谨的变电站自动化系统通信标准。因为智能变电站的二次设备间和各功能子系统间采用基于 DL/T 860 标准的以太网通信，所以通信网络结构设计尤为重要，尤其是过程层的采样值和 GOOSE 网络设涉及保护及安全稳定装置快速动作和可靠性要求。本节主要介绍基于 IEC 61850 标准的信息建模和基于 DL/T 860 标准的智能变电站自动化系统的通信网络。

一、基于 IEC 61850 标准的信息建模

IEC 61850 标准采用完全面向对象的思想对整个电力系统进行统一建模，使得不同厂商生产的符合 IEC 61850 标准的设备能够工作在同一语义空间下。只有当逻辑节点能够解释并处理接收的数据（语法和语义）和采用的通信服务，逻辑节点才能够彼此进行互操作。因此，对赋予逻辑节点的数据对象和它们在逻辑节点内的标识进行标准化是必要的。

为了达到通信的要求，IEC 61850 提供了建立通信数据模型的方法。从变电站的角度出发，可以将每个间隔单元看作一个整体进行建模，也可以将每一台物理装置作为一个整体建模，从规约的实施方（自动化设备生产厂家）的角度看，后者更为直观，更容易将模型与实际装置结合起来。每个实际装置实际就是一个 IED，IED 中的每一种功能（如保护功能和各种辅助功能）可以定义为逻辑节点的一个实例，考虑 IED 实现的功能，一个 IED 中一般集成有多个逻辑节点。所有逻辑节点的集合再加上辅助服务就构成了逻辑设备（Logical Device）。每一个 IED 均由服务器和应用组成，将服务器（Server）分层为逻辑设备（Logical Device）、逻辑节点（Logical Node）、数据对象（Data Object）、数据属性（Data Attributes）。在实际设备中，服务器就是物理装置的通信接口，有相应的通信地址。现场设备（如断路器、电压互感器、电流互感器）的描述性信息就存储在相应的逻辑节点的属性数据中，即 IED 的信息模型中，站内其他装置或监控中心需要访问这些数据。

1. 建模方法

IEC 61850 标准将应用的数据和服务按三个层次进行建模（如图 6.16 所示），各层次说明如下：

（1）抽象通信服务接口（ACSI）。抽象通信服务接口规定了模型和访问域（变电站自动化）特定对象模型单元的服务，通信服务提供的机能不仅为了读和写对象值，并可进行其他的操作，如控制一次设备。虽然 ACSI 最终要被映射到具体的通信协议榜中，但这对用户

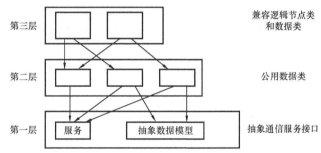

图 6.16　IEC 61850 建模的三个层次

是透明的，因此应用程序只需要跟 ACSI 打交道，从而保持了应用程序和特殊通信协议的独立。

（2）公用数据类（CDC）。公用数据类定义了由一个或多个属性组成的结构信息。当然数据类和数据属性都是可以嵌套的。

（3）兼容逻辑节点类和数据类。兼容逻辑节点类和数据类是公用数据类在应用中的特例。

2. 抽象通信服务接口

ACSI 提供了基本信息模型规范和信息交换模型规范。其中，基本信息模型包括采用分层分类思想建立的基本概念类模型（如图 6.17 所示）和对基本概念类模型进行操作的其他服务模型。这些模型都提供了用于交换信息的服务，即 ACSI。

基本信息模型主要由 Server（服务器）、Logical Device（LD，逻辑设备）、Logical Node（LN，逻辑节点）、Data（数据）和 Data Attribute（DA，数据属性）组成。服务器类代表设备的外部可视性能，其他模型都是服务器的一部分。

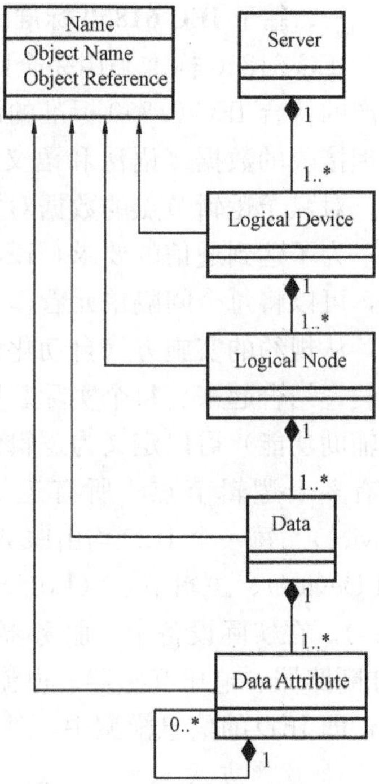

操作基本概念类模型的其他服务模型包括：

（1）DATA SET（数据集）。将各种数据、数据属性编成组，用以检索、设置、报告或记录。

（2）取代。用其他值代替过程值。

（3）SETTING - GROUP - CONTROL - BLOCK（定值组控制块）。定义如何从一组定值切换到另一组定值以及如何编辑定值组。

（4）BLOCK（控制块）。描述基于客户参数集产生报告和日志的条件。由过程数据值的变化或品质变化触发产生的报告，计入日志以备以后检索。报告可立即发送或延迟发送。

（5）通用变电站事件（GSE）控制块。支持输入和输出值快速可靠的系统范围分配以及 IED 二进制状态信息对等交换。

（6）采样值传输控制块。进行传输采样值。

（7）控制。进行设备控制。

（8）时间和时间同步。为设备和系统提供了时间基准。

（9）文件传输。定义了大型数据块（如程序）的交互。

图 6.17　IEC 61850 标准的 ACSI 基本概念类模型

3. 公用数据类

数据和数据属性是可嵌套的，通过数据和数据属性的类图（如图 6.18 所示）可以说明这点。公用数据类有复合公用数据类（CompositeCDC）和简单公用数据类（SimpleCDC），其中复合公用数据类又是由多个数据类组成的。数据属性类型（DAType）有复合组件（CompositeComponent）和原始组件（PrimitiveComponent），其中复合组件又是由多个数据属性类型组成的。

值得一提的是 FC 和 TrgOps 属性。FC 即功能约束，为数据属性的特性，它表征数据属性的特殊用途，如 ST（状态信息）、MX（测量值）、CO（控制）等。可以根据功能约束属性来设置数据集，这样可以同时对同一类型的数据属性进行操作。TrgOps 即触发条件，如 Dchg（数据变化）、Qchg（品质变化）、Dupd（数据值刷新）。触发条件是引起发送报告或将日志条目存入日志中用的。

4. 兼容逻辑节点类和数据类

兼容逻辑节点类和数据类是公用数据类在应用中的特例。IEC 61850 - 7 - 4 规定的 88 个兼容逻辑节点类分布见表 6.4，其中很大一部分是和继电保护有关的，兼容逻辑节点类在标准中都有特定的标识，如断路器逻辑节

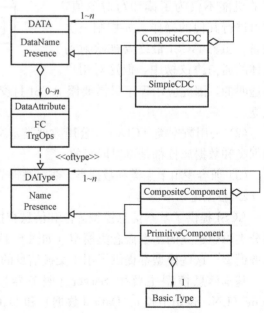

图 6.18　数据和数据属性的类图

点 XCBR，测量值单元逻辑节点 MMXU 等。使用时根据需要选择这些兼容逻辑节点类中的成员（成员有可选的和必须选的两种）形成自己的逻辑节点类，自己特定的逻辑节点类的命名上只能在原有名称上加前缀或后缀，如 myXCBR，myMMXU。而逻辑节点类的实例的命名只能在逻辑节点类的名称上加后缀，如 MMXU1，XCBR2 等。

表 6.4　　　　　　　　IEC 61850-7-4 规定的 88 个兼容逻辑节点类分布

逻辑节点组	逻辑节点数	逻辑节点组	逻辑节点数
系统逻辑节点	2	计量和测量	7
继电保护功能	28	传感器和监视	3
有关继电保护的功能	10	开关	2
监视控制	5	仪用变压器	2
通用引用	3	电力变压器	4
接口和存档	4	其他电力系统设备	14
自动控制	4	逻辑节点总数	88

二、基于 DL/T 860 标准的智能变电站自动化系统网络结构

智能变电站二次设备网络化的特征，要求变电站自动化系统的站控层、间隔层及过程层设备都支持以太网通信，通信网络代替了常规变电站大量的控制电缆，充分体现了信息共享的特点。智能变电站自动化系统采用基于 IEC 61850 标准的以太网通信网络，要求其必须满足实时性、快速性和可靠性的要求，这就对通信网络结构设计提出较高要求。

1. 组网方式

目前组网方式主要有装置单环网、星型网和环型网，其各有优缺点。

（1）装置单环网。装置单环网是指装置内部采用小交换机，实现一进一出的两个网络口，环网中所有装置采用串联的通信方式。装置单环网如图 6.19 所示。

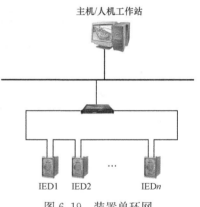
图 6.19　装置单环网

优点：网络结构简单、投资费用低。

缺点：①实时性差，环网发生故障时自愈时间需要数十毫秒至数百毫秒，不能满足继电保护装置之间数据交换的性能要求。②装置检修时对环网通信的影响很大。

（2）星型网。星型网是指交换机之间采用级联方式组网。单星型网和双星型网分别如图 6.20 和图 6.21 所示。

优点：网络实时性好，网络延时最少，可以满足继电保护装置之间实时数据交换的性能要求，尤其是保护 GOOSE 通信。

缺点：网络冗余性较差，单星型网交换机之间的网络发生单点故障时，双星型网交换机之间发生交叉故障时，网络通信将受到较大影响。

（3）环型网。环型网是指连接装置的交换机之间采用实时环网的通信方式。单环型网和双环型网分别如图 6.22 和图 6.23 所示。

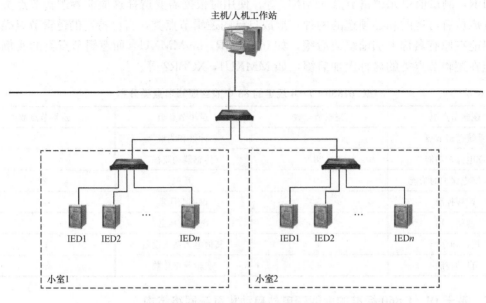

图 6.20　单星型网

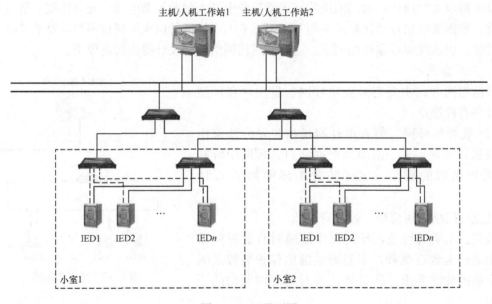

图 6.21　双星型网

优点：网络冗余性最好，交换机之间网络发生故障时，通过环网自愈依然可以保证网络通信。

缺点：①网络实时性差，环网中节点间的网络通信延时要高于星型网，另外环网发生故障时自愈时间需要数十毫秒至数百毫秒，不能满足继电保护装置之间数据交换的性能要求。②网络可靠性较差，环网通信基于快速生成树协议，通信故障时可能会引起网络风暴问题。③设备兼容性较差，不同厂家交换机的快速生成树协议实现方式存在差异，互联时可能会有问题。④投资成本高于星型网，因为交换机需要的网口数要多于星型网。

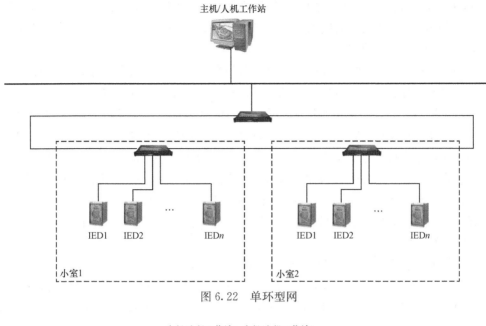

图 6.22　单环型网

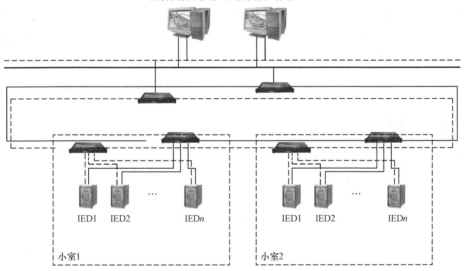

图 6.23　双环型网

2. 智能变电站自动化系统基本网络结构

IEC 61850 将变电站自动化系统分为站控层、间隔层和过程层，并规定站控层网络、间隔层网络和过程层网络采用以太网实现，但具体网络结构无明确要求，通常根据变电站的电压等级、节点数目、技术水平、地理分布及建设资金等因素来确定，一般原则如下：

（1）站控层网络。中低压变电站的站控层网络采用单星型拓扑，高压变电站的站控层网络采用双星型拓扑；在星型网络的顶端配置一台或两台中性交换机。

（2）间隔层网络。变电站在逻辑上存在间隔层网络，其传输的信息主要是间隔层 IED 间的联闭锁 GOOSE、间隔层 IED 间的 MMS 报文及间隔层网络的跳闸 GOOSE。间隔层网络在物理上与站控层网络共用一套网络交换设备，实现站控层设备间、站控层设备和间隔层设备之间以及间隔层设备间的通信。

（3）过程层网络一般根据不同间隔或功能划分为多个子网，各子网采用星型拓扑。为了提高网络可靠性或满足保护双重化配置的要求，亦可分别采用双星型拓扑。

（4）目前站控层（间隔层）网络与过程层网络的物理介质是隔离的，两层物理网络的结构较易实现。随着技术的发展，仅有一个物理网络的结构将是智能变电站通信网络的最终形态。过程层网络通常划分为多个子网，网络上的数据流按照功能的不同可划分为：①合并单元向智能电子设备周期性发送的采样值报文。②过程层智能终端向间隔层 IED 周期性发送的面向通用对象的变电站事件报文，即开关量输入报文。③间隔层 IED 向过程层智能终端和 MU 等发送的 GOOSE 报文，即开关量输出报文，包括开关分合、设备投退、分接头调整、档位切换等。

（5）简单网络时间协议（SNTP）或 IEC 61588 时间同步报文。站控层网络交换的信息主要是一些测量、告警等信号，实时性要求较低；过程层网络上交换的信息有保护采样值（Sampling Value，SV）、跳闸 GOOSE 等涉及电网安全稳定要求较高的信息，因此实时性要求很高。

变电站对时系统可采用单独组网、与自动化系统共网两种方式，智能变电站一般宜采用与自动化系统共网的方式。站控层采用 MMS＋GOOSE＋SNTP 对时共网，过程层采用 GOOSE＋IEC 61588 对时、SV＋IEC 61588 对时和 GOOSE＋SV＋IEC 61588 对时三种共网方式。

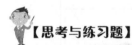

【思考与练习题】

1. 简述装置单环网、星型网和环型网，各自的优缺点。
2. 智能变电站自动化系统网络组网原则是什么？

模块 4　智能变电站技术的工程应用

模块描述

　　本模块包含了当前智能变电站的建设模式和典型工程应用。通过案例分析，掌握智能一次设备的选择、配置和自动化系统的配置。

【正文】

一、当前智能变电站的建设模式

智能变电站技术属变电技术领域的前沿，为了指导国内智能变电站的建设，国家电网公司制定了 Q/GSW 383—2009《智能变电站技术导则》，对智能变电站各个环节的理想目标提出原则性的功能要求。在具体工程设计中，需要考虑技术先进性和技术适用性，下面介绍一下当前智能变电站建设模式。

1. 智能一次设备的选择和配置

（1）智能终端的配置。智能变电站采用智能设备，当前一次设备智能化采用常规一次设备加智能终端的模式，智能终端的配置原则：

1）双重化保护配置的回路智能终端双重化配置，其他回路智能终端单套配置。

2）智能变电站 35kV 及以下部分（主变压器间隔除外）若采用户内开关柜保护测控下放布置时，可不配置智能终端；若采用户外敞开式配电装置保护测控集中布置时，宜配置单套智能终端。

3）智能终端宜分散布置于配电装置场地。

4）主变压器本体智能终端单套配置，并且具备主变压器非电气量保护的功能。

（2）互感器及其合并单元的配置。

1）智能变电站 110（66）kV 及以上电压等级部分宜采用电子式互感器，35kV 及以下电压等级部分（主变压器间隔除外）若采用户内开关柜保护测控下放布置时，宜采用常规互感器或模拟小信号输出互感器，可采用带模拟量插件的合并单元进行数字转换；若采用户外敞开式配电装置保护测控集中布置时，可采用电子式互感器。

2）主变压器中性点（或公共绕组）可采用电子式电流互感器，其余套管电流互感器根据实际需求可取消。

3）线路、主变压器间隔若设置三相电压互感器，可采用电流电压组合型互感器。

4）在具备条件时，互感器可与隔离开关或断路器进行组合安装。

5）双重化保护配置的回路合并单元双重化配置，其他回路合并单元单套配置。

6）各电压等级母线电压互感器合并单元宜冗余配置。

（3）设备状态监测的范围和状态监测参量

1）500kV 变电站。

（a）状态监测范围。主变压器、高压并联电抗器、高压组合电器（GIS/HGIS）、高压断路器、金属氧化物避雷器。

（b）状态监测参量。①主变压器：油中溶解气体、铁芯接地电流、油中含水量、局部放电（应综合考虑安全可靠、经济合理等要求，经技术经济比较后确定）。②高压并联电抗器：油中溶解气体、油中含水量。③500kV 高压组合电器（GIS/HGIS）、500kV 高压断路器：SF_6 气体密度、局部放电（应综合考虑安全可靠、经济合理等要求，经技术经济比较后确定）。④220kV 高压组合电器（GIS/HGIS）：SF_6 气体密度。⑤金属氧化物避雷器：泄漏电流、放电次数。

2）220kV 变电站。

（a）状态监测范围。主变压器、高压组合电器、金属氧化物避雷器。

（b）状态监测参量。①主变压器：油中溶解气体、铁芯接地电流。②220kV 高压组合电器（GIS/HGIS）：SF_6 气体密度。③金属氧化物避雷器：泄漏电流、放电次数。

3）110kV 变电站。

（a）状态监测范围。主变压器。

（b）状态监测参量。主变压器：油中溶解气体。

2. 自动化系统的配置

智能变电站自动化系统全站网络宜采用高速以太网，通信规约宜采用 DL/T 860 标准，传输速率不低于 100Mbit/s，网络在逻辑功能上可由站控层网络、间隔层网络、过程层网络组成，站控层网络、间隔层网络、过程层网络结构应具有 DL/Z 860.1—2004《变电站通信网络和系统第 1 部分：概论》定义的变电站自动化系统接口，三层网络应相对独立，减少相互影响。

（1）站控层网络。通过相关网络设备与站控层其他设备通信，与间隔层网络通信。逻辑功能上，覆盖站控层之间数据交换接口、站控层与间隔层之间数据交换接口，可传输 MMS 报文和 GOOSE 报文。220kV 及以上电压等级变电站宜采用冗余网络，网络结构拓扑宜采用双星型或单环型，110kV 及以下电压等级变电站宜采用单星型网络结构。

（2）间隔层网络。通过相关网络设备与本间隔其他设备通信，与其他间隔设备通信，与站控层设备通信。逻辑功能上，覆盖间隔层内数据交换接口、间隔层与站控层数据交换接口、间隔层之间（根据需要）数据交换接口，可传输 MMS 报文和 GOOSE 报文。间隔层网络支持与过程层数据交换接口，可传输采样值和 GOOSE 报文。间隔层网络与站控层网络在逻辑上属于不同的网络，但是物理上两层网络共享一套网络交换设备，这两层网络与过程层网络在物理上完全独立。

（3）过程层网络（含采样值和 GOOSE）。过程层网络逻辑功能上覆盖间隔层与过程层数据交换接口，分为过程层 GOOSE 网络和过程层采样值网络，GOOSE 和采样值可以共网。220kV 及以上电压等级变电站宜配置双套物理独立的单网，110（66）kV 电压等级变电站宜配置双网（逻辑双网），35kV 及以下电压等级变电站若采用户内开关柜保护测控下放布置宜不设置独立的过程层网络。网络结构拓扑宜采用双星型。

1）过程层 GOOSE 网络。对于单间隔的保护应直接跳闸，涉及多间隔的保护（母线保护）宜直接跳闸。对于涉及多间隔的保护（母线保护），如确有必要采用其他跳闸方式，相关设备应满足保护对可靠性和快速性的要求；其余 GOOSE 报文采用网络方式传输。

2）过程层采样值网络。向保护装置传输的采样值信号应直接采样；其余采样值信号采用网络方式传输时，通信协议宜采用 DL/T 860.92—2006《变电站通信网络和系统 第 9-2 部分：特定通信服务映射（SCSM）映射到 ISO/IEC 8802—3 的采样值》，35kV 及以下电压等级变电站若采用户内开关柜保护测控下放布置时，可采用点对点连接方式；若采用户外敞开式配电装置保护测控集中布置时，可采用点对点或网络连接方式。

3. 变电站设备配置

（1）站控层设备。站控层设备除了 DL/T 5149—2001《220kV～550kV 变电所计算机监控系统设计技术规程》所涉及的站控层后台系统外还增加了网络通信记录分析系统，包括其他一些站控层需要完成的功能。

（2）间隔层设备。间隔层设备一般指继电保护装置、测控装置等二次设备，实现使用一个间隔的数据并且作用于该间隔一次设备的功能，即与各种远方输入/输出、智能传感器和控制器通信。

（3）保护测控合一装置。当前 220kV 及以上电压等级变电站采用保护装置和测控装置分别配置，随着技术的成熟，可逐步过渡至保护测控合一装置，110kV 及以下电压等级变电站采用保护测控合一装置。

（4）故障录波装置。应按照 DL/T 860 标准建模，故障录波装置应能通过 GOOSE 网络接收 GOOSE 报文录波，应具有采样数据接口，支持网路方式或点对点方式接收采样值，使用网络方式时，规约采用 DL/T 860.92—2006，按电压等级配置故障录波装置。

4. 网络通信设备

交换机应选用满足现场运行环境要求的工业交换机，并通过电力工业自动化检测机构的测试，满足 DL/T 860 标准。

(1) 500kV 变电站交换机配置原则。

1) 站控层网络交换机。站控层宜冗余配置 2 台交换机，每台交换机的端口数量应满足站控层设备接入要求；根据继电器室所包含的一次设备规模，配置继电器室内间隔层侧交换机和端口，每台交换机的端口数量宜满足应用需求。

2) 间隔层网络（含 GOOSE）交换机。GOOSE 报文采用网络方式传输时，500kV 电压等级 GOOSE 网络交换机采用 3/2 接线时宜按串配置 2 台冗余交换机，220kV 电压等级 GOOSE 网络交换机采用双母线接线时宜按 4 个断路器单元配置 2 台冗余交换机，66kV（35kV）电压等级 GOOSE 网络交换机宜按照母线段配置。

3) 过程层网络（含采样值）交换机。采样值报文采用网络方式传输时，500kV 电压等级采样值网络交换机采用 3/2 接线时宜按串配置 2 台冗余交换机，220kV 电压等级采样值网络交换机采用双母线接线时宜按 4 个断路器单元配置 2 台冗余交换机，66kV（35kV）电压等级采样值网络交换机宜按照母线段配置。

(2) 220kV 变电站交换机配置原则。

1) 站控层网络（含 MMS、GOOSE）交换机。站控层宜冗余配置 2 台中心交换机，每台交换机的端口数量应满足站控层设备接入要求，端口数量宜满足应用需求。

2) 间隔层网络（含 MMS、GOOSE）交换机。间隔层侧二次设备室的网络交换机宜按照设备室或电压等级配置，每台交换机的端口数量宜满足应用需求。

3) 过程层网络（含采样值、GOOSE）交换机。当 GOOSE 报文和采样值报文均采用网络方式传输时，220kV 电压等级宜每 2 个间隔配置 2 台交换机，110（66）kV 电压等级宜每 2 个间隔配置 2 台交换机，主变压器各侧可独立配置 2 台交换机，35kV 及以下电压等级交换机宜按照母线段配置；当采样值报文采用点对点方式传输，GOOSE 报文采用网络方式传输时，220kV 电压等级 GOOSE 网络宜每 4 个间隔配置 2 台交换机，110（66）kV 电压等级宜每 4 个间隔配置 2 台交换机，主变压器各侧可独立配置 2 台交换机，35kV 及以下电压等级交换机宜按照母线段配置；220kV 母线差动保护宜按远景规模配置 2 台交换机；110（66）kV 母线差动保护宜按远景规模配置 2 台交换机。

(3) 110kV 及以下变电站交换机配置原则。

1) 站控层网络（含 MMS、GOOSE）交换机。站控层宜配置 1 台中心交换机，每台交换机的端口数量应满足站控层设备接入要求，端口数量宜满足应用需求。

2) 间隔层网络（含 MMS、GOOSE）交换机。间隔层侧二次设备室的网络交换机宜按照设备室或电压等级配置，每台交换机的端口数量满足应用需求。

3) 过程层网络（含采样值、GOOSE）交换机。当 GOOSE 报文和采样值报文均采用网络方式传输时，110（66）kV 电压等级宜每 2 个间隔配置 2 台交换机，主变压器各侧可独立配置 2 台交换机，35kV 及以下交换机宜按照母线段配置；当采样值报文采用点对点方式传输，GOOSE 报文采用网络方式传输时，110（66）kV 电压等级宜每 4 个间隔配置 2 台交换机，主变压器各侧可独立配置 2 台交换机，35kV 及以下交换机宜按照母线段配置。

二、典型工程应用

1. 500kV 长春南智能变电站

2009 年国家电网公司依托东北公司长春南 500kV 变电站，组织开展了智能变电站试点建设的设计竞赛活动，旨在进一步强化设计工作管理，推动设计理念创新，引领变电站工程设计技术进步方向，以设计竞赛的成果带动智能变电站设计技术的提高，推动基建标准化，促进国家电网公司变电站工程设计建设整体水平再上新台阶。在众多的电力设计院中，福建省电力勘测设计院脱颖而出，赢得此次设计竞赛的第一名，并成为本变电站的设计中标单位。下面介绍一下 500kV 长春智能变电站智能一次设备配置及自动化系统实现方案。

（1）智能一次设备配置方案。智能一次开关设备采用集智能终端、合并单元、在线监测参量采集等功能于一体的智能组件方案，在目前数字化变电站"一次设备＋二次智能终端"模式的基础上，进一步加强一次、二次设备的融合并实现一次厂家的完全集成。

智能变压器采用智能组件，实现本体非电气量保护、冷却器控制、在线监测等功能。智能组件安装于主变压器本体汇控柜中。主变压器本体非电气量保护跳闸仍采用直跳方式，不经过智能组件判别处理，智能组件将该信号通过 GOOSE 网络上传。

（2）电子式互感器的应用方案。全站采用罗氏线圈原理电子式电流互感器、电容分压原理电子式电压互感器。同时在一个 500kV 间隔挂网试运行全光纤原理电子式互感器，配置全套保护、测量及控制装置进行试验，保护只动作于信号。220kV 线路采用电流电压组合型互感器。

通过对国内现有数字化变电站中罗氏线圈原理电子式互感器在运行中出现的线路差动保护误动、元器件损坏等问题的分析，经论证采用合并单元（MU）错误标志位试验、保护装置接收错误标志位闭锁试验等解决方案可避免同类型事故的出现。

通过 GMRP（组播注册协议）技术实现不同采样率数据的寻址定向，将保护测控采样值（48 点）和 PMU（96～192 点）、计量采样值（192 点）共网口发送到对应装置，可以有效地解决多装置不同采样率需求的问题。不为 PMU 独立配置 ECT、EVT。

由于罗氏线圈型电子式电流互感器无法采集到上兆赫兹的高频行波信号，需对现有罗氏线圈型电子式电流互感器做适当改进以满足行波测距的要求。本设计采用在 500kV 线路 ECT 中增加行波信号采集绕组的解决方案。

（3）状态监测及状态检修方案。HGIS、GIS 设备的在线监测装置参量采集的范围：SF_6 气体绝缘性能监测、断路器机构状态及三相分合闸同期性监测。

主变压器的在线监测装置参量采集的范围：变压器油色谱监测、油温监测、绕组温度监测、铁芯接地电流监测。

远景 500kV 并联可控电抗器在线监测装置参量采集的范围（按目前的技术水平）：电抗器油色谱监测、油温监测、铁芯接地电流监测。

避雷器在线监测装置参量采集的范围：阻性电流及动作次数的监测。

远景 66kV 油浸式电抗器在线监测装置参量采集的范围：电抗器油色谱监测、油温监测。

状态监测系统组网结构图如图 6.24 所示。

（4）自动化系统方案。自动化系统体系结构采用 IEC 61850 标准定义的三层两网结构，如图 6.25 所示。变电站的站控层网络 MMS、GOOSE（逻辑闭锁）、SNTP 三网合一，过程层网络采样值、GOOSE（跳闸）、IEC 61588 三网合一，全站数据传输数字化、网络化、共享化。

站控层网络采用 100M 星型双网结构，并采用双网双工方式运行；500、220kV 电压等级过程层网络采用 100M 星型双网结构，并采用双网双工方式运行；66kV 电压等级过程层网络采用 100M 星型单网。

采用 GMRP（组播注册协议）技术实现网络流量自动控制，取代对交换机的手工 VLAN 划分，避免对交换机进行复杂设置。

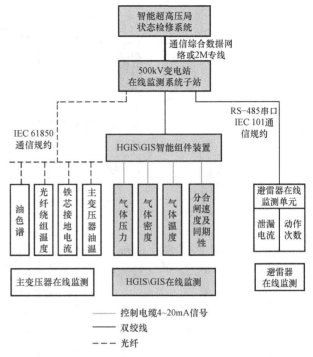

图 6.24 状态监测系统组网结构图

站控层配置双套冗余的监控主机，集成工程师站、五防一体化等功能；配置两套 GPS，同时运行，互为主备。

信息同步采取网络同步机制，站控层设备用 SNTP 对时，设备层设备用 IEEE 1588《网络测量和控制系统的精密时钟同步协议标准》对时，不用单独组网，对时网、GOOSE 网、SMV 网三网合一配置，采用 B 码对时方式。

配置一套网络报文记录与分析系统，实现对变电站自动化系统网络的在线监视，该系统由一台分析主机和两台故障录波及报文记录仪组成，报文记录仪与故障录波整合为一个装置。

微机五防系统优化配置：采用自动化系统完整逻辑闭锁＋间隔单元电气闭锁方式，取消 GIS/ HGIS 设备完全电气闭锁接线。

智能变电站 220kV 部分按间隔冗余配置双套测控、保护一体化装置；66kV 部分按母线冗余配置双套集中式测控保护装置，并集成 66kV 站用变压器、无功设备电能计量功能。

取消各装置独立配置的打印机，全站统一配置三台打印机，其中一台为移动式打印机用于设备调试使用。

将通信直流电源监测、通信机房环境监测功能纳入站内自动化系统。

整合图像监控系统、安全防护系统及其他智能辅助系统，构建本站智能巡检系统，最终实现智能巡检。

（5）高级应用方案。配置智能巡检、状态检修、顺序控制、经济运行优化控制、保护运行状态实时显示控制、管理、智能告警及事故信息综合分析决策和信息分层分类优化处理等高级应用功能。电能质量分析高级应用视变电站接入的电气化铁路牵引站、风电接入情况根据需要配置。

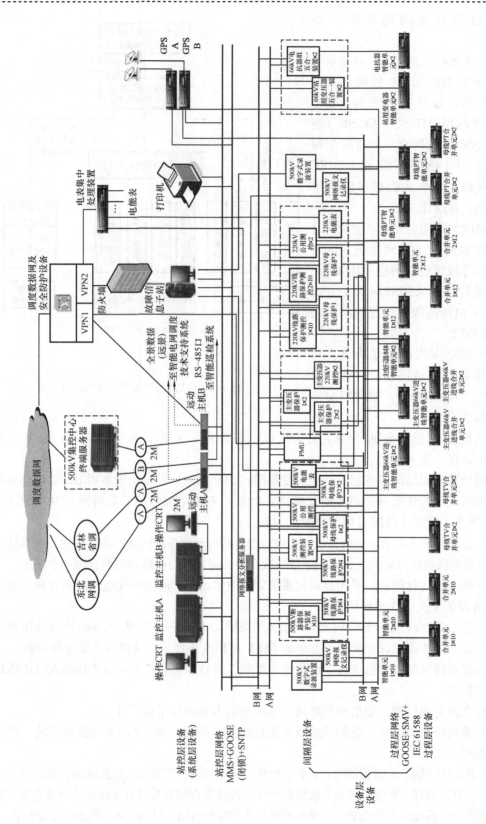

图 6.25 自动化系统体系结构

2. 重庆 110kV 杉树智能变电站

(1) 基本概况。重庆 110kV 杉树智能变电站为重庆电网首座智能变电站，于 2010 年 12 月底建成通电。其规模：电压等级 110kV/10kV，两台 63MVA 主变压器，110kV 配电装置为户外 GIS 双母线布置，10kV 配电装置为户内开关柜布置。该站的智能化特征：①全站采用保护测控合一装置。②采用常规一次设备＋智能终端＋状态监测组件方式实现一次设备的智能化。③除 10kV 出线零序电流互感器、接地站用变压器 AC 380V 侧中性点电流互感器及电容器放电回路电压互感器外，全部选用电子式互感器。④二次系统按数字化、网络化和重要信息传输光纤化要求设计，站控层通信按 DL/T 860.81—2006《变电站通信网络和系统 第 8-1 部分：特定通信服务映射（SCSM）对 MMS（ISO 9506-1 和 ISO 9506-2）及 ISO/IEC 8802》标准统一通信接口，过程层采用 DL/T 860.91—2006《变电站通信网络和系统 第 9-1 部分：特定通信服务映射（SCSM）单向多路点对点串行通信链路上的采样值》、GOOSE、IEC 60044-8（FT3）等标准通信。⑤自动化系统实现顺序控制、智能告警及故障综合分析、支撑经济运行及优化控制等高级软件功能。⑥配置一次设备状态监测系统，建立全站统一状态监测子站端系统，并预留接入状态监测远方主站系统的接口。⑦配置图像监视及智能辅助系统，实现全站各设备室内的温湿度、烟雾、门禁及空调等的监控，实现采暖、通风及消防等的统一联动控制。

(2) 自动化系统网络。自动化系统采用分层分布式网络结构，结构上分为站控层、间隔层和过程层，杉树智能变电站自动化系统网络结构如图 6.26 所示。本站站控层和间隔层在物理上公用一套网络交换设备，站控层采用单星型网络结构，过程层采用双星型网络结构。

间隔层保护测控装置、故障录波装置、保护及故障信息管理子站、微机五防系统、交直流一体化监控装置、消弧线圈控制及接地选线一体化装置等均采用 DL/T 860.81—2006 标准接入自动化系统站控层网络。

过程层开关量信息交换均采用组网 GOOSE 和点对点 GOOSE 方式，其中采用点对点 GOOSE 方式的主要有本间隔保护跳/合闸、母线保护跳闸、母线保护各间隔母线隔离开关位置开入、保护逻辑回路所需的断路器位置信号等。过程层交流采样值信息交换采用点对点方式，电能表、消弧线圈智能控制及二次设备在线诊断采用 DL/T 860.91—2006 标准通信，其他均采用 IEC 60044—8（FT3）《电子式互感器》标准通信。

本站共配置以太网交换机 19 台，其中 7 台为站控层交换机，12 台为过程层交换机；组柜 4 面，2 面安装于二次设备间，2 面安装于 10kV 开关室。

(3) 互感器配置。110kV 线路配置电子式电流电压组合互感器（三相 ECT 和 A 相 EPT），电流精度依次为 5TPE/5TPE/0.2S，其中一个 5TPE 的 ECT 本期为备用，电压精度为 5P（0.2 级），其中 A 相 EPT 主要用于保护测控回路的同期判别。

110kV 母联配置电子式电流互感器，电流精度依次为 5TPE/5TPE/0.2S，其中一个 5TPE 的 ECT 本期为备用。

110kV 母线配置电子式电压互感器，电压精度为 5P（0.2 级）。

主变压器配置电子式电流互感器，电流精度依次为 5TPE/5TPE/0.2S。

其中一台主变压器的 110kV 中性点配置纯光学原理电子式电流互感器，另一台主变压器 110kV 中性点配置罗氏线圈原理电子式电流互感器，电流精度均为 5TPE。

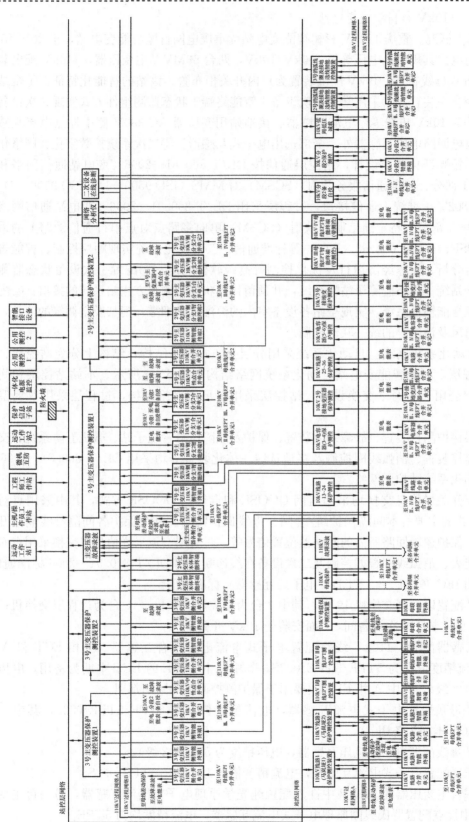

图 6.26　杉树智能变电站自动化系统网络结构

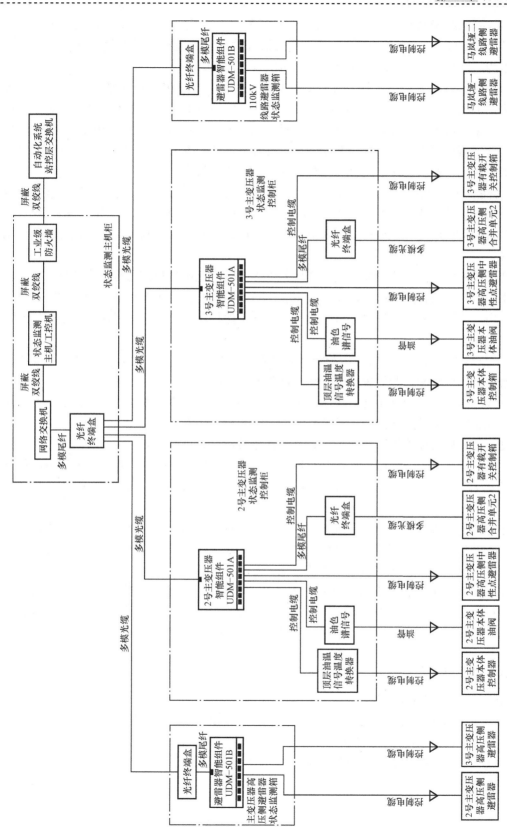

图 6.27 杉树智能变电站状态监测系统结构

10kV进出线均配置电子式电流互感器，母线配置电子式电压互感器，进线柜电流精度依次为5TPE/5TPE/0.2S，出线开关柜、电容器开关柜、分段柜开关及接地变高侧开关柜电流精度为5TPE/0.2S，电压互感器柜电压精度为5P（0.2级）。

110kV GIS内电子式互感器传感头安装于GIS内，采集器采用箱体结构安装于GIS外壳上，采用DC220V电源供电。2号主变压器110kV中性点电子式互感器传感头安装于中性点套管内，采集器集成于合并单元（组屏布置于二次设备间）内。3号主变压器110kV中性点电子式互感器传感头与采集器一并安装于中性点套管内，采用激光供能方式。10kV电子式互感器采用采集器和合并单元合一结构，安装于开关柜仪表室内。

（4）智能终端。110kV GIS各间隔内断路器及其隔离开关通过增加智能终端使其实现数字化接口和信息传输光纤化，智能终端安装于110kV GIS汇控柜内，智能终端至断路器、隔离开关机构箱采用控制电缆连接，智能终端至二次设备间内保护测控及交换机等装置采用光缆连接。

主变压器配置本体智能终端，实现变压器本体的数字化接口和信息传输光纤化，每台主变压器本体配置一面智能控制柜，安装于主变压器本体旁，主变压器本体智能终端安装于智能控制柜内，主要实现非电气量信号采集及非电气量保护功能。非电气量保护跳主变压器各侧断路器采用电缆直跳方式。

10kV进线柜、分段柜及TV柜配置独立的智能终端，出线柜、电容器柜及接地变柜的智能终端集成于保护测控装置内，TV柜智能终端还带有测控功能。

消弧线圈就地配置智能单元，汇集消弧线圈箱内二次线，采用DL/T 860标准以光纤接口与二次设备间内的消弧线圈及接地选线成套控制装置通信。

主变压器各侧智能终端双重化配置，其他回路智能终端单套配置。

（5）状态监测系统。配置一套状态监测系统，本期监测的项目主要有变压器油中溶解气体（油色谱）、变压器顶层油温、有载开关数字化监测、110kV避雷器泄露电流及动作次数。

状态监测系统采用分层分布式网络结构，分为过程层和站控层，过程层设备按本期工程需要配置，站控层设备的配置按本站终期考虑，并考虑一定余量，以便后期工程新增的监测项能接入本系统。杉树智能变电站状态监测系统结构如图6.27所示。状态监测系统的过程层设备采用户外组柜安装，共组两面柜，安装于主变压器旁；站控层设备布置于二次设备间，组一面柜。因重庆市电力公司状态监测主站系统尚未建成，为了便于远方监视，现将本系统经防火墙接入自动化系统，并传送监测结果至远方调度中心或集控站。

【思考与练习题】

1. 智能终端的配置原则是什么？

2. 智能变电站自动化系统中站控层网络、间隔层网络、过程层网络的组网原则是什么？

3. 简述网络通信设备的配置原则。

4. 重庆110kV杉树智能变电站自动化系统采用什么网络结构？电子式互感器及智能终端是如何配置的？